教育部文科计算机基础教学指导委员会立项教材

高 等 学 校 计 算 机 基 础 课 程 规 划 教 材

计算机三维动画基础

黄心渊 主 编

李 萌 张 洋 刘 洋 副主编

中国铁道出版社有限公司
CHINA RAILWAY PUBLISHING HOUSE CO., LTD.

内 容 简 介

全书共有 13 章,分为 6 个部分。前 3 章为第一部分,主要介绍了 3ds Max 2010 的基本操作,内容包括 3ds Max 2010 的界面和界面的定制方法、如何使用文件和对象及如何进行变换。第 4、5、6 章为第二部分,主要是关于建模的内容,介绍了二维图形建模、编辑修改器、复合对象及多边形建模技术。第 7、8 章为第三部分,主要是关于基本动画的内容,介绍了关键帧动画技术、轨迹视图和动画控制器。第 9、10 章为第四部分,介绍了 3ds Max 2010 的基本材质和贴图材质。第 11、12 章为第五部分,介绍了灯光、摄影机和渲染等内容。最后一章为本书内容的第六部分,在这一章中以两个综合实例进一步说明了在 3ds Max 2010 中的具体动画设计过程。

本书由多年从事计算机动画教学的资深教师根据 3ds Max 2010 的培训大纲编著,图文并茂,内容翔实、全面,可作为高等院校以及各培训中心的计算机动画教材,也可以作为计算机动画爱好者的自学用书。

图书在版编目(CIP)数据

计算机三维动画基础 / 黄心渊主编. -- 北京 : 中国铁道出版社,2011.4(2020.9 重印)
高等学校计算机基础课程规划教材 教育部文科计算机基础教学指导委员会立项教材
ISBN 978-7-113-12624-7

Ⅰ. ①计… Ⅱ. ①黄… Ⅲ. ①三维-动画-图形软件,3DS MAX 2010-高等学校-教材 Ⅳ. ①TP391.41

中国版本图书馆 CIP 数据核字(2011)第 027134 号

书 名:	计算机三维动画基础
作 者:	黄心渊

策划编辑:	秦绪好 辛 杰		
责任编辑:	辛 杰	编辑部电话:	(010)51873202
编辑助理:	胡京平	特邀编辑:	李新承
封面设计:	付 巍	封面制作:	白 雪
责任印制:	樊启鹏		

出版发行:	中国铁道出版社有限公司(北京市西城区右安门西街 8 号 邮政编码:100054)
印 刷:	三河市燕山印刷有限公司
版 次:	2011 年 4 月第 1 版 2020 年 9 月第 2 次印刷
开 本:	787mm×1092mm 1/16 印张:21.75 字数:523 千
书 号:	ISBN 978-7-113-12624-7
定 价:	38.00 元

大学生应用计算机的能力已成为毕业后择业的必备条件。能够满足社会与专业本身需求的计算机应用能力已成为合格大学毕业生的必备素质。因此，对大学各专业的学生开设具有专业倾向或与专业相结合的计算机课程是十分必要、不可或缺的。

　　为了满足大学生在计算机方面的不同需要，教育部高等教育司组织高等学校文科计算机基础教学指导委员会编写了《高等学校文科类专业大学计算机教学基本要求》（下面简称《基本要求》）。

　　《基本要求》把文科各门类的计算机教学，按专业门类分为文史哲法教类、经济管理类与艺术类等 3 个系列。计算机的知识体系由计算机软硬件基础、办公信息处理、多媒体技术、计算机网络、数据库技术、程序设计，以及艺术类计算机应用 7 个知识领域组成。知识领域下分若干知识单元，知识单元下分若干知识点。

　　文科类专业大学生所需要的计算机知识点是相对稳定、相对有限的。由属于一个或多个知识领域的知识点构成的课程则是不稳定、相对活跃、难以穷尽的。课程若按教学层次可分为计算机大公共课程、计算机小公共课程和计算机背景专业课程 3 个层次。

　　第一层次的教学内容是文科各专业学生应知应会的。这些内容可为文科学生在与专业紧密结合的信息技术应用方向上进一步深入学习打下基础。这一层次的教学内容是对文科生信息素质培养的基本保证，起着基础性与先导性的作用。

　　第二层次是在第一层次之上，为满足同一系列某些专业的共同需要（包括与专业相结合而不是某个专业所特有的）而开设的计算机课程。这部分教学在更大程度上决定了学生在其专业中应用计算机解决问题的能力与水平。

　　第三层次，也就是使用计算机工具，以计算机软硬件为依托而开设的为某一专业所特有的课程，其教学内容就是专业课。如果没有计算机为工具的支撑，这门课就开不起来。这部分教学在更大程度上显现了学校开设的特色专业的能力与水平。

　　为了落实《基本要求》，教指委还启动了"教育部高等学校文科计算机基础教学指导委员会计算机教材立项项目"工程。中国铁道出版社出版的"教育部高等学校文科计算机基础教学指导委员会计算机教材立项项目系列教材"，就是根据《基本要求》编写的由教指委认同的教材立项项目的集成。它可以满足文科类专业计算机各层次教学的基本需要。

　　由于计算机、信息科学和信息技术的发展日新月异，加上编者水平有限，因此本系列教材难免有不足之处，敬请同行和读者批评指正。

卢湘鸿

于北京中关村科技园

　　卢湘鸿　北京语言大学信息科学学院计算机科学与技术系教授，原教育部高等学校文科计算机基础教学指导委员会副主任、现教育部高等学校文科计算机基础教学指导委员会秘书长，全国高等院校计算机基础教育研究会常务理事，原全国高等院校计算机基础教育研究会文科专业委员会主任、现全国高等院校计算机基础教育研究会文科专业委员会常务副主任兼秘书长。

　　本书由多年从事计算机动画教学的资深教师根据 3ds Max 2010 的培训大纲编著，全书图文并茂，内容翔实、全面，可作为高等院校以及各培训中心的计算机动画教材，也可以作为计算机动画爱好者的自学用书。

　　全书共有 13 章，分为 6 个部分。前 3 章为第一部分，主要介绍了 3ds Max 2010 的基本操作，内容包括 3ds Max 2010 的界面和界面的定制方法、如何使用文件和对象及如何进行变换。第 4、5、6 章为第二部分，主要是关于建模的内容，介绍了二维图形建模、编辑修改器和复合对象及多边形建模技术。第 7、8 章为第三部分，主要是关于基本动画的内容，介绍了关键帧动画技术、轨迹视图和动画控制器。第 9、10 章为第四部分，介绍了 3ds Max 2010 的基本材质和贴图材质。第 11、12 章为第五部分，介绍了灯光、摄影机和渲染等内容。最后一章为本书内容的第六部分，在这一章中以两个综合实例进一步说明了在 3ds Max 2010 中的具体动画设计过程。

　　书中实例所需要的场景文件和贴图，以及全程视频演示已上传至 www.edusources.net，可以作为学习的参考。

　　本书使用的软件版本是 3ds Max 2010 官方中文版和英文版 30 天试用版本，用户在进行学习时最好是选择同样的版本或者是购买官方的正版软件，以免软件版本不同而出现不必要的问题，影响学习进度。

　　"三维动画设计"课程是数字媒体艺术和动画专业的核心专业课，同时也适用于艺术设计、工业设计、城市规划、园林设计、计算机科学与技术等。本课程为精品课程，包含理论教学和实验操作等内容。

　　精品课程网址为 http://202.204.115.56/jpkch/jpkch/2010/swdhsj/index.html。欢迎各位同学、朋友登录网址学习。

　　由于作者水平有限，书中难免存在疏漏与不妥之处，敬请同行和广大读者批评指正。

编　者

2011 年 2 月

第1章 3ds Max 2010 的用户界面

3ds Max 2010 是一个功能强大的，面向对象的三维建模、动画和渲染程序。它提供了一个非常容易操作的用户界面。本章将介绍 3ds Max 2010 用户界面的基本知识。通过本章的学习，用户能够掌握如下内容。

- 熟悉 3ds Max 2010 的用户界面
- 掌握调整视口大小和布局的方法
- 学会使用命令（Command）面板
- 学会制定用户界面

1.1 用户界面

当启动 3ds Max 2010 后，显示的界面如图 1.1 所示。

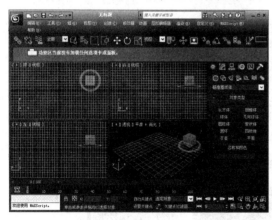

图 1.1

初看起来，大量的菜单和图标着实令人不知从何处着手，但随着用户对界面各个部分的深入学习，便可以通过实际操作逐步熟悉各个命令。

1.1.1 界面的布局

用户界面的每个部分都有固定的名称，在标准的 3ds Max 2010 教材和参考资料中，这些名称都是统一的。

1. 视口（Viewports）

3ds Max 2010 用户界面的最大区域被分割成 4 个相等的矩形区域，称之为视口（Viewports）或者视图（Views）。视口是主要的工作区域，在每个视口的左上角都有一个由 3 个标签组成的标签栏。每个标签都是一个可单击的快捷菜单，用于控制视口显示，它们从左至右分别是常规视口标签菜单、观察点视口标签菜单和明暗处理视口标签菜单。常规视口标签（[+]）菜单提供所有视口显示或激活的选项，还可以访问"视口配置"对话框；观察点视口标签菜单主要提供更改视口、POV 以及选择停靠在视口中的图形编辑器窗口中显示内容的选项；明暗处理视口标签菜单可用于选择对象在视口中的显示方式，其中包括 xView 的选项。启动 3ds Max 2010 后，默认的 4 个视口的标签是顶视口（Top）、前视口（Front）、左视口（Left）和透视视口（Perspective）。

每个视口都包含垂直线和水平线，这些线组成了 3ds Max 2010 的主栅格。主栅格包含白色垂直线和白色水平线，这两条线在三维空间的中心相交，交点的坐标是 $X=0$、$Y=0$ 和 $Z=0$。

顶视口（Top）、前视口（Front）和左视口（Left）显示的场景没有透视效果，这就意味着在这些视口中同一方向的栅格线总是平行的，不能相交（见图 1.1）。透视视口（Perspective）类似于人的眼睛看到的效果，视口中的栅格线是可以相交的。

2．菜单栏（Menu Bar）

用户界面的最上面是菜单栏（见图 1.1）。菜单栏包含许多常见的菜单（例如"打开"（Open）菜单和"保存"（Save）菜单等）以及 3ds Max 2010 独有的一些菜单命令［例如"渲染"→"RAM 播放器"（Rendering→RAM Player）和"自定义"→"首选项"（Customize→Preferences）等］。3ds Max 2010 在快速访问工具栏中新增加了应用程序按钮 ⑤。单击应用程序按钮后显示的应用程序菜单，提供了文件管理命令。

3．主工具栏（Main Toolbar）

菜单栏下面是主工具栏（见图 1.1）。主工具栏中包含一些使用频率较高的工具，例如变换对象的工具、选择对象的工具和渲染工具等。

4．命令面板（Command Panels）

用户界面的右边是命令面板，如图 1.2 所示，它包含创建对象、处理几何体和创建动画需要的所有命令。每个面板都有各自的选项集，例如"创建"（Create）命令面板包含创建各种不同对象（例如标准几何体、组合对象和粒子系统等）的工具。"修改"（Modify）命令面板则包含修改对象的特殊工具。

图 1.2

5．视口导航控制按钮（Viewport Navigation Controls）

用户界面的右下角包含视口的导航控制按钮，如图 1.3 所示。使用这个区域
的按钮可以调整各种缩放选项，控制视口中的对象显示。

图 1.3

6．时间控制按钮（Time Controls）

视口导航控制按钮的左边是时间控制按钮，也称之为动画控制按钮，如图 1.4 所示。它们的
功能和外形类似于媒体播放器里的按钮。单击按钮▶，可以用来播放动画；单击按钮◀▮或▮▶，可
以前进或者后退一帧。在设置动画时，单击"自动关键点"（AutoKey）按钮将变红，表明处于动
画记录模式，这意味着在当前帧进行的任何修改操作将被记录成动画。在动画部分还要详细介绍
这些控制按钮。

图 1.4

7．状态栏和提示行（Status bar and Prompt line）

时间控制按钮的左边是状态栏和提示行，如图 1.5 所示。状态栏有许多帮助用户创建和处理
对象的参数显示区，在本章还要进行详细讲解。

图 1.5

在了解了组成 3ds Max 2010 用户界面的各个部分的名称后，下面将通过在三维空间中创建并
移动对象的实际操作，来帮助用户熟悉 3ds Max 2010 的用户界面。

1.1.2　熟悉 3ds Max 2010 的用户界面

1．使用菜单栏和命令面板

（1）单击菜单栏中的应用程序按钮，在下拉菜单中选择"重置"（Reset）命令。如果事先在
场景中创建了对象或者进行过其他修改，那么将显示如图 1.6 所示的对话框；否则直接显示如
图 1.7 所示的对话框。

（2）在如图 1.6 所示的对话框中单击"是（Y）"按钮，显示如图 1.7 所示的对话框。

（3）在如图 1.7 所示的对话框中单击"是（Y）"按钮，屏幕将返回到刚进入 3ds Max 2010 时的
界面。

图 1.6

图 1.7

（4）在命令面板中单击"创建"（Create）按钮 。

在默认的情况下，进入 3ds Max 2010 后显示的是"创建"（Create）命令面板。

（5）在"创建"（Create）命令面板中单击"球体"（Sphere）按钮，如图 1.8 所示。

图 1.8

（6）在顶视口的中心单击并拖动，创建一个与视口大小相近的球，如图 1.9 所示。

此时创建的球出现在 4 个视口中。在前 3 个视口中用一系列线（一般称为线框）来表示；在透视视口中，球是用明暗方式来显示的，如图 1.10 所示。

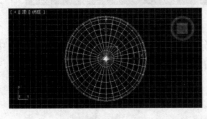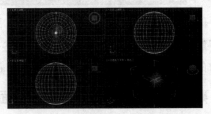

图 1.9   图 1.10

（7）在视口导航控制按钮区域单击"所有视图最大化显示"（Zoom Extents All）按钮 ，球将充满 4 个视口。

此时球的大小没有改变，只是以尽可能大的显示方式使物体充满视口。

（8）单击主工具栏上的"选择并移动"（Select and Move）按钮 ⊕。

（9）在顶视口中单击并拖动球，使其移动。

（10）将文件保存为 ech01.max，以方便后面使用。

现在已经建立了一个简单的场景。在这个过程中，涉及 3ds Max 2010 中的几个重要术语。下面将对这些术语进行讲解。

2．单击和右击

通常，在 3ds Max 2010 中单击和右击的含义不同。单击用来选择和执行命令，右击会弹出一个菜单，还可以用来取消命令。

1.2　视口大小、布局和显示方式

在 3ds Max 2010 中进行的大部分操作都是通过在视口中单击和拖动来实现的，因此拥有一个容易使用的视口布局是非常重要的。许多用户发现，默认的视口布局可以满足大部分需要，但是有时还需要对视口的大小、布局和显示方式进行改动。这一节就讨论与视口相关的一些问题。

1.2.1　改变视口的大小

用户可以通过多种方法改变视口的大小和显示方式。在默认的状态下，4 个视口的大小是相等的。用户可以改变某个视口的大小，但是无论如何改变大小，所有视口使用的总空间都保持不变。下面介绍如何使用移动光标的方法来改变视口的大小。

（1）继续前面的练习或者打开保存的文件。将光标移动到透视视口和顶视口的中间，如图 1.11 所示，这时会出现一个双箭头光标。

（2）单击并向上拖动，如图 1.12 所示。

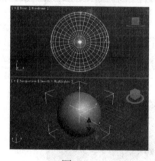
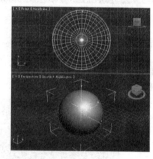

图 1.11　　　　　　　　　　　　图 1.12

（3）释放鼠标即可改变视口的大小，如图 1.13 所示。

 技巧

用户也可以通过移动视口的垂直或水平分割线来改变视口的大小。

（4）在缩放视口处右击，会弹出"重置布局"（Reset Layout）命令，如图 1.14 所示。
（5）单击该命令，即可将视口恢复到原始大小。

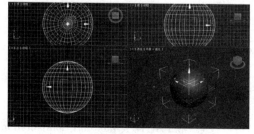
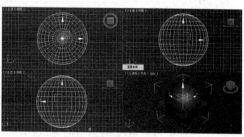

图 1.13　　　　　　　　　　　　图 1.14

1.2.2 改变视口的布局

虽然改变视口大小是一个非常有用的功能，但是不能改变视口的布局。如果希望在界面右侧显示 3 个垂直排列的视口，其他区域显示第 4 个大视口，此时仅仅通过移动视口分割线是不行的，可以通过改变视口的布局来得到这种效果。

【实例 1.1】改变视口的布局。

（1）在菜单栏中选择"视图"→"视口配置"（Views→Viewport Configuration）命令，弹出"视口配置"（Viewport Configuration）对话框。在"视口配置"（Viewport Configuration）对话框中选择"布局"（Layout）标签，如图 1.15 所示。用户可以在对话框顶部选择 4 个视口的布局。

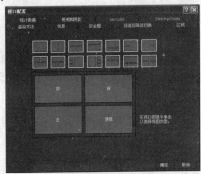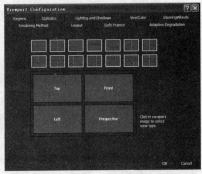

图 1.15

（2）在"布局"（Layout）标签中选择第 2 行第 4 个布局，然后单击"确定"（OK）按钮。

（3）将光标移动到第 4 个视口和其他 3 个视口的分割线处，用拖动的方法改变视口的大小即可，效果如图 1.16 所示。

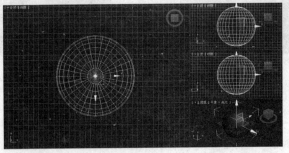

图 1.16

 技巧

在视口导航控制区域的任何位置右击，都可以弹出"视口配置"（Viewport Configuration）对话框。

1.2.3 改变视口的显示方式

1. 使用视口快捷菜单改变视口的显示方式

每个视口的左上角都有一个标签栏，通过右击标签栏中间的标签，打开视口菜单，如图 1.17 所示。该快捷菜单可以改变场景中对象的明暗类型，可以设置"视口配置"（Viewport Configuration）对话框的参数，可以将当前视口改变为其他视口等。

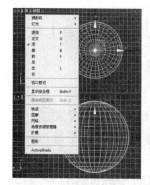

图 1.17

2．使用组合键改变视口的显示方式

用户也可以使用组合键来改变当前视口的显示方式。要使用组合键改变视口的显示方式，需要首先在要改变的视口上右击，然后再使用组合键。用户可以通过选择"自定义"→"自定义用户界面"（Customize→Customize User Interface）命令，来查看常用的组合键，如图 1.18 所示。

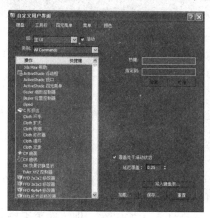

图 1.18

常用的组合键如下：

顶视口（Top）：【T】　　　　　前视口（Front）：【F】

底视口（Bottom）：【B】　　　 后视口（Back）：【B】

左视口（Left）：【L】　　　　　透视视口（Perspective）：【P】

右视口（Right）：【R】　　　　 摄影机视口（Camera）：【C】

用户视口（User）：【U】

3．视口的明暗显示

视口菜单上的明暗显示选项是非常重要的，该选项可以决定观察三维场景的方式。

透视视口的默认设置是"平滑+高光"（Smooth+Highlights），该设置可以在场景中添加灯光并可以非常容易地观察对象上的高光。在默认的情况下，正交视口的明暗选项设置为"线框"（Wireframe），以便节省系统资源。"线框"（Wireframe）方式需要的系统资源比其他方式需要的系统资源少。这些选项的更改可以通过右击视口标签栏中的明暗处理视口标签菜单来实现。

【实例 1.2】视口的改变。

（1）启动 3ds Max 2010，单击应用程序按钮，选择"打开"（Open）命令，选择"第 1 章"→Samples–01–01→Samples–01–01.max 文件，如图 1.19 所示。

（2）在顶视口（Top）中右击将其激活。

（3）按【B】键，将顶视口（Top）切换为底视口（Bottom）。

（4）在视口导航控制按钮区域单击"所有视图最大化显示"（Zoom Extents All）按钮。

（5）在左视口（Left）的"线框"（Wireframe）标签上右击，然后选择"平滑+高光"（Smooth+Highlights）选项，即可按明暗方式显示模型，如图 1.20 所示。

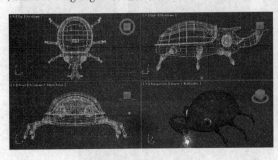 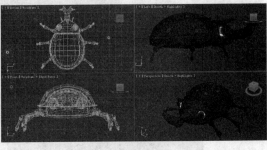

图 1.19　　　　　　　　　　　　　　　　　　图 1.20

1.3　菜单栏的实际应用

在 3ds Max 2010 中，菜单的用法与办公软件的用法类似，下面举例介绍如何使用 3ds Max 2010 的菜单栏。

【实例 1.3】使用 3ds Max 2010 的菜单栏。

（1）继续前面的练习或者启动 3ds Max 2010，单击应用程序按钮，选择"打开"（Open）命令，选择"第 1 章"→Samples–01–01→Samples–01–01.max 文件。

（2）在主工具栏中单击"选择并移动"（Select and Move）按钮，即可在顶视口中随意移动虫子。

（3）在菜单栏中选择"编辑"→"撤销移动"（Edit→Undo Move）命令。

 技巧

该命令的键盘快捷键是【Ctrl+Z】。

（4）在视口导航控制按钮区域单击"所有视图最大化显示"（Zoom Extents All）按钮。

（5）在透视视口右击将其激活。

（6）在菜单栏中选择"视图"→"撤销视图更改"（Views→Undo View Change）命令，即可将透视视口恢复到单击"所有视图最大化显示"（Zoom Extents All）按钮以前的外观。

 技巧

该命令的键盘快捷键是【Shift+Z】。

（7）选择菜单栏中的"自定义"→"自定义用户界面"（Customize→Customize User Interface）命令，弹出"自定义用户界面"（Customize User Interface）对话框。

（8）在"自定义用户界面"（Customize User Interface）对话框中，切换到"颜色"（Colors）选项卡，如图 1.21 所示。

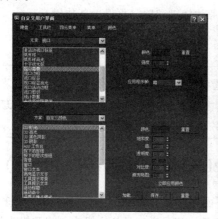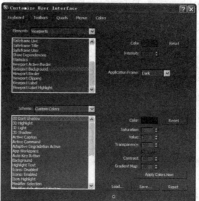

图 1.21

（9）在"元素"（Elements）下拉列表中选择"视口"（Viewports）选项，在其下面的列表中选择"视口背景"（Viewport Background）选项。

（10）单击对话框顶部的颜色块，弹出"颜色选择器"（Color Selector）对话框。在"颜色选择器"（Color Selector）对话框中，选择紫红色，如图 1.22 所示。

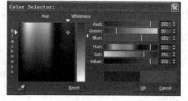

图 1.22

（11）在"颜色选择器"（Color Selector）对话框中，单击"确定"（OK）按钮。

（12）在"自定义用户界面"（Customize User Interface）对话框中，单击"立即应用颜色"（Apply Colors Now）按钮，即可将视口背景设置为紫红色。

（13）在"自定义用户界面"对话框中，切换到"键盘"（Keyboard）选项卡，如图 1.23 所示。

图 1.23

（14）将光标放置在"热键"输入区中，按【Ctrl+W】组合键，即可将该快捷键指定到"Bezier 缩放控制器"中，单击"指定"按钮就为缩放区域创建了新的热键。

（15）如果选项本身具有快捷键，需要先将原快捷键移除，再设置新热键。

（16）关闭"自定义用户界面"对话框。

技巧

如果想要取消之前所做的改动，可通过选择"自定义"→"加载自定义用户界面方案"（Customize→Load Custom UI Scheme）命令，重新加载默认界面设置文件（DefaultUI.ui）来实现。使用同样的方法，也可以加载软件自带的另外几种界面方案。

1.4　标签面板（Tab Panels）和工具栏（Toolbars）

当第一次启动 3ds Max 2010 时，在菜单栏下面有一个主工具栏，主工具栏中有许多重要工具，使用这些工具可以在场景中变换对象和组织对象等。但是主工具栏中没有创建和修改几何体的命令，这些命令通常在命令面板中。如果要在所有面板中寻找所需要的命令是很困难的，标签面板可以帮助用户解决这个问题。它用非常友好的图标来分类组织命令，从而帮助寻找所需要的命令。

【实例1.4】使用标签面板和工具栏。

（1）启动 3ds Max 2010。

（2）在主工具栏的空白区域右击。

（3）在弹出的快捷菜单中选择"层"（Layers）选项，如图 1.24 所示，此时"层"（Layers）工具栏便以浮动的形式显示在主工具栏的下面。

（4）在"层"（Layers）工具栏的蓝色标题栏上右击，在弹出的快捷菜单中选择"停靠"（Dock）命令，此时可以在弹出的级联菜单中选择停靠方式，以便将工具栏置于视图的顶部、底部、左部或右部，如图 1.25 所示。

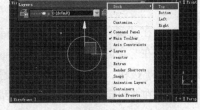

图 1.24　　　　　　　　　　　　　　　　　　　　图 1.25

（5）在菜单栏中选择"自定义"→"还原为启动布局"（Customize→Revert to Startup Layout）命令，如图 1.26 所示。

图 1.26

（6）在弹出的询问框中单击"是"（Yes）按钮，即可将界面恢复到原始外观。

1.5 命令面板

命令面板中包含创建和编辑对象的所有命令，通过选项卡和菜单栏也可以选择命令面板的大部分命令。命令面板包含"创建"（Create）、"修改"（Modify）、"层次"（Hierarchy）、"运动"（Motion）、"显示"（Display）和"工具"（Utilities）6 个面板。

当在命令面板中选择一个命令后，就会显示该命令的选项。例如当单击"球体"（Sphere）按钮后，创建球体的参数如"半径"（Radius）、"分段"（Segments）和"半球"（Hemisphere）等参数就会显示在命令面板上。

有的命令有很多参数和选项，这些参数和选项会按照功能显示在不同的卷展栏中。卷展栏是一个有标题的特定参数组，在卷展栏标题的左侧有加号（＋）或者减号（－）。当显示减号的时候，可以单击卷展栏标题来卷起卷展栏，以便给命令面板留出更多空间。当显示加号的时候，可以单击标题栏来展开卷展栏，并显示卷展栏的参数。

在某些情况下，当卷起一个卷展栏的时候，会发现下面有更多卷展栏。在命令面板中灵活使用卷展栏及卷展栏中的工具是十分重要的。在命令面板中导航的一种方法是将鼠标放置在卷展栏的空白处，待光标变成手形状的时候，就可以上下移动卷展栏了。另一种方法是在卷展栏的空白处右击，这样就会弹出一个包含所有卷展栏标题的快捷菜单，如图 1.27 所示。该快捷菜单中的"全部打开"（Open All）命令，用来打开所有卷展栏。

图 1.27

用户可以一次打开所有卷展栏，如果命令面板上的参数太多，那么上下移动命令面板将是非常费时间的。有两种方法可以解决这个问题：第一种方法是移动卷展栏的位置，如果一个卷展栏在命令面板的底部，可以将它移动到命令面板的顶部；第二种方法是展开命令面板来显示所有的卷展栏，但是会损失很有价值的视口空间。

【实例 1.5】使用命令面板。

（1）单击菜单栏中的应用程序按钮，选择"重置"（Reset）命令。

（2）在命令面板的"对象类型"（Object Type）卷展栏中单击"球体"（Sphere）按钮，默认的命令面板是"创建"（Create）命令面板。

（3）在顶视口中单击并拖动，创建一个球。

（4）在"创建"（Create）命令面板中，单击"键盘输入"（Keyboard Entry）卷展栏标题将其展开，如图 1.28 所示。

图 1.28

（5）在"创建"（Create）命令面板中，将光标移动到"键盘输入"（Keyboard Entry）卷展栏的空白处，光标将变成形状。

（6）单击并向上拖动，便可看到"创建"（Create）命令面板的更多内容。

（7）在"创建"（Create）命令面板中单击"键盘输入"（Keyboard Entry）卷展栏标题，卷起该卷展栏。

（8）在"创建"（Create）命令面板中，将"参数"（Parameters）卷展栏标题拖动到"创建方法"（Creation Method）卷展栏标题的下面，然后释放鼠标。

在移动过程中，在"创建方法"（Creation Method）卷展栏的下面会显示一条蓝线，表明"参数"（Parameters）卷展栏被移动到该位置。

（9）将光标移动到透视视口和命令面板的中间，此时光标将变为双箭头。

（10）单击并向左拖动，即可扩大命令面板的大小。

1.6 对 话 框

在 3ds Max 2010 中，选择的命令不同，显示的界面也不同，例如会显示复选框、单选按钮或者微调器对话框。主工具栏中有许多按钮，如"镜像"（Mirror）按钮和"对齐"（Align）按钮，通过单击这些按钮可以弹出对话框。图 1.29 所示为"克隆选项"（Clone Options）对话框；图 1.30 所示为"移动变换输入"（Move Transform Type-In）对话框。它们是两类不同的对话框，图 1.29 所示的对话框是模式对话框，而如图 1.30 所示的对话框是非模式对话框。

图 1.29

图 1.30

模式对话框要求在使用其他工具之前关闭该对话框。在使用其他工具的时候，非模式对话框可以保留在屏幕上，当参数改变的时候，会立即起作用。非模式对话框也可能有"取消"（Cancel）按钮、"应用"（Apply）按钮、"关闭"（Close）按钮或者"选择"（Select）按钮。单击对话框右上角的"关闭"按钮就可以关闭非模式对话框。

1.7　状态区域和提示行

界面底部的状态区域显示与场景活动相关的信息。这个区域也可以显示创建脚本的宏记录。当宏记录被打开后，将在该区域中显示文字，如图 1.31 所示。该区域被称为"侦听器"（Listener）窗口。要深入了解 3ds Max 2010 的脚本语言和宏记录功能，请参考 3ds Max 2010 的在线帮助。

宏记录区域的右边是提示行（Prompt Line），如图 1.32 所示。提示行的上部显示选择的对象数目；提示行的下部会根据当前的命令和下一步的工作显示出操作提示。

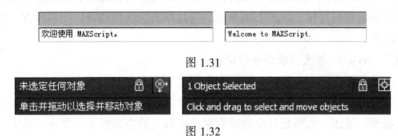

图 1.31

图 1.32

X、Y 和 Z 显示区即变换键入区，如图 1.33 所示，显示当前所选对象的位置，或者显示当前对象被移动、旋转和缩放的多少。用户也可以使用这个区域变换对象。

图 1.33

"绝对模式变换输入"（Absolute Mode Transform Type-In）：多次单击该按钮，会在绝对和相对输入模式之间进行切换。

1.8　时间控制按钮

状态区域和提示行的右边有几个类似于录像机上按键的按钮，如图 1.34 所示，这些是动画和时间控制按钮。用户可以通过单击这些按钮在屏幕上连续播放动画，也可以一帧一帧地观察动画。

图 1.34

"自动关键点"（Auto Key）按钮用来打开或者关闭动画模式。动画和时间控制按钮中的文本框可以根据输入的数据将动画移动到指定的帧；▶用来播放动画；◄◄用来设置关键点的显示模式，如图 1.35 所示。

图 1.35

其中，如图 1.35（左）所示显示的是关键帧模式，如图 1.35（右）所示显示的为关键点模式。关键帧模式中的前进与后退都是以关键帧为单位进行，而关键点模式中的前进和后退都是在有记录信息的关键点之间切换。

单击"自动关键点"（Auto Key）按钮后，在除第 0 帧之外的其他帧处为对象进行的任何设置都会被记录成动画。例如单击"自动关键点"（Auto Key）按钮并移动该对象，将会创建对象移动的动画。

1.9 视口导航控制按钮

在使用 3ds Max 的时候，需要经常放大显示场景的某些特殊部分，以便进行细节调整。界面的右下角是视口导航控制按钮，如图 1.36 所示，通过单击这些按钮可以用各种方法放大和缩小场景。

图 1.36

"缩放"（Zoom）：放大或者缩小激活的视口。

"缩放所有视图"（Zoom All）：放大或缩小所有视口。

"最大化显示"（Zoom Extents）和"最大化显示选定对象"（Zoom Extents Selected）：单击"最大化显示"按钮，会将视口中的所有对象以最大的方式显示；单击"最大化显示选定对象"按钮，会将视口中的选择对象以最大的方式显示。

"所有视图最大化显示"（Zoom Extents All）和"所有视图最大化显示选定对象"（Zoom Extents Selected All）：单击"所有视图最大化显示"按钮，会将所有视口中的所有对象以最大的方式显示；单击"所有视图最大化显示选定对象"按钮，会将所有视口中的选择对象以最大的方式显示。

"视野"（Area）和"缩放区域"（Region Zoom）：缩放视口中的指定区域。

"平移视图"（Pan）：可以沿着任何方向移动视口。

"环绕"（Arc Rotate）、"环绕子对象"（Arc Rotate SubObject）和"选定的环绕"（Arc Rotate Selected）：单击"环绕"按钮将围绕场景旋转视图；单击"环绕子对象"按钮将围绕子对象旋转视图；单击"选定的环绕"按钮，将围绕选择的对象旋转视图。

"最大化视口切换"（Max Toggle）：在满屏和分割屏幕之间切换激活的视口。

【实例 1.6】使用视口导航控制按钮。

（1）启动 3ds Max 2010，单击应用程序按钮，选择"打开"→"打开"（Open→Open）命令，选择"第 1 章"→Samples-01-02→Samples-01-02.max 文件。该文件是包含一个鸟的场景，如图 1.37 所示。

（2）单击视口导航控制按钮区域的"缩放"（Zoom）按钮。

（3）在前视口的中心处单击并向上拖动，此时前视口中的文件被放大了，如图 1.38 所示。

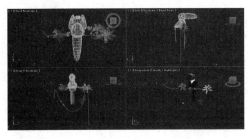
图 1.37

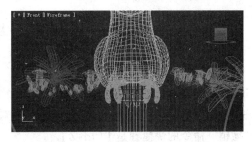
图 1.38

（4）在前视口中单击并向下拖动，此时前视口中的文件被缩小了，如图 1.39 所示。

（5）单击视口导航控制按钮区域的"缩放所有视图"（Zoom All）按钮。

（6）在前视口中单击并向上拖动，此时所有视口中的文件都被放大了，如图 1.40 所示。

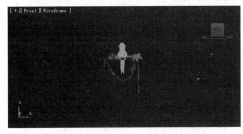
图 1.39

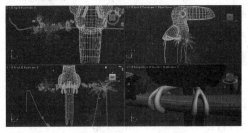
图 1.40

（7）在透视视口中右击将其激活。

（8）单击视口导航控制按钮区域中的"环绕"（Arc Rotate)按钮，在透视视口中出现了圆，如图 1.41 所示，表示激活了弧形旋转模式。

（9）单击透视视口的中心并向右拖动，此时透视视口旋转了，如图 1.42 所示。

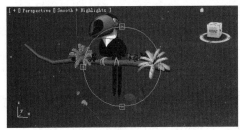
图 1.41

图 1.42

小　结

　　本章较为详细地介绍了 3ds Max 2010 的用户界面，以及用户界面中的命令面板、主工具栏、视口导航控制按钮和时间控制按钮。命令面板用来创建和编辑对象；主工具栏用来变换对象；视口导航控制按钮允许以多种方式放大、缩小或者旋转视口；时间控制按钮用来控制动画的设置和播放。

　　3ds Max 2010 的用户界面并不是固定不变的，可以采用各种方法来定制独特的界面。在学习 3ds Max 2010 阶段，建议不要定制用户界面，使用标准的界面比较好。

练习与思考

一、判断题

1. 通常在 3ds Max 2010 中右击来选取和执行命令。

2. 透视视口默认设置为线框（Wireframe），这对节省系统资源非常重要。

3. "撤销"命令的快捷键是【Ctrl+Z】。

4. 用户可以通过"全部打开"（Open All）命令，打开所有卷展栏，但是不能移动卷展栏的位置。

5. "克隆"命令的"克隆选项"（Clone Options）对话框是模式对话框。

6. 用户可以使用 X、Y 和 Z 显示区即变换键入区来变换对象。

7. 单击"自动关键点"（Auto Key）按钮后，在任何关键帧上为对象进行的设置都会被记录成动画。

8. ▣用来放大或缩小所有视口。

二、选择题

1. 透视视口的英文名称是（　　）。

 A. Left   B. Top   C. Perspective   D. Front

2. 能够实现放大和缩小一个视图的按钮为（　　）。

 A. ▣   B. ▣   C. ▣   D. ▣

3. 默认状态下，"自动关键点"（Auto Key）按钮的快捷键是（　　）。

 A. M   B. N   C. 1   D. W

4. 在默认状态下，▣的快捷键是（　　）。

 A. Alt+M   B. N   C. 1   D. Alt+W

5. 显示或隐藏主工具栏的快捷键是（　　）。

 A. 3   B. 1   C. 4   D. Alt+6

6. 显示浮动工具栏的快捷键是（　　）。

 A. 3   B. 1

 C. 没有默认的，需要自己定制   D. Alt+6

7. 要在所有视口中以明暗方式显示选择的对象，需要使用（　　）命令。

 A. "视图"→"明暗处理选定对象"（Views→Shade Selected）

 B. "视图"→"显示变换 Gizmo"（Views→Show Transform Gizmo）

 C. "视图"→"视口背景"→"显示背景"（Views→Viewport Background→Show Background）

 D. "视图"→"显示关键点时间"（Views→Show Key Times）

8. 在场景中打开和关闭对象的变换坐标系图标的命令是（　　）。

 A. "视图"→"视口背景"→"显示背景"（Views→Viewport Background→Show Background）

 B. "视图"→"显示变换 Gizmo"（Views→Show Transform Gizmo）

 C. "视图"→"显示重影"（Views→Show Ghosting）

 D. "视图"→"显示关键点时间"（Views→Show Key Times）

三、思考题

1. 视口导航控制按钮有哪些？如何使用各个按钮？

2. 时间控制按钮有哪些？如何设置动画时间的长短？

3. 用户是否可以定制用户界面？

4. 主工具栏中各个按钮的主要作用是什么？

5. 如何定制快捷键？

6. 如何在不同视口之间切换？如何使视口最大化或最小化？如何改变视口大小？

第 2 章 使用文件和对象工作

为了有效地使用 3ds Max 2010，需要深入理解文件和对象创建的基本概念。本章将介绍如何使用文件和对象工作以及如何为场景设置测量单位，同时还将进一步介绍绘图、选择对象和修改对象的操作。通过本章的学习，用户能够掌握如下内容。

- 学会打开、关闭、保存和合并文件
- 理解三维绘图的基本单位
- 学会创建三维基本几何体
- 学会创建二维图形
- 理解编辑修改器堆栈的显示
- 学会使用对象选择集
- 学会组合对象

2.1　打开文件和保存文件

在 3ds Max 2010 中，一次只能打开一个场景，类似于所有的 Windows 应用程序。3ds Max 2010 也有"打开文件"和"保存文件"命令，这两个命令在菜单栏中。

在 3ds Max 2010 中打开文件是非常简单的操作，只需单击菜单栏中的应用程序按钮，选择"打开"（Open）命令即可。选择该命令后会弹出"打开文件"（Open File）对话框，如图 2.1 所示。利用该对话框可以找到要打开的文件。在 3ds Max 2010 中，只能使用"打开文件"（Open File）对话框打开扩展名为 max 的文件。

图 2.1

在 3ds Max 2010 中保存文件也是简单的操作。对于新创建的场景，只需单击菜单栏中的应用程序按钮，选择"保存"（Save）命令即可保存文件。选择该命令后，会弹出"文件另存为"（Save File As）对话框，在这个对话框中找到文件将保存的文件夹即可。在菜单栏中的应用程序选项中还有一个"另存为"（Save As）命令，它可以以一个新的文件名保存场景文件。

1．文件另存为（Save File As）对话框

在 3ds Max 2010 菜单栏中的应用程序选项中选择"另存为"（Save As）命令，就会弹出"文件另存为"（Save File As）对话框，如图 2.2 所示。

该对话框中"保存"按钮的前面有个+号按钮，单击该按钮，文件会自动使用一个新的名字保存。如果原来的文件名末尾是数字，那么该数字自动增加 1；如果原来的文件名末尾不是数字，那么新文件名在原来文件名后面增加数字 01，再次单击+号按钮，文件名后面的数字自动变成 02，以此类推。这使用户在保存不同版本的文件时非常方便。

图 2.2

2．保存场景（Hold）和恢复保存的场景（Fetch）

除了使用"保存"（Save）命令保存文件外，还可以选择菜单栏中的"编辑"→"暂存"（Edit → Hold）命令，将文件临时保存在磁盘上。临时保存完成后，就可以继续使用原来的场景工作或者添加一个新场景。要使用"暂存"（Hold）的场景，可以选择菜单栏中的"编辑"→"取回"（Edit→Fetch）命令，这样将使用暂存的场景取代当前的场景。使用"暂存"（Hold）命令只能保存一个场景。

"暂存"（Hold）的快捷键是【Ctrl+Alt+H】，"取回"（Fetch）的快捷键是【Ctrl+Alt+F】。

3．合并（Merge）文件

合并文件时，用户可以从另外一个场景文件中选择一个或者多个对象，然后将选择的对象放置到当前场景中。例如，用户可能正在一个室内场景中工作，而另外一个没有打开的文件中有许多家具图。如果希望将家具放置到当前的室内场景中，那么可以选择应用程序选项中的"导入"→"合并"（Import→Merge）命令将家具合并到室内场景中。该命令只能合并 MAX 格式的文件。

【实例 2.1】使用"合并"（Merge）命令合并文件。

（1）启动 3ds Max 2010，单击菜单栏中的应用程序按钮，选择"打开"（Open）命令，选择"第 2 章"→Samples–02–05.max 文件，一个没有家具的空房间显示在界面上，如图 2.3 所示。

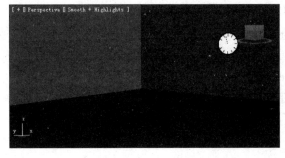

图 2.3

（2）选择菜单栏应用程序选项中的"导入"→"合并"（Import→Merge）命令，弹出"合并文件"（Merge File）对话框。选择"第 2 章"→Samples-02-06.max 文件，单击"打开"（Open）按钮，弹出"合并–Samples-02-06.max"对话框。该对话框显示了可以合并的对象，如图 2.4 所示。

图 2.4

（3）单击对话框中的"全部"（All）按钮，然后单击"确定"（OK）按钮，一组家具就被合并到房间的场景中了，如图 2.5 所示。

选择"第 2 章"→Samples-02-02.max 文件。该文件中有几本书，将这几本书合并到场景中，合并后的场景如图 2.6 所示。

说明：合并进来的对象保持它们原来的大小以及在世界坐标系中的位置不变，所以必须移动或者缩放合并进来的文件，以便适应当前场景的比例。

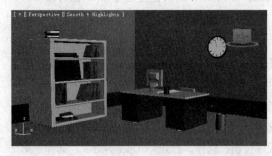 

图 2.5   图 2.6

4．外部参照对象和外部参照场景（Xref）

3ds Max 2010 可以通过网络参照外部对象。在菜单栏中与外部参照有关的命令有两个，它们是应用程序选项中的"首选项"→"外部参照对象"（References→Xref Objects）和"首选项"→"外部参照场景"（References→Xref Scenes）。

例如，一个用户正在设计一个场景的环境，而另一个用户正在设计同一场景中角色的动画。这时可以选择"首选项"→"外部参照对象"（References→Xref Objects）命令将角色以只读的方式放到你的三维环境中，以便观察两者是否协调。用户可以周期性地更新参照对象，以便观察角色动画工作的最新进展。

5. 资源浏览器（Asset Browser）

使用"资源浏览器"（Asset Browser）也可以打开、合并外部参照文件。"资源浏览器"的优点是可以显示图像、MAX 文件和 MAXScript 文件的缩略图。

用户还可以将"资源浏览器"（Asset Browser）与因特网相连，这意味着用户可以从 Web 上浏览资源，并将它们拖放到当前场景中。

【实例 2.2】使用"资源浏览器"（Asset Browser）。

（1）启动 3ds Max 2010，选择菜单栏的应用程序选项中的"打开"（Open）命令，选择"第 2 章"→Samples-02-01.max 文件。该场景是一个有简单家具的房间（见图 2.6）。

（2）选择"工具"（Utilities）命令面板，在"工具"（Utilities）卷展栏中单击"资源浏览器"（Asset Browser）按钮，如图 2.7 所示，弹出"资源浏览器"（Asset Browser）窗口，如图 2.8 所示。

（3）在"资源浏览器"（Asset Browser）窗口中，选择"第 2 章"文件夹。第 2 章中的所有文件都显示在"资源浏览器"（Asset Browser）窗口中。

图 2.7

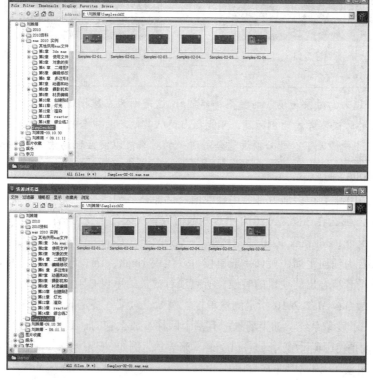

图 2.8

（4）在缩略图区域，选择 Samples-02-02.max 文件，然后将它拖曳到摄影机视口中，此时会弹出一个快捷菜单，如图 2.9 所示。

（5）从弹出的快捷菜单中选择"合并文件"（Merge File）命令。此时书被合并到场景中，但是仍然与光标连在一起，随光标一起移动。

（6）在摄影机视口中，将书移动到合适的位置，如图 2.10 所示，然后单击，固定书的位置。

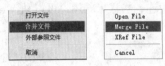

图 2.9

图 2.10

（7）在"资源浏览器"（Asset Browser）对话框中选择 Samples-02-03.max 文件，然后将其拖到摄影机视口。

（8）从弹出的菜单中选择"合并对象"（Merge File）命令，钟表便"粘"到光标上。

（9）在摄影机视口中将钟表移动到合适的位置，如图 2.11 所示，然后单击，固定钟表的位置。

（10）用同样的方法将 Samples-02-04.max 文件合并到场景中，如图 2.12 所示。

图 2.11

图 2.12

注意

本实例合并进来的对象与场景匹配得都非常好，这是因为在建模过程中仔细地考虑了比例问题。如果在建模的时候不考虑比例问题，可能会出现从其他场景中合并进来的文件与当前场景不匹配的情况。在这种情况下，就必须设置合并进来的对象，以便匹配场景的比例和方位。

6．单位（Units）

在 3ds Max 2010 中有很多地方都要用到数值。例如，当创建一个圆柱的时候，需要设置圆柱的半径（Radius）。那么在 3ds Max 2010 中这些数值究竟代表什么意思呢？

在默认的情况下，3ds Max 2010 使用称为"一般单位"（Generic Unit）的度量单位制。用户可以将一般单位设定为任何距离，例如一般单位可以代表 1inch、1m、5m 或者 100mile。

当使用多个场景组合出的项目的时候，所有项目成员的单位必须一致。

用户还可以给 3ds Max 2010 指定测量单位。例如，对某些特定的场景来讲，可以指定英尺/英寸（Feet/Inches）度量系统。如果场景中有一个圆柱，那么它的"半径"（Radius）就不用很长的小数表示了，而是使用英尺/英寸（Feet/Inches）来表示，例如 3'6"。当需要非常准确的模型时（例如建筑或者工程建模），该功能非常有用。

在 3ds Max 2010 中，进行正确的单位设置显得更为重要。这是因为新增的高级光照特性使用真实世界的尺寸进行计算，因此要求建立的模型与真实世界的尺寸一致。

【实例 2.3】使用 3ds Max 2010 的度量单位制。

（1）启动 3ds Max 2010 或者选择菜单栏中的"文件"→"重置"（File→Reset）命令，复位 3ds Max 2010。

（2）选择菜单栏中的"自定义"→"单位设置"（Customize→Units Setup）命令，弹出"单位设置"（Units Setup）对话框，如图 2.13 所示。

（3）在"单位设置"（Units Setup）对话框中选择"公制"（Metric）单选按钮。

（4）从"公制"（Metric）下拉列表中选择"米"（Meters）选项，如图 2.14 所示。

图 2.13

图 2.14

（5）单击"确定"（OK）按钮关闭"单位设置"（Units Setup）对话框。

（6）在"创建"（Create）命令面板中，单击"球体"（Sphere）按钮。在顶视口中单击并拖曳，创建一个任意大小的球。此时在"半径"（Radius）的数值后面有一个 m，这个 m 是米的缩写，如图 2.15 所示。

图 2.15

（7）选择菜单栏中的"自定义"→"单位设置"（Customize→Units Setup）命令。在"单位设置"（Units Setup）对话框中选择"美国标准"（US Standard）单选按钮。

（8）从"美国标准"（US Standard）的下拉列表中选择"英尺/分数英寸"（Feet w/Fractional Inches）选项，如图 2.16 所示。

（9）单击"确定"（OK）按钮，关闭"单位设置"（Units Setup）对话框。此时球的半径以英尺/英寸显示，如图 2.17 所示。

图 2.16

图 2.17

2.2　创建对象和修改对象

在"创建"（Create）命令面板中有 7 个图标，它们分别为"几何体"（Geometry）◯、"图形"（Shapes）◻、"灯光"（Lights）◻、"摄影机"（Cameras）◻、"辅助对象"（Helpers）◻、"空间扭曲"（Space Warps）◻、"系统"（Systems）◻。

每个图标下面都有不同的命令集合。每个选项都有下拉列表。在默认的情况下，启动 3ds Max 2010 后，系统显示"创建"（Create）命令面板中"几何体"（Geometry）面板中的"标准基本体"（Standard Primitives）选项。

2.2.1　原始几何体（Primitives）

在三维世界中，基本的建筑块被称为原始几何体（Primitives）。原始几何体通常是简单的对象，是建立复杂对象的基础，如图 2.18 所示。

图 2.18

原始几何体是参数化的对象，这意味着可以通过改变参数
来改变几何体的形状。其命令面板中卷展栏的名字都是一样
的，而且在卷展栏中也有类似的参数。用户可以在界面上交互
地创建对象，也可以在"键盘输入"（Keyboard）卷展栏中输
入参数来创建对象。当使用交互的方式创建原始几何体的时
候，可以通过观察"参数"（Parameters）卷展栏中的参数数值
来了解调整对对象的影响。图 2.19 所示为"参数"卷展栏。

有两种类型的原始几何体，它们分别是标准原始几何体
（Standard Primitives）（见图 2.18 左）和扩展原始几何体

图 2.19

（Extended Primitives）（见图 2.18 右）。通常将这两种几何体称之为"标准基本体"和"扩展基本体"。

要创建原始几何体，首先要从命令面板（或者 Object 标签面板）中选择几何体的类型，然后
在视口中单击并拖曳即可。某些对象要求在视口中进行一次单击和拖曳操作，有些对象则要求在
视口中进行多次单击和移动操作。

在默认的情况下，所有对象都被创建在主栅格（Home Grid）上。用户可以使用"自动栅
格"（AutoGrid）功能来改变该默认设置。使用该功能可以在一个已经存在对象的表面创建新
的几何体。

【实例 2.4】创建原始几何体。

（1）启动 3ds Max 2010，在"创建"（Create）命令面板中单击"对象类型"（Object Type）卷
展栏中的"球体"（Sphere）按钮。

（2）在顶视口的右侧单击并拖曳，创建一个占据视口一小半空间的球。

（3）单击"对象类型"（Object Type）卷展栏中的"长方体"（Box）按钮。

（4）在顶视口的左侧单击并拖曳，创建一个长方形，然后释放鼠标，向上移动光标，对长方
体的高度满意后单击，确定盒子的高度。

此时场景中创建了两个原始几何体，如图 2.20 所示。在创建的过程中注意观察参数
（Parameters）卷展栏中数值的变化。

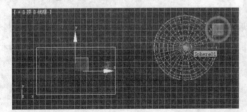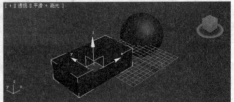

图 2.20

（5）单击"对象类型"（Object Type）卷展栏中的"圆锥体"（Cone）按钮。

（6）在顶视口中单击并拖曳，创建圆锥的底面，然后释放鼠标，向上移动光标，对圆锥的高度满意后单击，确定圆锥的高度；再向下移动光标，对圆锥的顶面满意后单击，确定圆锥的顶面半径。此时的场景如图 2.21 所示。

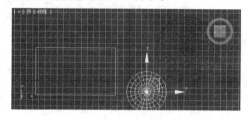 

图 2.21

（7）单击"对象类型"（Object Type）卷展栏中的"长方体"（Box）按钮。选择"自动栅格"（AutoGrid）复选框，如图 2.22 所示。

（8）在透视视口中，将光标移动到圆锥的侧面，然后单击并拖曳，创建一个长方体，将其创建在圆锥的侧面，效果如图 2.23 所示。

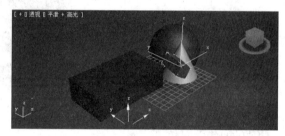

图 2.22　　　　　　　　　　　　　　　　图 2.23

下面继续利用原始几何体来创建简单的物体。

（1）单击"对象类型"卷展栏中的"圆锥体"按钮。

（2）在顶视口中创建圆锥体，并在"修改"（Modify）面板中修改其参数，如图 2.24 所示。

（3）单击"对象类型"卷展栏中的"圆锥体"按钮，选择"自动栅格"（AutoGrid）复选框，在透视视口中将光标移动到圆锥的侧面，然后单击并拖曳，创建一个圆锥。此时圆锥被创建在圆锥的侧面。

（4）使用同样的方法，继续在初始的圆锥表面创建另外两个球体并调整参数，如图 2.25 所示。

（5）此时，一个简单对象创建完毕。

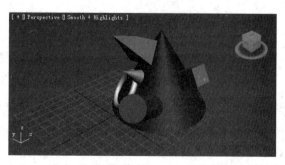

图 2.24　　　　　　　　　　　　　　　　图 2.25

【实例 2.5】创建一个简单的沙发。

（1）在"创建"（Create）面板中的下拉列表中，选择"扩展基本体"选项，如图 2.26 所示。

（2）单击"对象类型"中的"切角长方体"按钮，在顶视口中创建一个切角长方体，如图 2.27 所示。

 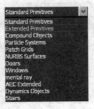

图 2.26

图 2.27

（3）设置参数，如图 2.28 所示。

（4）单击"切角长方体"按钮创建沙发的其他部分，效果如图 2.29 所示。

图 2.28

图 2.29

2.2.2 修改原始几何体

创建完对象，在进行任何操作之前，可以在"创建"（Create）命令面板设置对象的参数。但是，一旦选择了其他对象或者其他选项后，就必须使用"修改"（Modify）命令面板来调整对象的参数。

 技 巧

创建对象后马上进入"修改"（Modify）命令面板，这样做有两个好处：一是离开"创建"（Create）命令面板后不会意外地创建不需要的对象；二是在参数面板进行的修改一定起作用。

1. 改变对象参数

当创建了一个对象后，可以采用以下 3 种方法中的任意一种来设置参数的数值。

（1）在参数的原始数值处输入一个新的数值，最后按【Enter】键。

（2）单击微调器上的小按钮，可以小幅度地增加或者减少数值。

（3）单击并拖曳微调器上的小按钮，可以较大幅度地增加或者减少数值。

技 巧

调整微调器按钮的时候，按【Ctrl】键将以较大的增量增加或者减少数值；按【Alt】键将以较小的增量增加或者减少数值。

2．对象的名称和颜色

当创建对象后，便被指定了颜色和唯一的名称。对象的名称由对象类型和数字组成。例如，在场景中创建的第一个盒子的名称是 Box01，下一个盒子的名称就是 Box02。对象的名称显示在"名称和颜色"（Name and Color）卷展栏中，如图 2.30 所示。在"创建"（Create）命令面板中，该卷展栏在面板的底部；在"修改"（Modify）命令面板中，该卷展栏在面板的顶部。

在"创建"（Create）命令面板中　　　　　在"修改"（Modify）命令面板中

图 2.30

在默认的情况下，3ds Max 2010 会随机地给创建的对象指定颜色，这样可以使用户方便地区分不同的对象。用户可以在任何时候改变默认对象的名称和颜色。

说明：指定对象的默认颜色是为了在建模过程中区分对象，指定给对象的材质是为了最后渲染的时候得到好的图像。

单击"名称和颜色"（Name）卷展栏中的颜色块，会弹出"对象颜色"（Object Color）对话框，如图 2.31 所示。

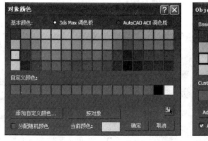
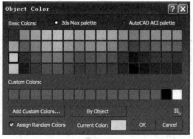

图 2.31

用户可以在该对话框中选择预先设置的颜色，也可以在该对话框中单击"添加自定义颜色"（Add Custom Colors）按钮创建颜色。如果不希望系统随机指定颜色，可以取消选择"分配随机颜色"（Assign Random Colors）复选框。

【实例 2.6】改变对象的参数和颜色。

（1）启动 3ds Max 2010，或者选择菜单栏应用程序选项中的"重置"（Reset）命令，复位 3ds Max 2010。

（2）单击"创建对象"（Create）下拉按钮，在弹出的下拉列表中选择"扩展基本体"（Extended Primitives）选项，在"对象类型"（Object Type）卷展栏中单击"油罐"（Oil Tank）按钮。

（3）在透视视口中创建一个任意大小的油罐对
象 OilTank01，如图 2.32 所示。

（4）进入"修改"（Modify）命令面板，在命令
面板的底部显示了油罐对象 OilTank01 的参数。

（5）在"修改"（Modify）命令面板的顶部，显
示了默认的对象名称 OilTank01。

（6）输入一个新名称"油罐"，然后按【Enter】
键确认。

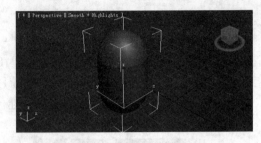

图 2.32

（7）单击"名称和颜色"卷展栏中的颜色块，弹出"对象颜色"对话框，该对话框中有 64 个默
认颜色供选择。

（8）在"对象颜色"对话框中为对象选择一种颜色。

（9）单击"确定"（OK）按钮关闭对话框，此时对象的名称和颜色都变了，如图 2.33 所示。

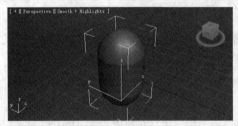

图 2.33

（10）在"参数"卷展栏中将"封口高度"设置为最小值，并将"边数"设置为 4，这时场景
中的"油罐"对象变成了长方体，如图 2.34 所示。

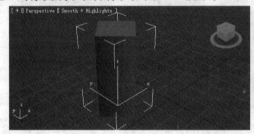

图 2.34

（11）单击"自动关键点"（Auto Key）按钮，将关键点移动到第 100 帧的位置。

（12）调整参数，将"边数"设置为 25，将"封口高度"设置为当前可设置的最大值，单击
"高度"微调按钮设置高度到合适的位置，使油罐成为球体，如图 2.35 所示。

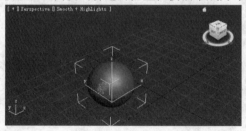

图 2.35

（13）单击"自动关键点"（Auto Key）按钮，单击"播放动画"（Play Animation）按钮 ▶ 查看效果，可以看到长方体逐渐变成了球体。

2.2.3 样条线（Splines）

样条线是二维图形，它是一个没有深度的连续线（可以是开的，也可以是封闭的）。创建样条线对建立三维对象的模型至关重要。例如，可以创建一个矩形，然后定义一个厚度来生成一个盒子，也可以通过创建一组样条线来生成一个人物的头部模型。

在默认的情况下，样条线是不能被渲染的。这就意味着如果创建一个样条线并进行渲染，那么在视频帧缓存中将不显示样条线。但是，每个样条线都有一个可以打开的厚度选项，这个选项对创建霓虹灯文字、电线或者电缆效果非常有用。

样条线本身可以被设置成动画，它还可以作为对象运动的路径。3ds Max 2010 中常见的样条线类型如图 2.36 所示。

单击"创建"（Create）命令面板中的"图形"（Shapes）按钮，在"对象类型"（Object Type）卷展栏中有一个"开始新图形"（Start New Shape）复选框。可以取消选择该复选框，来创建二维图形中的一系列样条曲线。默认情况下每次可以创建一个新的图形。在很多情况下，需要取消选择"开始新图形"（Start New Shape）复选框来创建嵌套的多边形，在后续建模的有关章节中还要详细介绍这个问题。

二维图形也是参数对象，在创建之后也可以对其参数进行编辑。例如，如图 2.37 所示为创建文字时的"参数"（Parameters）卷展栏。用户可以在这个卷展栏中改变文字的字体、大小、字间距和行间距。

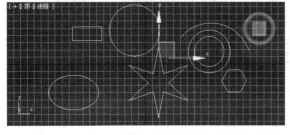
图 2.36

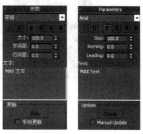
图 2.37

【实例 2.7】创建二维图形。

（1）启动 3ds Max 2010，或者选择菜单栏中应用程序选项中的"重置"（Reset）命令，复位 3ds Max 2010。

（2）在"创建"（Create）命令面板中单击"几何体"（Geometry）按钮。

（3）在"对象类型"（Object Type）卷展栏中单击"球体"（Circle）按钮。

（4）在前视口中单击并拖曳，创建一个圆。

（5）单击"图形"（Shapes）按钮，选择"样条线"选项，单击"对象类型"（Object Type）卷展栏中的"矩形"（Rectangle）按钮。

（6）在前视口中单击并拖曳来创建一个矩形，如图 2.38 所示。

（7）单击视口导航控制按钮区域中的"平移视图"（PanView）按钮。

（8）在前视口单击并向左拖曳，从而为视口的右边留一些空间，如图 2.39 所示。

图 2.38　　　　　　　　　　　　　图 2.39

（9）单击"对象类型"（Object Type）卷展栏中的"星形"（Star）按钮。

（10）在前视口的空白区域单击并拖曳来创建星星的外径，释放鼠标再向内拖动来定义对象的内径，然后单击，从而完成对象的创建，效果如图 2.40 所示。

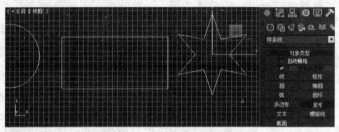

图 2.40

（11）在"创建"（Create）命令面板的"参数"（Parameters）卷展栏中，将"点"（Points）设置为 5，此时星星变成了五角星，效果如图 2.41 所示。

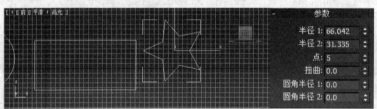

图 2.41

（12）单击视口导航控制按钮区域中的"平移视图"（PanView）按钮。

（13）在前视口中单击并向左拖曳，从而为视口的右边留一些空间，如图 2.42 所示。

（14）单击"对象类型"（Object Type）卷展栏中的"线"（Line）按钮。

（15）在前视口中单击，确定线的起点，然后移动光标，在终点处单击，即可创建一条直线。使用同样的方法，创建另外一条直线。

（16）继续进行操作，直到对画的线满意后右击，从而结束画线操作，此时的前视口如图 2.43 所示。

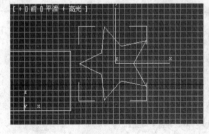
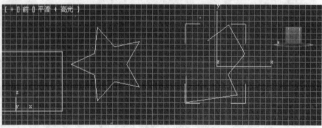

图 2.42　　　　　　　　　　　　　图 2.43

2.3 编辑修改器堆栈的显示

创建完对象（几何体、二维图形、灯光和摄影机等）后，就需要对创建的对象进行修改。对对象的修改是多种多样的，可以通过修改参数改变对象的大小，也可以通过编辑的方法改变对象的形状。

要修改对象，就要使用"修改"（Modify）命令面板。"修改"（Modify）命令面板分为两个区域：编辑修改器堆栈显示区和对象的卷展栏区域，如图 2.44 所示。

这一节将介绍编辑修改器堆栈显示的基本概念，后面还要深入地介绍与编辑修改器堆栈相关的问题。

2.3.1 编辑修改器列表

在"修改"（Modify）命令面板的顶部为"修改器列表"（Modifier List）。用户可以通过单击"修改器列表"（Modifier List）右边的下拉按钮打开下拉列表。下拉列表中的选项就是编辑修改器，如图 2.45 所示。

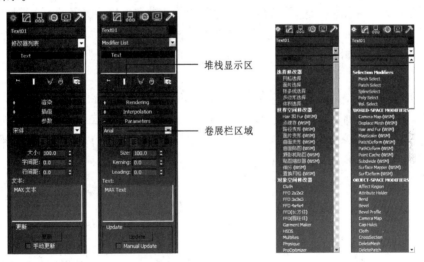

图 2.44   图 2.45

列表中的编辑修改器是根据功能的不同进行分类的。尽管看起来列表很长，编辑修改器很多，但是这些编辑修改器中的一部分是很少用的。

在"修改器列表"（Modifier List）上右击，会弹出一个快捷菜单，如图 2.46 所示。

用户可以使用这个菜单完成以下工作：

- 过滤列表中显示的编辑修改器；
- 在"修改器列表"（Modifier List）中显示编辑修改器按钮；
- 定制用户的编辑修改器集合。

2.3.2 应用编辑修改器

要使用某个编辑修改器，首先需要从下拉列表中选择编辑

图 2.46

修改器。一旦选择了某个编辑修改器，便会显示在堆栈的显示区域中。用户可以将编辑修改器堆栈想象成一个历史记录堆栈。这个历史记录的最底层是对象的类型，称之为基本对象，上面是基本对象应用的编辑修改器。如图 2.47 所示，基本对象是"圆柱"（Cylinder），编辑修改器是"弯曲"（Bend）。

当给一个对象应用编辑修改器后，对象并不立即发生变化。编辑修改器的参数显示在命令面板中的"参数"（Parameters）卷展栏中，如图 2.48 所示。要使编辑修改器起作用，就必须设置"参数"（Parameters）卷展栏中的参数。

图 2.47   图 2.48

用户可以给对象应用多个编辑修改器，这些编辑修改器按应用的次序显示在堆栈的列表中。最后应用的编辑修改器在最顶部，基本对象总是在堆栈的最底部。

当堆栈中有多个编辑修改器的时候，在列表中选择一个编辑修改器，在命令面板中便会显示它的参数。

不同的对象类型有不同的编辑修改器。例如，有些编辑修改器只能应用于二维图形，不能应用于三维图形。当用下拉列表显示编辑修改器的时候，只显示能够应用选择对象的编辑修改器。

用户可以从一个对象上向另外一个对象上拖放编辑修改器，也可以交互地调整编辑修改器的次序。下面举例说明如何使用编辑修改器。

（1）启动 3ds Max 2010，或者选择菜单栏应用程序选项中的"重置"（Reset）命令，复位 3ds Max 2010。

（2）单击"创建"（Create）命令面板中"对象类型"（Object Type）卷展栏中的"球体"（Sphere）按钮。

（3）在透视视口创建一个"半径"（Radius）约为 40 个单位的球，效果如图 2.49 所示。

（4）在"修改"（Modify）命令面板中，单击"修改器列表"（Modifier List）右边的下拉按钮。在弹出的编辑修改器列表中选择"拉伸"（Stretch）选项。此时便应用了"拉伸"（Stretch）编辑修改器，并显示在堆栈列表中，如图 2.50 所示。

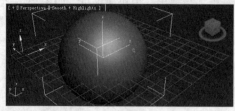

图 2.49   图 2.50

（5）在"修改"（Modify）命令面板的"参数"（Parameters）卷展栏中，将"拉伸"（Stretch）设置为 1，将"放大"（Amplify）设置为 3，此时球发生了形变，如图 2.51 所示。

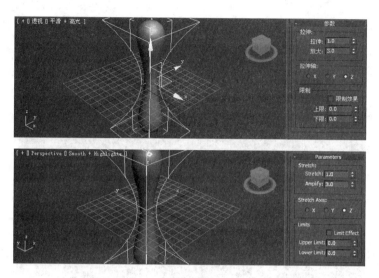

图 2.51

（6）在"创建"（Create）命令面板中，单击"对象类型"（Object Type）卷展栏中的"圆柱体"（Cylinder）按钮。

（7）在透视视口中的球旁边创建一个圆柱。

（8）在"创建"（Create）命令面板的"参数"（Parameters）卷展栏中将"半径"（Radius）设置为 6，将"高度"（Height）设置为 80。

（9）切换到"修改"（Modify）命令面板，单击"修改器列表"（Modifier List）右边的下拉按钮，在编辑修改器列表中选择"弯曲"（Bend）选项。此时便为圆柱应用了"弯曲"（Bend）编辑修改器，并显示在堆栈列表中。

（10）在"修改"（Modify）命令面板的"参数"（Parameters）卷展栏中将"角度"（Angle）设置为−90，此时圆柱弯曲了，如图 2.52 所示。

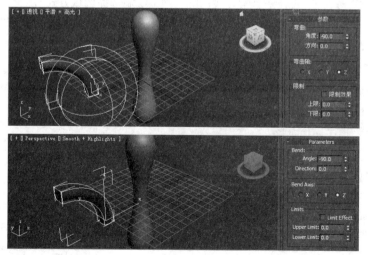

图 2.52

（11）从圆柱的堆栈列表中，将"弯曲"（Bend）编辑修改器拖曳到场景中拉伸的球上。

此时球也弯曲了，同时在它的堆栈中也显示了"弯曲"（Bend）编辑修改器，如图 2.53 所示。

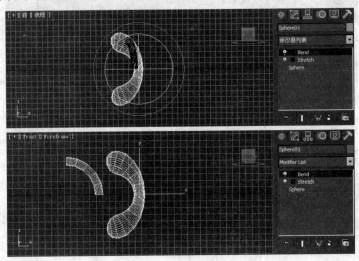

图 2.53

2.4 对象的选择

在对某个对象进行修改之前，必须先选择对象。如何在 3ds Max 2010 中选择对象将直接影响工作效率。

1. 选择一个对象

选择对象最简单的方法是使用选择工具在视口中单击。下面是主工具栏中常用的选择对象工具。

: 仅用来选择对象，单击即可选择一个对象。

: 5 种不同的区域选择方式。第一种是矩形方式；第二种是圆形方式；第三种是自由多边形方式；第四种是套索方式；第五种是绘制选择区域方式。

: 根据名称选择对象，可以在"选取对象"（Select Objects）对话框中选择一个对象。

: 交叉选择方式/窗口选择方式。

2. 选择多个对象

当选择对象的时候，如果希望选择多个对象或者从选择的对象中取消对某个对象的选择，此时需要将鼠标操作与键盘操作结合起来。下面介绍选择多个对象的方法。

- Ctrl+单击：用于增加对象。
- Ctrl 或者 Alt+单击：从当前选择的对象中取消对某个对象的选择。
- 在要选择的一组对象周围单击并拖曳，拖出一个完全包围对象的区域后释放鼠标，此时框内的对象被选择。

图 2.54 所示是使用矩形选择区域的方式选择对象。

> 注意
>
> 在默认的状态下，创建的选择区域是矩形。用户可以通过单击主工具栏中的按钮将选择方式设置为圆形（Circular）区域选择方式、任意（Fence）形状区域选择方式或者套索（Lasso）选择区域方式。

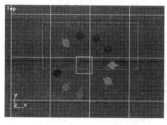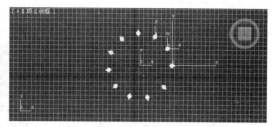

选择过程中　　　　　　　　　　　　　选择结果

图 2.54

3．窗口选择和交叉选择

当使用矩形选择区域选择对象的时候，主工具栏中有一个按钮用来决定矩形区域如何影响对象，这个按钮有两个选项。

窗口选择（Window Selection）：选择完全在选择框内的对象。

交叉选择（Crossing Selection）：与选择框接触的对象都被选择。

4．根据名称来选择

在主工具栏中有一个"按名称选择"（Select by Name）按钮。单击这个按钮就会弹出"从场景选择"（Select From Scene）窗口，该窗口显示场景中所有对象的列表。按【H】键也可以打开这个窗口。用户可以在该窗口中选择场景中的对象。

　技 巧

　　当场景中有多个对象的时候，它们会在视口中相互重叠，此时在视口中采用单击的方法进行选择是很困难的，使用"从场景选择"对话框就可以很好地解决这个问题。

【实例 2.8】根据名称来选择对象。

（1）启动 3ds Max 2010 或者继续前面的练习，选择菜单栏应用程序选项中的"打开"（Open）命令，选择"第 2 章"→Samples-02-01.max 文件。该场景是一个有简单家具的房间，如图 2.55 所示。

图 2.55

（2）在主工具栏上单击"按名称选择"（Select by Name）按钮，弹出"从场景选择"（Select From Scene）窗口。

（3）在"从场景选择"（Select From Scene）窗口中选择"手机"选项。

（4）按住【Ctrl】键选择"柜子"选项，此时"从场景选择"（Select From Scene）窗口的列表中有两个对象被选择，如图 2.56 所示。

图 2.56

（5）在"从场景选择"（Select From Scene）窗口中单击"确定"（OK）按钮，此时"从场景选择"（Select From Scene）窗口消失，场景中有两个对象被选择，在被选择的对象周围有白色框。

（6）按【H】键，弹出"从场景选择"（Select From Scene）窗口。

（7）在"从场景选择"（Select From Scene）窗口中单击"文件夹"选项。

（8）按住【Shift】键选择"文件夹 14"选项，此时两个被选择对象中间的对象都被选择了，如图 2.57 所示。

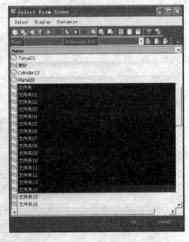

图 2.57

（9）在"从场景选择"（Select From Scene）窗口中单击"确定"（OK）按钮，此时在场景中选择了 15 个对象。

 注意

　　如果场景中的对象比较多，使用"按名称选择"（Select by Name）功能会比较方便。这就需要合理地命名文件，如果文件名组织得不好，使用这种方式就会非常困难。

5．锁定选择的对象

为了便于后面的操作，当选择多个对象的时候，最好将选择的对象锁定。锁定选择的对象后，就可以确保当前选择的对象不被修改。

用户可以通过单击状态栏中的"选择锁定切换"（Selection Lock Toggle）按钮 来锁定选择的对象，也可以按【Space】键来锁定选择的对象。

2.5　选择集（Selection Sets）和组（Group）

选择集（Selection Sets）和组（Group）可以帮助用户在场景中组织对象。虽然这两个选项的功能类似，但是工作流程却不同。

2.5.1　选择集（Selection Sets）

选择集（Selection Sets）可以给选择对象的集合指定一个名称。由于经常需要对一组对象进行变换等操作，所以选择集非常有用。当定义选择集后，就可以通过一次操作选择一组对象。

【实例 2.9】使用命名的选择集。

（1）继续前面的练习，或者选择菜单栏应用程序选项中的"打开"（Open）命令，选择"第 2 章"→Samples-02-01.max 文件。

（2）单击主工具栏中的"按名称选择"（Select by Name）按钮 ，弹出"从场景选择"（Select From Scene）窗口。

（3）在"从场景选择"（Select From Scene）窗口中选择"笔筒"选项。

（4）在"从场景选择"（Select From Scene）窗口中，按住【Ctrl】键并选择"桌子"选项和"电脑"选项，如图 2.58 所示。

（5）在"从场景选择"（Select From Scene）窗口中单击"确定"（OK）按钮，此时选择了 3 个对象，如图 2.59 所示。

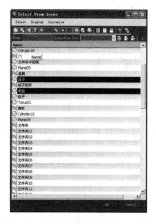

图 2.58

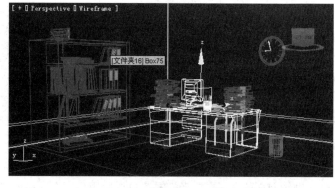

图 2.59

（6）单击状态栏中的"选择锁定切换"（Selection Lock Toggle）按钮 。

（7）在前视口中用单击的方式选择其他对象。

由于"选择锁定切换"（Selection Lock Toggle）按钮 已经处于打开状态，因此不能选择其他对象。

（8）将光标移动到主工具栏中的"创建选择集"（Create Selection Sets）区域。

（9）在"创建选择集"（Create Selection Sets）区域，输入 Table，然后按【Enter】键，此时就命名了选择集。

![注意]

如果没有按【Enter】键，选择集的命名将不起作用，这是初学者经常遇到的问题。

（10）按空格键关闭"选择锁定切换"（Selection Lock Toggle）按钮🔒。

（11）在前视口的任意地方单击，原来选择的对象将不再被选择。

（12）在主工具栏中单击"创建选择集"（Create Selection Sets）右侧的下拉按钮，然后在弹出的列表中选择 Table 选项，此时"桌子"对象被选择了。

（13）按【H】键弹出"从场景选择"（Select From Scene）窗口。

（14）在"从场景选择"（Select From Scene）窗口中，对象仍然是作为个体被选择的。该对话框中有一个"选择集"（Selection Sets）列表。

（15）在"从场景选择"（Select From Scene）窗口中单击"取消"（Cancel）按钮，关闭该对话框。

（16）保存文件，以便后面使用。

2.5.2　组（Group）

1. 组和选择集的区别

组（Group）也被用来在场景中组织多个对象，其工作流程和编辑功能与选择集不同。组和选择集的不同之处如下：

- 当创建一个组后，组成组的多个单个对象被作为一个对象来处理。
- 创建组后，不在场景中显示单个对象的名称，而显示组的名称。
- 在对象列表中，组的名称被用括号括了起来。
- 在"名称和颜色"（Name and Color）卷展栏中，组的名称是粗体的。
- 当选择组成组的任何一个对象后，整个组都被选择。
- 要编辑组内的单个对象，需要打开组。

组可以应用编辑修改器和动画。如果应用了编辑修改器和动画之后取消组，则每个对象都保留组的编辑修改器和动画。

在一般情况下，尽量不要使用组内的对象或者选择集内的对象制作动画。用户可以使用链接选项设置多个对象一起运动的动画。

如果为组应用了动画，将发现所有对象都有关键帧。这就意味着如果设置组的位置动画，那么将显示组内每个对象的轨迹。如果组有很多对象，那么显示轨迹线后将使界面变得非常混乱。实际上，组主要用来建模，而不是用来制作动画。

2. 创建组

（1）继续前面的练习，或者选择菜单栏应用程序选项中的"打开"（Open）命令，选择"第2章"→Samples-02-01.max 文件。

（2）在主工具栏中将选择方式设置为"交叉选择"（Crossing Selection）。

（3）在前视口中，在右侧凳子的顶部单击并拖曳，向下创建一个矩形框，如图2.60所示。此时被矩形框接触的对象都被选中了，如图2.61所示。

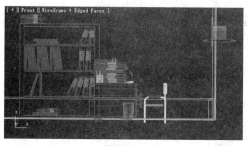 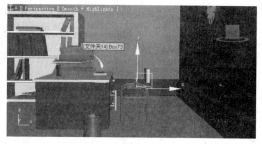

图 2.60 　　　　　　　　　　　　　　图 2.61

（4）选择菜单栏中的"组"→"成组"（Group→Group）命令，弹出"组"（Group）对话框，如图 2.62 所示。

（5）在"组"（Group）对话框的"组名"（Group name）文本框中，输入 Stool，然后单击"确定"（OK）按钮。

（6）此时"修改"（Modify）命令面板中名称和颜色（Name and Color）区域中的 Stool 是粗体显示的，如图 2.63 所示。

图 2.62 　　　　　　　　　　　图 2.63

（7）按【H】键，弹出"从场景选择"（Select From Scene）窗口。

（8）在"从场景选择"（Select From Scene）窗口中，Stool 前面的图标被方括号括了起来，组内的对象不在列表中显示，如图 2.64 所示。

图 2.64

（9）在"从场景选择"（Select From Scene）窗口中单击"确定"（OK）按钮。

（10）在前视口中单击组外的对象，组不再被选中。

（11）在前视口中单击 Stool 组中的任何对象，组内的所有对象都被选中了。

（12）选择菜单栏中的"组"→"解组"（Group→UnGroup）命令，此时组被取消了。

（13）按【H】键，在弹出的"从场景选择"（Select From Scene）窗口中便看不到组 Stool 了，列表框中显示的是单个对象的列表，如图 2.65 所示。

图 2.65

2.6 AEC 扩展对象

这一节将应用"创建"（Create）命令面板中的 AEC 扩展来制作一个简单的房子，下面就应用门、窗、墙体来创建房子。

（1）启动或者重新设置 3ds Max 2010。

（2）首先来创建墙体。在"创建"（Create）命令面板中选择"AEC 扩展"（AEC Extended）选项，如图 2.66 所示。

（3）在"对象类型"（Object Type）卷展栏中单击"墙"（Wall）按钮。

（4）在顶视口中单击然后释放鼠标，以拖动的方式创建 4 面封闭的墙体。在创建第四面墙体时，会弹出"是否要焊接点？"对话框，如图 2.67 所示，单击"是"按钮，然后右击结束创建操作。

图 2.66

图 2.67

（5）在"创建"（Create）命令面板的"参数"（Parameter）卷展栏中，将"宽度"（Width）设置为 2，"高度"（Height）设置为 48，如图 2.68 所示，效果如图 2.69 所示。

图 2.68

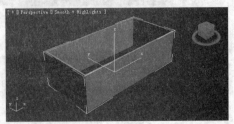

图 2.69

（6）在"创建"（Create）命令面板中，从选项集中选择"门"（Doors）选项，在"对象类型"（Object Type）卷展栏中单击"枢轴门"（Pivot）按钮，如图 2.70 所示。

图 2.70

（7）到顶视口中，在墙体的前部靠右的位置创建一扇门。在视口中创建前两个点，用于定义门的宽度，释放鼠标，然后移动调整门的深度，移动光标可以调整高度，最后单击完成设置，如图 2.71 所示。

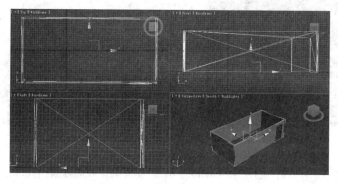

图 2.71

（8）在"修改"（Modify）命令面板中，在"参数"（Parameter）卷展栏中将"高度"（Height）设置为 35.0，"宽度"（Width）设置为 18.0，"深度"设置为 2.0，选择"翻转转枢"（Flip Hinge）复选框，如图 2.72 所示。

（9）在"修改"（Modify）命令面板的"页扇参数"（Leaf Parameters）卷展栏中设置参数，如图 2.73 所示。

图 2.72

图 2.73

（10）在"修改"（Modify）命令面板的"页扇参数"（Leaf Parameters）卷展栏中，在"镶板"（Panels）选项区域中选择"有倒角"（Beveled）单选按钮，其他参数保持默认设置，如图 2.74 所示，效果如图 2.75 所示。

图 2.74

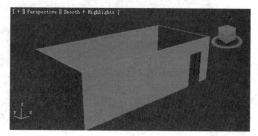

图 2.75

（11）在墙体的右侧创建第二扇门，在"创建"（Create）命令面板中，在"门"（Doors）的"对象类型"（Object Type）卷展栏中单击"枢轴门"（Pivot）按钮，用同样的方法在右侧创建门，"参数"卷展栏的参数设置如图 2.76 所示。"页扇参数"（Leaf Parameters）卷展栏中的参数设置如图 2.77 所示。完成后的效果如图 2.78 所示。

图 2.76

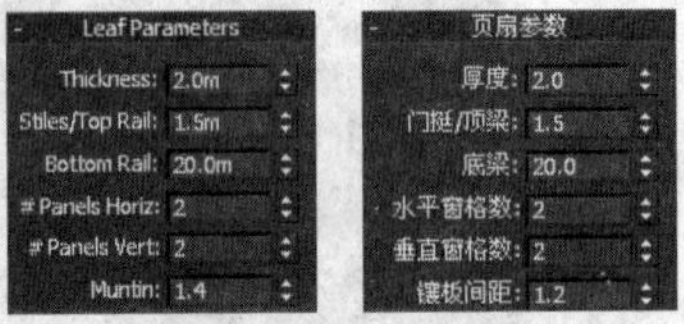

图 2.77

（12）继续创建窗户。在"创建"（Create）命令面板中，在选项集中选择"窗"（Windows）选项，然后在"对象类型"（Object Type）卷展栏中单击"推拉窗"按钮。

（13）与创建门的方法类似，在墙体的前部创建一扇窗。在"修改"（Modify）命令面板中，设置"参数"（Parameter）卷展栏中的参数，如图 2.79 所示。

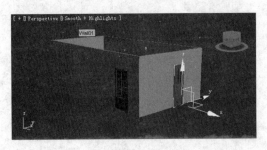

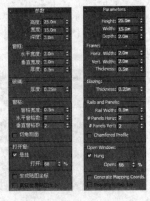

图 2.78

图 2.79

（14）用同样的方法，在窗的左边再创建一扇窗，最终效果如图 2.80 所示，最后为屋子添加一个屋顶。

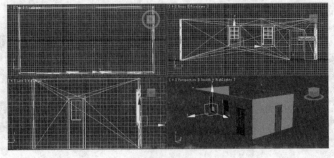

图 2.80

（15）在"几何体"创建面板中，在"标准基本体"（Standard Primitives）的"对象类型"卷展栏中，单击"长方体"（Box）按钮，在顶视口中创建一个长方体。

（16）在主工具栏中单击"选择并移动"（Select and Move）按钮，将长方体移动到墙体的上端，此时房子的模型就创建完成了，最终效果如图 2.81 所示。

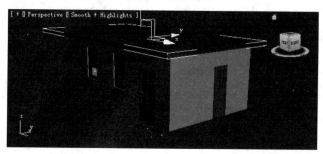

图 2.81

小 结

本章介绍了如何打开、保存以及合并文件，并讲解了创建对象和修改对象的方法，这些都是实际工作中非常重要的技巧，一定要熟练掌握。

本章的另外一个重要内容就是如何创建基本的三维对象和二维对象，以及使用编辑修改器和编辑修改器堆栈编辑对象。

为了有效地编辑对象和处理场景，需要合理地利用 3ds Max 2010 提供的组织工具组织场景中的对象。组和选择集是重要的组织工具，熟练掌握这些工具将会为以后的工作带来很大的方便。

练习与思考

一、判断题

1. 在 3ds Max 2010 中组（Group）和选择集的作用是一样的。

2. 在 3ds Max 2010 中用户可以根据需要定义快捷键。

3. 按【Ctrl】键可以在选择集中添加对象。

4. 选择对象后，按空格键可以锁定选择集。

5. 在"选择对象"（Select Objects）对话框中，可以使用 ? 代表字符串中的任意一字符。

6. 不能向已经存在的组中添加对象。

7. 用"打开"（Open）命令打开组后必须使用"成组"（Group）命令重新成组。

8. 命名的选择集不随文件一起保存，也就是说打开文件后将看不到文件保存前的命名选择集。

9. 在 3ds Max 2010 中，一般情况下要先选择对象，然后再发出操作的命令。

10. "文件"→"打开"（File→Open）命令和"文件"→"合并"（File→Merge）命令都只能打开 MAX 格式的文件，因此在用法上没有区别。

二、选择题

1. 3ds Max 2010 的选择区域形状有（   ）。

    A. 2 种   B. 3 种   C. 4 种   D. 5 种

2. 在根据名称选择的时候，下面（　　　）字符可以代表任意字符的组合。

　　A. *　　　　　　　　　B. ?　　　　　　　　C. @　　　　　　　　D. #

3. 下面（　　　）命令将组彻底分解。

　　A. 炸开（Explode）　　　　　　　　B. 解组（Ungroup）

　　C. 分离（Detach）　　　　　　　　　D. 平分（Divide）

4. 在保留原来场景的情况下，导入 3D Studio MAX 文件时应选择的命令是（　　　）。

　　A. 合并（Merge）　　　　　　　　　B. 替换（Replace）

　　C. 新建（New）　　　　　　　　　　D. 打开（Open）

5. 下面（　　　）方法不能用来激活"从场景选择"（Select From Scene）对话框。

　　A. 单击主工具栏中的"按名称选择"（Select by Name）按钮

　　B. 选择"编辑"→"选择方式"→"名称"命令

　　C. 按【H】键

　　D. 选择"工具"→"显示浮动框"命令

6. 下面（　　　）命令用来合并扩展名是 MAX 的文件。

　　A. "应用程序"→"打开"（Open）

　　B. "应用程序"→"导入"→"合并"（Import→Merge）

　　C. "应用程序"→"导入"（Import）

　　D. "应用程序"→"首选项"→"参考外部对象"（References→Xref Objects）

7. 应用程序中的"保存"（Save）命令可以保存（　　　）文件。

　　A. MAX　　　　　　B. DXF　　　　　　C. DWG　　　　　　　D. 3ds

8. 应用程序中的"导入"→"合并"（Import→Merge）命令可以合并（　　　）文件。

　　A. MAX　　　　　　B. DXF　　　　　　C. DWG　　　　　　　D. 3ds

9. 撤销组的命令是（　　　）。

　　A. 解组（Ungroup）　　　　　　　　B. 炸开（Explode）

　　C. 附加（Attach）　　　　　　　　　D. 分离（Detach）

10. 要改变场景中对象的度量单位，应选择（　　　）命令。

　　A. "自定义"→"首选项"（Customize→Preferences）

　　B. "视图"→"微调器拖动期间更新"（View→Update During Spinner Drag）

　　C. "自定义"→"单位设置"（Customize→Units Setup）

　　D. "自定义"→"显示 UI"（Customize→Show UI）

三、思考题

1. 如何通过拖曳的方法复制编辑修改器？

2. 如何设置 3ds Max 2010 的系统单位？

3. 简述用长方体创建一个简单桌子模型的方法。

4. ▓ ▓ ◣ ▓ ▓ 5 种选择区域在用法上有什么不同？

5. 交叉选择和窗口选择有何不同？

6. 组和选择集的操作流程及用法有何不同？

第 3 章　对象的变换

通过本章的学习，用户能够掌握以下操作：
- 使用主工具栏的工具直接进行变换
- 通过输入精确的数值变换对象
- 使用捕捉工具
- 使用不同的坐标系
- 使用拾取坐标系
- 使用对齐工具对齐对象
- 使用镜像工具镜像对象

3ds Max 2010 提供了许多工具，不是在每个场景中都要使用所有工具，但是基本上在每个场景中都要移动、旋转和缩放对象。能完成这些操作的基本工具称为变换工具。当变换的时候，还需要了解变换中使用的变换坐标系、变换轴和变换中心，还要经常使用捕捉功能。另外，在进行变换的时候还经常需要克隆对象。因此，本章将要介绍与变换相关的一些功能，例如复制、阵列复制、镜像和对齐等。

3.1　变换（Transform）

用户可以使用变换来移动、旋转和缩放对象。要进行变换，用户可以从主工具栏中访问变换工具，也可以使用快捷菜单访问变换工具。主工具栏中的变换工具如表 3.1 所示。

表 3.1

	选择并移动（Select and Move）
	选择并旋转（Select and Rotate）
	选择并均匀缩放（Select and Uniform Scale）
	选择并非均匀缩放（Select and Non-uniform Scale）
	选择并挤压（Select and Squash）

3.1.1　变换轴

选择对象后，每个对象上都显示一个有 3 个轴的坐标系，如图 3.1 所示。坐标系的原点就是轴心点。每个坐标系上有 3 个箭头，标记为 X、Y 和 Z，代表 3 个坐标轴。被创建的对象将自动显示坐标系。

当选择变换工具后，坐标系将变成变换 Gizmo，如图 3.2、图 3.3 和图 3.4 所示分别是移动、旋转和缩放的 Gizmo。

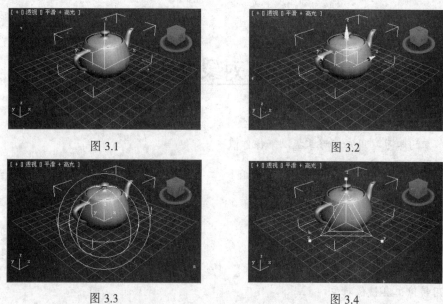

图 3.1　　　　　　　　　　　　　　　　　图 3.2

图 3.3　　　　　　　　　　　　　　　　　图 3.4

3.1.2　变换的键盘输入

有时需要通过键盘输入而不是通过鼠标操作来调整数值。3ds Max 2010 支持许多键盘输入功能，包括使用键盘输入对象在场景中的准确位置，使用键盘输入具体的参数数值等。用户可以在"移动变换输入"（Move Transform Type-In）对话框中输入变换数值，如图 3.5 所示。用户可以在主工具栏中的变换工具上右击，在弹出的"移动变换输入"（Move Transform Type-In）对话框中输入数值，也可以在状态栏中的输入区域输入数值。

图 3.5

> 注 意
>
> 要弹出"移动变换输入"（Move Transform Type-In）对话框，首先要单击变换工具，将其激活，然后在激活的变换工具上右击。

"移动变换输入"（Move Transform Type-In）对话框由两个数字栏组成。一栏是"绝对：世界"（Absolute: World），另外一栏是"偏移：屏幕"（Offset: Screen）。如果选择的视图不同，可能有不同的显示。下面的数字是被变换对象在世界坐标系中的准确位置，输入新的数值后，将使对象移动到该数值指定的位置。例如，在"移动变换输入"（Move Transform Type-In）对话框的"绝对：世界"（Absolute: World）栏中分别为 X、Y 和 Z 输入数值 0、0、40，那么对象将移动到世界坐标系中的（0，0，40）位置处。

在"偏移：屏幕"（Offset: Screen）一栏中输入数值将相对于对象的当前位置、旋转角度和缩放比例变换对象。例如，在"偏移：屏幕"栏中分别为 X、Y 和 Z 输入数值 0、0、40，那么对象将沿着 Z 轴移动 40 个单位。

"移动变换输入"（Move Transform Type-In）对话框是非模式对话框，这就意味着当执行其他操作的时候，对话框仍然被保留在界面上。

用户也可以在状态栏中输入数值，如图 3.6 所示。它的功能类似于"移动变换输入"（Move Transform Type-In）对话框，只是需要通过单击 按钮来切换绝对（Absolute）变换状态和偏移（Offset）变换状态。

绝对变换状态　　　　　　　　偏移变换状态

图 3.6

【实例 3.1】使用变换来安排对象。

（1）启动 3ds Max 2010，选择"打开文件"（Open File）命令，选择"第 3 章"→Samples-03-01.max 文件。这是一个有档案柜、办公桌、时钟、垃圾桶及一些文件夹的简单静物场景，如图 3.7 所示。

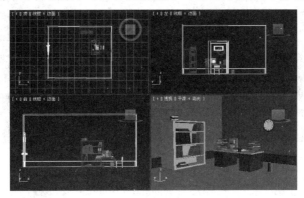

图 3.7

（2）按【F4】键，使透视视口处于显示边面状态，以便观察被选择的物体状态，如图 3.8 所示。

（3）单击主工具栏中的"按名称选择"（Select by Name）按钮 。

（4）在"从场景选择"（Select From Scene）窗口中，选择 Cylinder18 选项，然后单击"确定"（OK）按钮。此时在透视视口中，右边垃圾桶的轮廓变成了白色的线条，表明它处于被选择状态，如图 3.9 所示。

图 3.8　　　　　　　　　　　　　　图 3.9

（5）单击主工具栏中的"选择并移动"（Select and Move）按钮 。

（6）在顶视口中右击，将其激活。

将光标移到 Y 轴上，当光标变成"选择并移动"（Select and Move）图标的形状时单击并拖曳，如图 3.10（左）所示，将垃圾桶移到平面办公室墙 01 的右边，如图 3.10（右）所示。

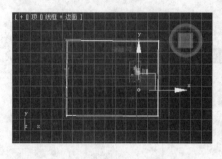 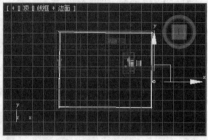

图 3.10

在透视视口中，垃圾桶已经被移出了视野，如图 3.11 所示。

（7）在透视视口中选中办公桌，则办公桌上出现了变换的 Gizmo，如图 3.12 所示。

 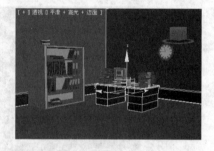

图 3.11   图 3.12

（8）单击主工具栏中的"选择并旋转"（Select and Rotate）按钮 。

（9）在前视口中将光标移动到办公桌变换 Gizmo 的 Z 轴上（水平圆代表的轴）。

（10）单击并拖曳办公桌，将它绕 Z 轴旋转 40°，此时的透视视口如图 3.13 所示。

技巧

当旋转对象的时候，在状态栏的键盘输入区域可以查看具体的旋转角度。

（11）在透视视口中单击办公桌上的显示器，如图 3.14 所示。

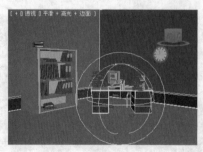 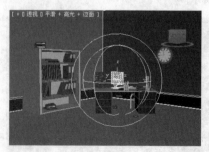

图 3.13   图 3.14

（12）单击主工具栏中的"选择并均匀缩放"（Select and Uniform Scale）按钮。

（13）将光标移动到变换 Gizmo 的中心，在透视视口中将显示器放大到 200%，如图 3.15 所示。

　注　意

　　在 3ds Max 2010 中，旋转和缩放工具的用法变化较大。即使选取了等比例缩放工具，也可以进行不均匀比例缩放，因此一定要将光标定位在变换 Gizmo 的中心，以确保等比例缩放。

技　巧

　　当缩放对象的时候，在状态栏的键盘输入区域可以查看具体的缩放百分比。

（14）在主工具栏中的"选择并均匀缩放"（Select and Uniform Scale）按钮上右击，会弹出"缩放变换输入"（Scale Transform Type-In）对话框，如图 3.16 所示。

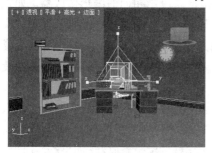
图 3.15

图 3.16

（15）在"缩放变换输入"（Scale Transform Type-In）对话框的"绝对：局部"（Absolute：Local）栏中将所有轴的缩放数值设置为 100，显示器将恢复到原来的大小。

（16）关闭"缩放变换输入"（Scale Transform Type-In）对话框。

3.2　克　隆　对　象

　　为场景创建几何体称为建模。一个重要且非常有用的建模技术就是克隆对象（即复制对象）。克隆的对象可以被用作精确的复制品，也可以作为进一步建模的基础。例如，如果场景中需要很多灯泡，就可以创建一个，然后复制出其他灯泡。如果场景需要很多灯泡，但是这些灯泡还有一些细微的差别，那么可以先复制原始对象，然后再对复制品进行修改。

　　克隆对象的方法有两种：第一种方法是按住【Shift】键执行变换操作（移动、旋转和比例缩放）；第二种方法是选择菜单栏中的"编辑"→"克隆"（Edit→Clone）命令。无论使用哪种方法进行变换，都会弹出"克隆选项"（Clone Options）对话框，如图 3.17 所示。

图 3.17

在"克隆选项"（Clone Options）对话框中，可以设置克隆对象的数目和克隆的类型等。克隆有以下 3 种类型。

- 复制（Copy）
- 实例（Instance）
- 参考（Reference）

"复制"（Copy）选项可以克隆一个与原始对象完全无关的复制品。

"实例"（Instance）选项也可以克隆一个对象，但是克隆的对象与原始对象会有某种关系。例如，使用"实例"（Instance）选项克隆一个球，那么如果改变其中一个球的半径，另外一个球的半径也跟着改变。使用"实例"（Instance）选项克隆的对象是通过参数和编辑修改器相关联的，与各自的变换无关，是相互独立的。这就意味着如果给其中一个对象应用了编辑修改器，使用"实例"（Instance）选项克隆的另外一些对象也将自动应用相同的编辑修改器。如果变换某个对象，使用"实例"（Instance）选项克隆的其他对象并不一起变换。此外，使用"实例"（Instance）选项克隆的对象可以有不同的材质和动画。使用"实例"（Instance）选项克隆的对象会比使用"复制"（Copy）选项克隆的对象占用更少的内存和磁盘空间，从而使文件装载和渲染的速度要快一些。

"参考"（Reference）选项是特别的"实例"（Instance），它与克隆对象的关系是单向的。例如，如果场景中有两个对象，一个是原始对象，另外一个是使用"参考"（Reference）选项克隆的对象，当给原始对象添加一个编辑修改器时，克隆的对象也被添加了同样的编辑修改器；如果给使用"参考"（Reference）选项克隆的对象添加一个编辑修改器，那么将不会影响原始的对象。实际上，"参考"（Reference）选项常用于对面、片一类的对象进行建模。

【实例 3.2】克隆对象。

（1）启动 3ds Max 2010，选择"打开文件"（Open File）命令，选择"第 3 章"→Samples-03-03.max 文件。该文件中包含一个国际象棋棋盘和若干棋子，其中"兵"棋子只有一个，如图 3.18 所示。本练习将克隆"兵"这个棋子，从而将整套国际象棋的棋子补充完整。

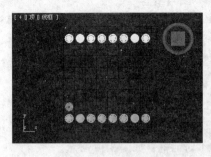

图 3.18

（2）在透视视口中单击褐色的"兵"棋子（对象名称是 bing01）。

（3）单击主工具栏中的"选择并移动"（Select and Move）按钮。

（4）在顶视口中右击将其激活。

（5）按【Shift】键，将棋子向左数第二个棋盘格内移动，如图 3.19（左）所示，弹出"克隆选项"（Clone Options）对话框，如图 3.19（右）所示。

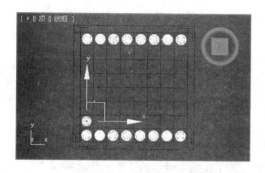

图 3.19

技巧

系统默认的克隆对象名称是 bing02。在克隆对象的时候，系统默认的克隆对象的名称总是在原始对象的名字后增大一个数字。由于原始对象的名字后面为 01，因此"克隆选项"（Clone Options）对话框中的名字就是 bing02。如果需要克隆对象，在创建对象时就在原始对象名后面增加数字 01，以便克隆的对象被正确命名。

（6）在"克隆选项"（Clone Options）对话框中保留默认的设置，然后单击"确定"（OK）按钮。

（7）在透视视口中单击原始的棋子。

（8）在顶视口中按【Shift】键，然后将选择的原始棋子克隆到左数第三个棋盘格内，如图 3.20（左）所示。

（9）在"克隆选项"（Clone Options）对话框中，选择"实例"（Instance）单选按钮，将"副本数"（Number of copies）设置为 2，然后单击"确定"（OK）按钮，如图 3.20（右）所示。

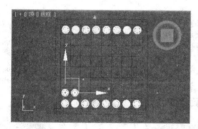
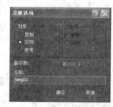

图 3.20

现在场景中共有 4 个"兵"棋子，一个原始棋子、一个使用"复制"（Copy）选项克隆的棋子和两个使用"实例"（Instance）选项克隆的棋子，如图 3.21 所示。

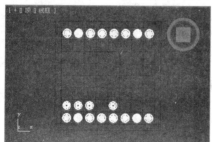

图 3.21

在这些棋子中，原始棋子和使用"实例"（Instance）选项克隆的棋子是关联的。

假设棋子高了，希望它矮一点，可以通过改变其中一个关联棋子的高度，来改变所有关联棋子的高度。下面介绍这项操作。

（10）在透视视口中单击原始棋子。

（11）在"修改"（Modify）命令面板中，在编辑修改器堆栈区域选择 Cylinder 选项，如图 3.22 所示。

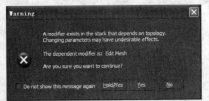

图 3.22

（12）在弹出的"警告"消息框中单击"是（Y）"（Yes）按钮，如图 3.23 所示。

图 3.23

此时在命令面板下方会出现 Cylinder 的参数。

（13）在"参数"（Parameters）卷展栏中将"高度"（Height）参数设置为 1.5，此时透视视口中的 3 个棋子的高度变低了，一个棋子的高度没有改变，如图 3.24 所示。也就是使用"实例"（Instance）选项克隆的棋子高度变低了，而使用"复制"（Copy）选项克隆的棋子高度没有改变。

（14）在透视视口中选择 bing02 棋子，然后按【Delete】键将其删除。

（15）在透视视口中选择原始棋子。

（16）在顶视口中使用"复制"（copy）选项在上述第二个棋盘格内克隆一个棋子，如图 3.25 所示。

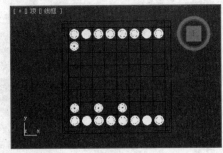

图 3.24   图 3.25

（17）在透视视口中选择复制后的褐色棋子。

（18）在"修改"（Modify）命令面板中单击对象名称右边的颜色块，弹出"对象颜色"（Object Color）对话框。

（19）在"对象颜色"（Object Color）对话框中，选择白色，然后单击"确定"（OK）按钮，此时就将选择棋子的颜色设置为白色，如图 3.26 所示。

（20）用克隆的方法将剩余的棋子补充完整，最终效果如图 3.27 所示。

图 3.26   图 3.27

3.3 对象的捕捉

当变换对象的时候，经常需要捕捉栅格点或者捕捉对象的节点。3ds Max 2010 支持精确地对象捕捉，捕捉工具在主工具栏中。

3.3.1 绘图中的捕捉

有 3 个捕捉选项支持绘图时捕捉对象，它们是 "三维捕捉"（3D Snap）、 "2.5 维捕捉"（2.5D Snap）和 "二维捕捉"（2D Snap）。

不管选择哪种捕捉选项，都可以设置捕捉到对象的栅格点、节点、边界等。要选取捕捉的元素，可以在捕捉按钮上右击，这时会弹出"栅格和捕捉设置"（Grid and Snap Settings）对话框，如图 3.28 所示。用户可以在这个对话框中对捕捉进行设置。

图 3.28

在默认的情况下，"栅格点"（Grid Points）复选框是选中的，其他复选框都是不选中的，这就意味着在绘图的时候光标将捕捉栅格线的交点。一次可以选择多个复选框。如果一次选择的复选框多于一个，那么在绘图的时候将捕捉到最近的元素点。

说明：在"栅格和捕捉设置"（Grid and Snap Settings）对话框中选择了某个复选框后，可以关闭该对话框，也可以将其保留在界面上。即使关闭对话框，复选框的设置仍然起作用。

1. 三维捕捉

当打开三维捕捉的情况下，绘制二维图形或者创建三维对象，光标可以在三维空间的任何地方进行捕捉。例如，在"栅格和捕捉设置"（Grid and Snap Settings）对话框中选择了"顶点"（Vertex）复选框，则光标将在三维空间中捕捉二维图形或者三维几何体上最靠近光标处的节点。

2. 二维捕捉

三维捕捉的弹出按钮中有二维捕捉和 2.5 维捕捉两个按钮。长按三维捕捉按钮将会看到弹出按钮，找到合适的按钮后释放鼠标即可选择该按钮。

三维捕捉可以捕捉三维场景中的任何元素，而二维捕捉只能捕捉激活视口构建的平面上的元素。例如，打开二维捕捉并在顶视口中绘图，光标将只捕捉位于 XY 平面上的元素。

3. 2.5 维捕捉

2.5 维捕捉是二维捕捉和三维捕捉的混合。2.5 维捕捉将捕捉三维空间中二维图形和几何体上的点在激活视口构建平面上的投影。

下面举例解释这个问题。假设有一个一面倾斜的字母 E，如图 3.29 所示，该对象位于构建平面之下，面向顶视口。

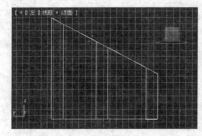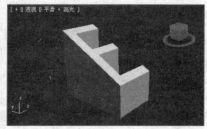

图 3.29

如果要跟踪字母 E 的形状，可以选择"顶点"（Vertex）复选框，然后在顶视图中画线。如果使用三维捕捉，那么画线时捕捉的是三维图形的实际节点，如图 3.30 所示。如果使用 2.5 维捕捉进行捕捉，那么所绘制的线是在对象之上的构建平面上，如图 3.31 所示。

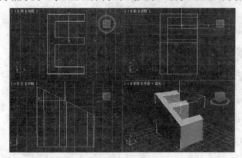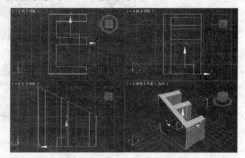

图 3.30   图 3.31

3.3.2 增量捕捉

除了对象捕捉之外，3ds Max 2010 还支持增量捕捉。通过使用角度捕捉（Angle Snap），可以使旋转按固定的增量（例如 10°）进行；通过使用百分比捕捉（Percent Snap），可以使比例缩放按固定的增量（例如 10%）进行；通过使用微调器捕捉（Spinner Snap），可以使微调器的数据按固定的增量（例如 1）进行。

角度捕捉切换（Angle Snap Toggle）：使对象或者视口的旋转按固定的增量进行，默认状态下的增量是 5°。如果单击"角度捕捉切换"（Angle Snap Toggle）按钮并旋转对象，它将先旋转 5°，然后旋转 10°，再旋转 15°等。

"角度捕捉切换"（Angle Snap）也可以用于旋转视口。当单击"角度捕捉切换"按钮（Angle Snap Toggle）后，使用弧型旋转（Arc Rotate）旋转视口，此时旋转将按固定的增量进行。

%百分比捕捉切换（Percent Snap）：使比例缩放按固定的增量进行。当单击"百分比捕捉切换"（Percent Snap）按钮后，任何对象的缩放都将按 10% 的增量进行。

微调器捕捉切换（Spinner Snap Toggle）：单击该按钮后，参数的数值将按固定的增量增加或者减少。

增量捕捉的增量是可以改变的，如果要改变角度捕捉（Angle Snap）和百分比捕捉（Percent Snap）的增量，需要在"栅格和捕捉设置"（Grid and Snap Settings）对话框中的"选项"（Options）选项卡中进行，如图 3.32 所示。

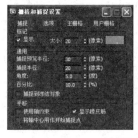

图 3.32

微调器捕捉（Spinner Snap）的增量设置是通过在"微调器捕捉切换"按钮上右击进行的。当在"微调器捕捉切换"按钮上右击后会弹出"首选项设置"（Preference Settings）对话框。用户可以在"首选项设置"（Preference Settings）对话框的"微调器"（Spinners）区域设置"捕捉"（Snap）的数值，如图 3.33 所示。

图 3.33

【实例 3.3】使用捕捉变换对象。

（1）启动 3ds Max 2010，选择"打开文件"（Open File）命令，选择"第 3 章"→Samples-03-02.max 文件。这是一个有桌子、凳子、茶杯和茶壶的简单室内场景。

（2）在摄影机视口选择茶壶。

（3）单击主工具栏中的"选择并旋转"（Select and Rotate）按钮 。

（4）单击"角度捕捉切换"（Angle Snap Toggle）按钮 。

（5）在透视视口中右击将其激活。

（6）在顶视口绕 Z 轴旋转茶壶。

（7）此时状态栏中键盘输入区域的数字会发生变化，旋转的增量是 5°。

（8）在摄影机视口中选择其中的一个高脚杯。

（9）单击"百分比捕捉切换"（Percent Snap）按钮 。

（10）单击主工具栏中的"选择并均匀缩放"（Select and Uniform Scale）按钮 。

（11）在顶视口中缩放高脚杯，此时状态栏中的数据会发生变化，高脚杯放大或者缩小的增量为 10%。

3.4　变换坐标系

在每个视口的左下角有一个由红、绿和蓝 3 个轴组成的坐标系图标。这个可视化的图标代表的是 3ds Max 2010 的世界坐标系（World Reference Coordinate System）。三维视口（摄影机视口、用户视口、透视视口和灯光视口）中的所有对象都使用世界坐标系。

下面就来介绍如何改变坐标系，并介绍各个坐标系的特征。

3.4.1　不同的坐标系类型

通过单击主工具栏中的"参考坐标系"下拉按钮，在下拉列表中选择一个坐标系，便可以改变使用的坐标系，如图 3.34 所示。

当选择了一个对象后，坐标系的原点将出现在对象的轴心点或者中心位置。在默认状态下，使用的坐标系是"视图"（View）坐标系。为了便于了解各个坐标系的作用原理，必须首先了解"世界"坐标系。

1．"世界"坐标系

"世界"坐标系的图标总是显示在每个视口的左下角。如果需要在变换时使用这个坐标系，那么可以从"参考坐标系"（Reference Coordinate System）下拉列表中选择。当选择了"世界"坐标系后，选择对象的轴显示的是"世界"坐标系的轴，如图 3.35 所示。可以使用这些轴来移动、旋转和缩放对象。

图 3.34

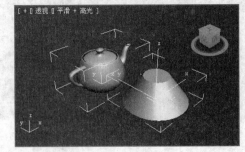

图 3.35

2．"屏幕"坐标系

当参考坐标系被设置为"屏幕"坐标系（Screen）的时候，每次激活不同的视口，对象的坐标系就会发生改变。不管激活哪个视口，X 轴总是水平指向视口的右边，Y 轴总是垂直指向视口的上面。这意味着在激活的视口中，变换的 XY 平面总是面向用户。

在前视口、顶视口和左视口等正交视口中，使用"屏幕"坐标系是非常方便的。但是在透视视口或者其他三维视口中，使用"屏幕"坐标系就会出现问题。由于 XY 平面总是与视口平行，会使变换的结果不可预测。

3．"视图"坐标系

"视图"坐标系可以解决在"屏幕"坐标系中遇到的问题。

"视图"坐标系是"世界"坐标系和"屏幕"坐标系的混合体。在正交视口，"视图"坐标系与"屏幕"坐标系一样，而在透视视口或者其他三维视口，"视图"坐标系与"世界"坐标系一致。

"视图"坐标系结合了"屏幕"坐标系和"世界"坐标系的优点。

4．"局部"坐标系

创建对象后，会指定一个"局部"坐标系。"局部"坐标系的方向与对象被创建的视口相关。例如，当圆柱被创建后，其"局部"坐标系的 Z 轴总是垂直于视口，其"局部"坐标系的 XY 平面总是平行于计算机屏幕。即使切换视口或者旋转圆柱，它的"局部"坐标系的 Z 轴也总是指向高度方向。

当从"参考坐标系"下拉列表中选择"局部"坐标系（Local Coordinate System）后，在视口中就可以显示"局部"坐标系，如图 3.36 所示。

图 3.36

 注　意

通过轴心点可以移动或者旋转对象的"局部"坐标系，对象"局部"坐标系的原点就是对象的轴心点。

5．其他坐标系

除了"世界"坐标系、"屏幕"坐标系、"视图"坐标系和"局部"坐标系外，还有 4 个坐标系。

- "父对象"坐标系（Parent）：该坐标系只对有链接关系的对象起作用。如果使用这个坐标系，当变换子对象的时候，它使用父对象的变换坐标系。
- "栅格"坐标系（Grid）：该坐标系把当前激活栅格系统的原点作为变换的中心。
- "万向"坐标系（Gimbal）：该坐标系与局部坐标系类似，3 个旋转轴并不一定要相互正交。它通常与 Euler xyz 旋转控制器一起使用。
- "拾取"坐标系（Pick）：该坐标系把特别的对象作为变换的中心。该坐标系非常重要，将在后面详细介绍。

3.4.2 变换和变换坐标系

每次变换的时候都可以设置不同的坐标系。3ds Max 2010 会记住上次在某种变换中使用的坐标系。例如，选择了主工具栏中的"选择并移动" （Select and Move）工具，并将变换坐标系设置为"局部"（Local），然后又选择了主工具栏中的"选择并旋转" ⟳（Select and Rotate）工具，并将变换坐标系设置为"世界"（World）。当返回到"选择并移动" （Select and Move）工具时，坐标系自动设置为"局部"（Local）。

技巧

当用户需要使用特定的坐标系时，首先应该选取变换图标，然后选取变换坐标系，这样，当执行变换操作的时候，才能保证使用的是正确的坐标系。

1. 变换中心

主工具栏上"参考坐标系"右边的按钮是变换中心弹出按钮，如图 3.37 所示。执行的旋转或者比例缩放操作，都是关于轴心点进行变换的，这是因为默认的变换中心是轴心点。

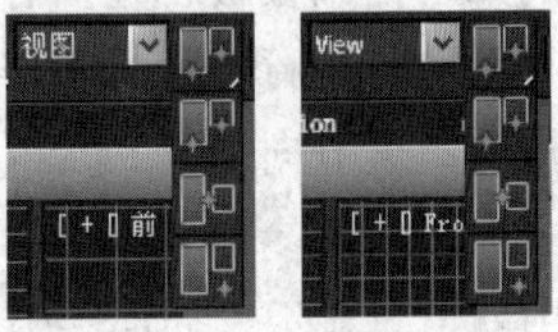

3ds Max 2010 的变换中心有以下 3 个。

图 3.37

▣▣使用轴点中心（Use Pivot Point Center）：使用选择对象的轴心点作为变换中心。

▣▣使用选择中心（Use Selection Center）：当多个对象被选中的时候，使用选择对象的中心作为变换中心。

▣▣使用变换坐标中心（Use Transform Coordinate Center）：使用当前激活坐标系的原点作为变换中心。

当旋转多个对象的时候，这些选项非常有用。"使用轴点中心"（Use Pivot Point Center）将关于对象的轴心点旋转每个对象，而"使用选择中心"（Use Selection Center）将关于选择对象的共同中心点旋转对象。

"使用变换坐标中心"（Use Transform Coordinate Center）对于"拾取"坐标系非常有用，下面介绍"拾取"坐标系的使用方法。

2. "拾取"坐标系

如果需要绕空间中的某个特定点旋转一系列对象，最好使用"拾取"坐标系。即使选择了其他对象，变换的中心仍然是特定对象的轴心点。

如果要绕某个对象周围按圆形排列一组对象，那么使用"拾取"坐标系会非常方便。例如，可以使用"拾取"坐标系排列桌子和椅子等。

【实例 3.4】使用拾取坐标系。

（1）启动 3ds Max 2010，选择"打开文件"（Open File）命令，选择"第 3 章"→Samples-03-04.max 文件。这个场景非常简单，包含一个花心、一个花瓣和一片叶子，如图 3.38 所示。下面将在花心周围复制花瓣和叶子，以便创建一个完整的花。

（2）单击主工具栏中的"角度捕捉切换"（Angle Snap Toggle）按钮 ⛰。

（3）单击主工具栏中的"选择并旋转"（Select and Rotate）按钮 ⟳。

（4）在"参考坐标系"下拉列表中选择"拾取"（Pick）选项。

（5）在顶视口中选中花心，对象名 Flower Center 便显示在"参考坐标系"区域，如图 3.39 所示。

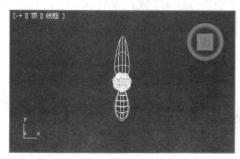

图 3.38　　　　　　　　　　　　　　　　　　图 3.39

（6）单击主工具栏中的"使用变换坐标中心"（Use Transform Coordinate Center） 。

接下来绕着中心复制花瓣。

（7）在顶视口中选中花瓣 Petal01，如图 3.40 所示。

此时即使选择了花瓣，变换中心仍然在花心，这是因为现在使用的是变换坐标系的中心，而变换坐标系的中心被设置在花心。

（8）在顶视口中按【Shift】键，并绕 Z 轴旋转 45°，如图 3.41 所示。

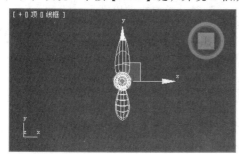

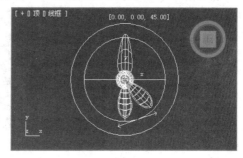

图 3.40　　　　　　　　　　　　　　　　　　图 3.41

当释放鼠标后，弹出"克隆选项"（Clone Options）对话框。

（9）在"克隆选项"（Clone Options）对话框中选择"实例"（Instance）单选按钮，并将"副本数"（Number of copies）设置为 7，然后单击"确定"（OK）按钮。

这时，在花心的周围克隆出了 7 个花瓣，如图 3.42 所示。

（10）使用同样的方法克隆叶子，如图 3.43 所示。

图 3.42　　　　　　　　　　　　　　　　　　图 3.43

（11）最终效果如图 3.44 所示。

图 3.44

"拾取"坐标系可以使用场景中另一个对象的坐标系。下面就来介绍如何制作小球从木板上滚下来的动画。

（1）启动 3ds Max 2010，或者选择菜单栏应用程序选项中的"重置"（Reset）命令，复位 3ds Max 2010。

（2）单击"创建"（Create）命令面板上"对象类型"（Object Type）卷展栏中的"长方体"（Box）按钮。

（3）在顶视口中创建一个长方形木板，参数设置及创建效果如图 3.45 所示。

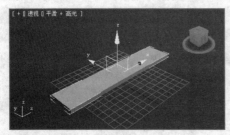

图 3.45

（4）单击主工具栏中的"选择并旋转"（Select and Rotate）按钮，在前视口中旋转木板，使其倾斜，如图 3.46 所示。

（5）单击"创建"（Create）命令面板中的"球体"（Sphere）按钮，创建一个"半径"（Radius）为 10 个单位的球，并使用"选择并移动"工具，将小球移到木板的上方，如图 3.47 所示。用户可以在 4 个视口中从各个角度进行移动，以方便观察。

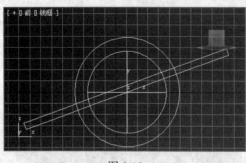

图 3.46   图 3.47

（6）选中小球，在"参考坐标系"下拉列表中选择"拾取"（Pick）坐标系。

（7）在透视视口中选择木板，则对象名 Box01 显示在"参考坐标系"区域，视口中小球的变换坐标发生了变化，前视口中的状态如图 3.48 所示。

（8）单击"自动关键点"（Auto Key）按钮，将时间滑块移动到第 100 帧。

（9）将小球移动至木板的底端，如图 3.49 所示。

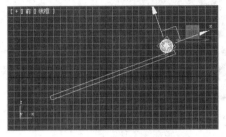 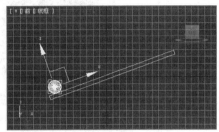

图 3.48　　　　　　　　　　　　　　　　图 3.49

（10）使用"选择并旋转"工具 ⟳ 将小球转动几圈，如图 3.50 所示。

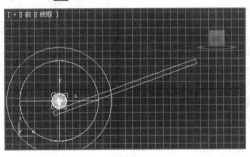

图 3.50

（11）关闭动画按钮，然后单击"播放动画"（Play）按钮 ▶ 播放动画，可以看到小球沿着木板下滑的同时在滚动。本实例的效果保存在"第 3 章"→Samples-03-05.max 文件中。

3.5　其他变换方法

在主工具栏上还有一些其他变换工具，分别是"对齐"（Align）、"镜像"（Mirror）、"阵列"（Array）。

（1）🗗 对齐（Align）：用于将一个对象与另外一个对象对齐。用户可以根据对象的物理中心、轴心点或者边界区域进行对齐。如图 3.51 所示，左边的图片是对齐前的样子，右边的图片是沿着 X 轴对齐后的样子。

对齐前　　　　　　　　　　　　　　　　对齐后

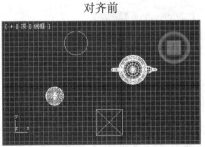 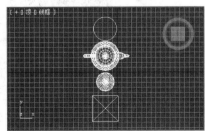

图 3.51

（2）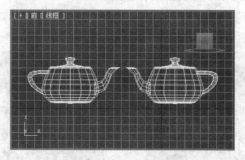镜像（Mirror）：用于沿着坐标轴镜像对象，如果有需要还可以复制对象。图 3.52 所示是使用镜像复制的对象。

图 3.52

（3）阵列（Array）：可以沿着任意方向克隆一系列对象。阵列支持"移动"（position）、"旋转"（rotation）和"缩放"（scale）等变换。图 3.53 所示是阵列复制的对象。

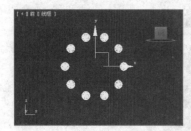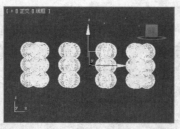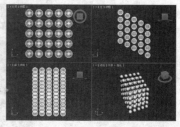

图 3.53

3.5.1 对齐（Align）

要对齐对象，必须先选择一个对象，然后单击主工具栏中的"对齐"（Align）按钮，再选择要对齐的对象，会弹出"对齐当前选择"（Align Selection）对话框，如图 3.54 所示。

图 3.54

该对话框有 3 个区域，分别是"对齐位置（世界）"、"对齐方向（局部）"和"匹配比例"。"对齐位置（世界）"、"对齐方向（局部）"选项区用于提示使用的是哪个坐标系。

选择了某个选项，其对齐效果就立即显示在视口中。

"对齐"（Align）：是一个弹出按钮，其下面还有一些按钮。

快速对齐（Quick Align）：可以将两个对象按照轴心点快速对齐，如图 3.55 所示。

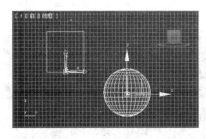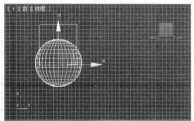

图 3.55

 法线对齐（Normal Align）：根据两个对象上选择面的法线对齐两个对象。对齐后，两个选择面的法线完全相对。图 3.56 所示是法线对齐的效果。

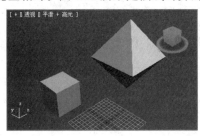

图 3.56

放置高光（Place Highlight）：通过调整灯光的位置，使对象的指定面上出现高光点。

技巧

这个功能也可以放置在镜面反射的对象上。

对齐摄影机（Align Camera）：设置摄影机，使其观察特定的面。

对齐到视图（Align to View）：用于将对象或者摄影机与特定的视口对齐。

【实例 3.5】使用法线对齐制作动画。

（1）选择"第 3 章"→Samples–03–06.max 文件，或者创建一个类似的场景。该文件包含地面、4 个可以弯曲变化的圆柱和一个盒子，动画总长度为 200 帧，如图 3.57 所示。

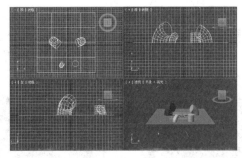

图 3.57

（2）按【N】键，进入设置动画状态。将时间滑块移动到第 40 帧，确认选择了盒子 Box01，单击主工具栏中的"法线对齐"（Normal Align）按钮，然后在盒子的顶面拖曳，释放鼠标后，弹出如图 3.58 所示的"法线对齐"对话框，输入相应的数值以确定盒子的精确位置，单击"确定"（OK）按钮。

此时盒子顶面就与圆柱的顶面结合在一起，如图 3.59 所示，同时自动生成一个动画关键帧。

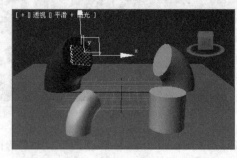

图 3.58   图 3.59

（3）将时间滑块移动到第 80 帧，在盒子的底面（与顶面对应的面）拖曳，确定对齐的法线。释放鼠标后，在右上角圆柱的顶面拖曳，确定对齐的法线。释放鼠标后，盒子底面就与圆柱的顶面结合在一起，如图 3.60 所示。

（4）将时间滑块移动到第 120 帧，在盒子的顶面拖曳，确定对齐的法线。释放鼠标后，在左下角圆柱的顶面拖曳，确定对齐的法线。释放鼠标后，盒子顶面就与圆柱的顶面结合在一起，如图 3.61 所示。

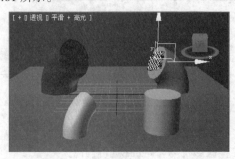

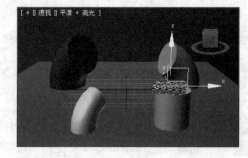

图 3.60   图 3.61

（5）将时间滑块移动到第 160 帧，在盒子的顶面拖曳，确定对齐的法线。释放鼠标后，在右下角圆柱的顶面拖曳，确定对齐的法线。释放鼠标后，盒子顶面就与圆柱的顶面结合在一起，如图 3.62 所示。

（6）将时间滑块移动到第 200 帧，在盒子的底面拖曳，确定对齐的法线。释放鼠标后，在场景底面中央拖曳，确定对齐的法线。释放鼠标后，盒子顶面就与场景底面结合在一起，如图 3.63 所示。

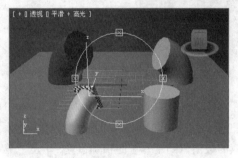

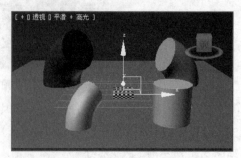

图 3.62   图 3.63

该实例最终效果存储于"第 3 章"→Samples–03–06f.max 文件中。

 注意

　　该例子是 3ds Max 教师和工程师认证的一个考题，考试时没有提供任何场景文件。用户应该熟练掌握如何制作圆柱弯曲摆动的动画。

3.5.2　镜像（Mirror）

　　当镜像对象的时候，必须首先选择对象，然后单击主工具栏中的"镜像"（Mirror）按钮。单击该按钮后弹出"镜像：世界坐标"（Mirror）对话框，如图 3.64 所示。

　　在"镜像：世界坐标"（Mirror）对话框中，用户不但可以选择镜像的轴，还可以选择是否克隆对象以及克隆的类型。当改变对话框的选项后，被镜像的对象也会在视口中发生变化。

3.5.3　阵列（Array）

　　要阵列对象，必须首先选择对象，然后选择"工具"（Tools）菜单中的"阵列"（Array）命令。选择该命令后会弹出"阵列"

图 3.64

（Array）对话框。用户还可以在主工具栏的空白处右击，在弹出的快捷菜单中选择"附加"命令，这样就出现了附加工具栏，如图 3.65 所示。单击"阵列"（Array）按钮，会弹出"阵列"（Array）对话框，如图 3.66 所示。

图 3.65

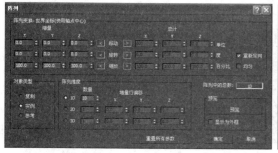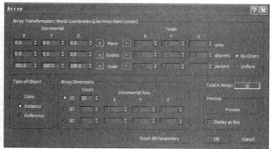

图 3.66

　　"阵列"（Array）对话框分为 4 个部分，分别是"阵列变换：世界坐标（使用轴点中心）"（Array Transformation）区域、"对象类型"（Type of Object）区域、"阵列维度"（Array Dimensions）区域及"预览"（Preview）区域。"阵列变换：世界坐标（使用轴点中心）"（Array Transformation）

区域可以设置在阵列时对象使用的坐标系和轴心点，也可以设置位移、旋转和缩放变换，还可以设置计算数据的方法，例如是使用增量（Incremental）计算还是使用总量（Totals）计算等。

"对象类型"（Type of Object）区域决定阵列时克隆的类型。

"阵列维度"（Array Dimensions）区域决定某个轴上的阵列数目。

如果要在 X 轴上阵列 10 个对象，对象之间的距离是 10 个单位，那么"阵列"（Array）对话框的设置如图 3.67 所示。

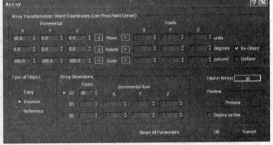

图 3.67

如果要在 X 方向阵列 10 个对象，对象的间距是 10 个单位，在 Y 方向阵列 5 个对象，间距是 25，那么对话框的参数设置如图 3.68 所示。

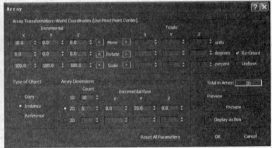

图 3.68

如果要执行三维阵列，那么应该在"阵列维度"（Array Dimensions）区域中选择 3D 单选按钮，然后设置在 Z 方向阵列对象的个数和间距。

"旋转"（Rotate）和"缩放"（Scale）选项的用法类似，首先选取一个阵列轴向，然后设置是使用角度或者百分比的增量，还是使用角度和百分比的总量。图 3.69 所示是沿圆周方向阵列的设置；图 3.70 所示是该设置的阵列效果。

 注 意

在应用阵列之前应该先设置对象的轴心位置。

"阵列"（Array）按钮也是一个弹出式按钮，其中还有 3 个按钮，它们是"快照"（Snapshot）按钮、"间隔工具"（Spacing Tool）按钮和"克隆并对齐的工具"（Clone and Align）按钮。

快照（Snapshot）：只能用于动画的对象。单击该按钮后，就沿着动画路径克隆一系列对象，就像用摄像机快速拍摄照片一样，因此将该功能称之为"快照"。

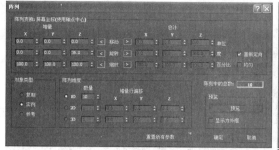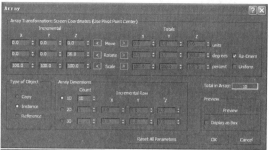

图 3.69

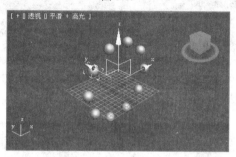

图 3.70

间隔工具（Spacing Tool）：按指定的距离创建克隆的对象，也可以沿着路径克隆对象。

克隆并对齐的工具（Clone and Align）：该按钮将克隆与对齐命令绑定在一起，在克隆对象的同时将对象按选择的方式进行对齐。

【实例 3.6】使用"阵列"（Array）制作一个升起的球链动画。

（1）在"创建"（Create）命令面板中，单击"球体"（Sphere）按钮，在顶视口中创建一个半径为 16 的球，如图 3.71（左）所示。接下来调整球体的轴心点。

（2）单击"层次"（Hierarchy）按钮，弹出"层次"（Hierarchy）命令面板，如图 3.71（右）所示，单击"仅影响轴"（Affect Pivot Only）按钮。

（3）单击"选择并移动"（Select and Move）按钮，然后在顶视口中向上移动轴心点，使其偏离球体一段距离。

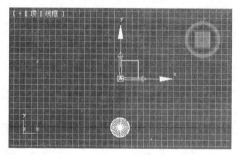

图 3.71

（4）单击"仅影响轴"（Affect Pivot Only）按钮。

说明：如果不做阵列的动画，就不用调整轴心点，可以采用其他方法。只要单击"自动关键点"（Auto Key）按钮，就能使用指定的轴心点。

（5）单击"自动关键点"（Auto Key）按钮，将时间滑块移动到第 100 帧，然后选择"工具"→"阵列"（Tools→Array）命令，弹出"阵列"对话框。在对话框中将阵列 Z 方向的增量设置为 20，将 Z 轴的旋转角度设置为 18，阵列对象的数量设置为 20，如图 3.72 所示，单击"确定"（OK）按钮。

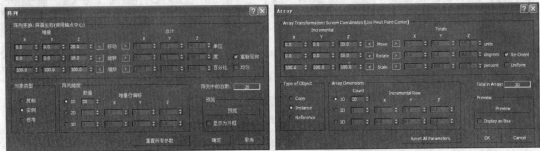

图 3.72

（6）单击 按钮，这时出现了阵列的球体，共 20 个，如图 3.73 所示。

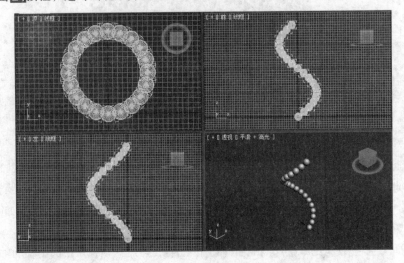

图 3.73

小　结

在 3ds Max 2010 中，对象的变换是至关重要的部分。除了使用变换工具变换对象之外，还有许多工具可以完成类似的功能。要更好地完成变换必须要对变换坐标系和变换中心进行深入的理解。

在变换对象的时候，如果能够合理地使用镜像、阵列和对齐等工具，可以节省很多建模时间。

练习与思考

一、判断题

1. 创建对象后，只有选择了变换工具，才会自动显示坐标系。

2. 要使用"移动变换输入"（Move Transform Type-In）对话框，直接在变换工具上右击即可。

3. 在 3ds Max 2010 中，即使选择了等比例缩放工具，也可以进行不均匀比例缩放。

4. 使用"参考"（Reference）方式克隆对象，并为其添加一个编辑修改器，将不影响原始的对象。

5. 在默认的情况下，"定点"（Vertex）复选框是选中的，其他复选框是不选中的。

6. "使用轴点中心"（Use Pivot Point Center）可以使用当前激活坐标系的原点作为变换中心。

二、选择题

1. "选择并非均匀缩放"的按钮是（　　　）。
   A. ⬚　　　　　B. ⬚　　　　　C. ⬚　　　　　D. ⬚

2. 克隆有（　　）类型。
   A. 1 种　　　　B. 2 种　　　　C. 3 种　　　　D. 4 种

3. 使对象或者视口按固定增量进行旋转的是（　　　）。
   A. 对象捕捉　　　　　　　　B. 百分比捕捉切换
   C. 微调器捕捉切换　　　　　D. 角度捕捉切换

4. 当参考坐标系被设置为（　　）坐标系时，每次激活不同的视口，对象的坐标系就会发生改变。
   A. 屏"　　　　B. 视图　　　　C. 局部　　　　D. 世界

5. 下面（　　）不是"对齐"对话框中的功能区域。
   A. 对齐位置　　B. 匹配比例　　C. 位置偏移　　D. 对齐方式

三、思考题

1. 3ds Max 2010 中提供了几种坐标系？各自有什么特点？请分别说明。

2. 3ds Max 2010 中的变换中心有几种？

3. 如何改变对象的轴心点，请简述操作步骤。

4. 对齐的操作分为几大类？

5. 尝试用阵列复制的方法来制作旋转楼梯效果。

6. 尝试制作小球从倾斜木板上滚下来的动画。

第 **4** 章　二维图形建模

在建模和动画制作中，二维图形起着非常重要的作用。3ds Max 2010 的二维图形有两类，分别是样条线和 NURBS 曲线。它们也可以作为三维建模的基础或者路径约束（Path Constraint）控制器的路径。它们的算法有本质的区别，NURBS 的算法比较复杂，但是可以非常灵活地控制最后的曲线。

通过本章的学习，用户能够掌握如下内容：

- 创建二维对象
- 在次对象层次编辑和处理二维图形
- 调整二维图形的"渲染"卷展栏和"插值"卷展栏参数
- 使用二维图形编辑修改器创建三维对象
- 使用面片建模工具建模

4.1　二维图形的基础

本节将对二维图形的基础知识进行全面而系统的介绍。

1．二维图形的术语

二维图形是由一条或者多条样条线（Spline）组成的对象。样条线是由一系列点定义的曲线。样条线上的点通常被称为顶点（Vertex）。顶点包含位置坐标信息以及曲线通过顶点方式的信息。连接两个相邻顶点的部分称为线段（Segment），如图 4.1 所示。

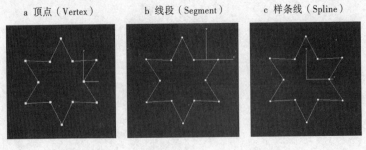

图 4.1

2．二维图形的用法

二维图形通常作为三维建模的基础。给二维图形应用一些诸如"挤出"（Extrude）、"倒角"（Bevel）、"倒角剖面"（Bevel Profile）和"车削"（Lathe）等编辑修改器就可以将其转换成三维图形。二维图形的另外一个用法是作为路径约束（Path Constraint）控制器的路径。用户还可以使用二维图形来创建诸如霓虹灯的效果。

3．顶点的类型

顶点用来定义二维图形中的样条线，顶点有以下 4 种类型。

- 角点（Corner）：角点（Corner）顶点类型可以使顶点的入线段和出线段相互独立，因此两个线段可以有不同的方向。
- 平滑（Smooth）：平滑（Smooth）顶点类型可以使顶点两侧线段的切线在同一条线上，从而使曲线有光滑的外观。
- 贝塞尔曲线（Bezier）：贝塞尔曲线（Bezier）顶点类型类似于平滑（Smooth）顶点类型。不同之处在于贝塞尔曲线（Bezier）顶点类型提供了一个可以调整切线矢量大小的句柄，通过这个句柄可以将样条线段调整到最大范围。
- 贝塞尔曲线角点（Bezier Corner）：贝塞尔曲线角点（Bezier Corner）顶点类型给顶点的入线段和出线段提供了调整句柄，并且是相互独立的，可以对线段的切线方向单独进行调整。

4．标准的二维图形

3ds Max 2010 提供了几个标准的二维图形（样条线）按钮，如图 4.2 所示。二维图形的基本元素都是一样的。不同之处在于标准的二维图形有一些控制参数，可以用来控制图形的形状。这些控制参数决定了顶点的位置、顶点的类型和方向。

创建了二维图形后，可以在编辑面板对二维图形进行编辑。在后面的章节中将对这些问题进行详细介绍。

5．二维图形的共有属性

二维图形的共有属性是"渲染"（Rendering）属性和"插值"（Interpolation）属性，这两个属性的卷展栏如图 4.3 所示。

  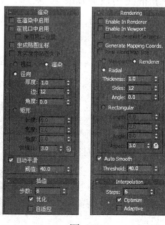

图 4.2   图 4.3

在默认情况下，二维图形不能被渲染。但是，有一个选项可以将二维图形设置为可以渲染的。如果激活了这个选项，那么在渲染的时候将使用一个指定厚度的圆柱网格取代线段，这样就可以生成诸如霓虹灯的模型。指定网格的边数可以控制网格的密度。二维图形可以在视口中渲染，还可以在渲染时渲染。对于视口渲染和扫描线渲染来讲，网格大小和密度设置可以是独立的。

在 3ds Max 2010 的内部，样条线有确定的数学定义。在显示和渲染的时候可以使用一系列线段来近似样条线。"插值"属性决定了使用的直线段数。"步数"（Step）决定在线段的两个顶点之间插入的中间点数。中间点之间用直线来连接。"步数"（Step）参数的取值范围是 0～100，0 表示在线段的两个顶点之间没有插入中间点；该数值越大，插入的中间点就越多。一般情况下，在满足基本要求的情况下，应尽可能将该参数设置的最小。

在"样条线"的"插值"（Interpolation）卷展栏中还有"优化"（Optimize）和"自适应"（Adaptive）选项。当选择了"优化"（Optimize）复选框，3ds Max 2010 将检查样条线的曲线度，并减少比较直的线段上的"步数"，这样可以简化模型；选择"自适应"（Adaptive）复选框，3ds Max 2010 会自适应调整线段。

6. "开始新图形"（Start New Shape）选项

在"对象类型"（Object Type）卷展栏中有一个"开始新图形"（Start New Shape）选项（见图 4.2）。该选项用来控制所创建的一组二维图形是一体的还是独立的。

前面已经提到，二维图形可以包含一个或者多个样条线。当创建二维图形的时候，如果选择了"开始新图形"（Start New Shape）复选框，创建的图形就是独立的新的图形。如果取消选择"开始新图形"（Start New Shape）复选框，那么创建的图形就是一组二维图形。

4.2　创建二维图形

前面讲述了二维图形的一系列基础知识，下面对二维图形的创建来进行介绍。

4.2.1　使用线、矩形和文本工具创建二维图形

在这一小节将使用线（Line）、矩形（Rectangle）和文字（Text）工具来创建二维对象。

（1）启动 3ds Max 2010，或者选择菜单栏应用程序选项中的"重置"（Reset）命令，复位 3ds Max 2010。

（2）在"创建"（Create）命令面板中单击"图形"（Shapes）按钮 ⬚。

（3）在"图形"（Shapes）命令面板中单击"线"（Line）按钮，如图 4.4 所示。

图 4.4

（4）在前视口中单击，创建第一个顶点，然后另一个位置单击，创建第二个顶点。

（5）右击结束创建线的操作。

1. "线"（Line）的使用

（1）继续前面的练习，选择菜单栏中的"打开文件"（Open File）命令，选择"第 4 章"→Samples-04-01.max 文件。这是一个只包含系统设置，没有场景信息的文件。

（2）在顶视口中右击将其激活。

（3）单击视图导航控制按钮区域的"最大化视口切换"（Max/Min Toggle）按钮，切换到满屏显示。

（4）在标签面板中单击"图形"（Shapes）按钮，然后在命令面板的"对象类型"（Object Type）卷展栏中单击"线"（Line）按钮。

（5）此时"创建方法"（Creation Method）卷展栏中的设置如图 4.5 所示。

在该卷展栏中可以设置样条线之间的过渡是光滑的还是不光滑的。"初始类型"（Initial Type）的默认设置为"角点"（Corner），表示用单击的方法创建顶点的时候，相邻的线段之间是不光滑的。

（6）在顶视口中采用单击的方法创建第 3 个顶点，如图 4.6 所示。创建完 3 个顶点后右击，即可结束创建操作。

 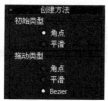

图 4.5

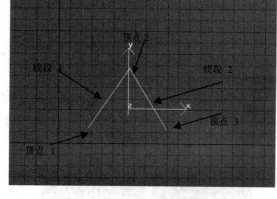

图 4.6

此时在两个线段之间，也就是顶点 2 处有一个角点。

（7）在"创建"（Create）命令面板的"创建方法"（Creation Method）卷展栏中，将"初始类型"（Initial Type）设置为"平滑"（Smooth）。

（8）采用与（7）相同的方法在顶视口中创建一个样条线，如图 4.7 所示。

从图 4.7 中可以看出，选择"平滑"（Smooth）选项后创建了一个光滑的样条线。

"拖动类型"（Drag Type）选项区域可以设置拖曳光标时创建的顶点类型。不管是否拖曳光标，"角点"（Corner）类型可以使每个顶点都有一个拐角；"平滑"（Smooth）类型在顶点处产生一个不可调整的光滑过渡；Bezier 类型可以在顶点处产生一个可以调整的光滑过渡。如果将"拖动类型"（Drag Type）设置为 Bezier，那么从单击点处拖曳的距离将决定曲线的曲率和通过顶点处的切线方向。

（9）在"创建方法"（Creation Method）卷展栏中，将"初始类型"（Initial Type）设置为"角点"（Corner），将"拖动类型"（Drag Type）设置为 Bezier。

（10）在顶视口中再创建一条曲线，这次采用单击并拖曳的方法创建第 2 个点，如图 4.8 所示，最下面的图形即为所创建的图形。

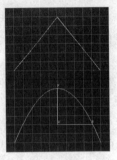
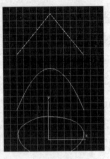

图 4.7   图 4.8

2. "矩形"（Rectangle）的使用

（1）选择应用程序选项中的"重置"（Reset）命令，复位 3ds Max 2010。

（2）在"创建"（Create）命令面板中单击"图形"（Shapes）按钮 。

（3）在命令面板的"对象类型"（Object Type）卷展栏中单击"矩形"（Rectangle）按钮。

（4）在顶视口中单击并拖曳，创建一个矩形。

（5）在"创建"（Create）命令面板的"参数"（Parameters）卷展栏中，将"长度"（Length）设置为 100，将"宽度"（Width）设置为 200，将"角半径"（Corner Radius）设置为 20。此时的矩形如图 4.9 所示。

矩形（Rectangle）是只包含一条样条线的二维图形，它有 4 个顶点和 4 个线段。

（6）选择矩形，然后打开"修改"（Modify）命令面板。

矩形的参数在"修改"（Modify）命令面板的"参数"（Parameters）卷展栏中，如图 4.10 所示。用户可以在该卷展栏中设置这些参数。

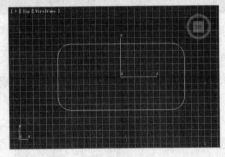

图 4.9   图 4.10

3. "文本"（Text）的使用

（1）选择应用程序选项中的"重置"（Reset）命令，复位 3ds Max 2010。

（2）在"创建"（Create）命令面板中单击"图形"（Shapes）按钮 。

（3）在命令面板的"对象类型"（Object Type）卷展栏中单击"文本"（Text）按钮。

这时"创建"（Create）命令面板的"参数"（Parameters）卷展栏中显示默认的文字（Text）设置，如图 4.11 所示。

从图 4.11 中可以看出，默认的字体是 Arial，"大小"是 100 个单位，文字内容是"MAX 文本"（MAX Text）。

（4）在"创建"（Create）命令面板的"参数"（Parameters）卷展栏中，采用单击并拖曳的方法选中"MAX 文本"（MAX Text），使其突出显示。

（5）采用中文输入方法输入文字"动画"，如图 4.12 所示。

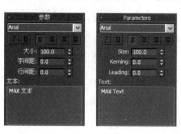  

图 4.11　　　　　　　　　　　　　　　　　　图 4.12

（6）在顶视口中创建文字，如图 4.13 所示。

创建的文字对象由多个相互独立的样条线组成。

（7）确定文字处于选中状态，返回"修改"（Modify）命令面板。

（8）在"参数"（Parameters）卷展栏中将字体设置为"隶书"，将"大小"（Size）设置为 80，如图 4.14 所示。

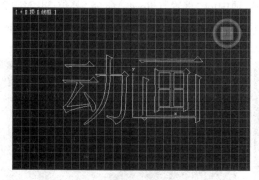 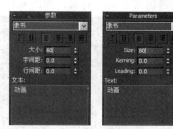

图 4.13　　　　　　　　　　　　　　　　　　图 4.14

此时视口中的文字自动更新，以反映对参数所做的修改，如图 4.15 所示。

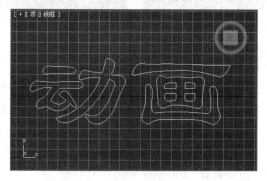

图 4.15

与矩形一样，文字也是参数化的，这就意味着可以在"修改"（Modify）命令面板中通过设置参数改变文字的外观。

4.2.2　使用"开始新图形"（Start New Shape）选项及渲染样条线

前面已经提到，一个二维图形可以包含多个样条线。当选择"开始新图形"（Start New Shape）

复选框后，3ds Max 2010 将新创建的样条线作为一个新的图形。例如，选择"开始新图形"（Start New Shape）复选框后，创建了 3 条线，那么每条线都是一个独立的对象。如果取消选择"开始新图形"（Start New Shape）复选框，后面创建的对象将添加到原来的图形中。

【实例 4.1】使用"开始新图形"（Start New Shape）复选框创建样条线。

（1）选择应用程序选项中的"重置"（Reset）命令，复位 3ds Max 2010。

（2）在"创建"（Create）命令面板中，取消选择"对象类型"（Object Type）卷展栏中的"开始新图形"（Start New Shape）复选框。

（3）在"对象类型"（Object Type）卷展栏中单击"线"（Line）按钮。

（4）在顶视口中通过单击的方法创建两条直线，如图 4.16 所示。

（5）单击主工具栏中的"选择并移动"（Select and Move）按钮 ✛。

（6）在顶视口中移动二维图形。

由于这两条线属于一个二维图形，因此它们一起移动。

【实例 4.2】渲染样条线。

（1）启动 3ds Max 2010，或者选择应用程序选项中的"重置"（Reset）命令，复位 3ds Max 2010。

（2）选择菜单栏中的"打开文件"（Open File）命令，选择"第 4 章"Samples–04–02.max 文件。该文件包含了文字对象，如图 4.17 所示。

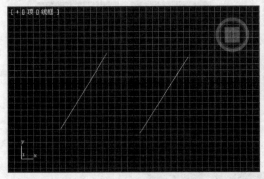
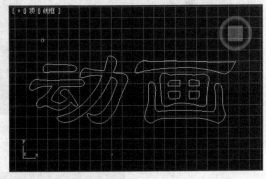

图 4.16   图 4.17

（3）在顶视口中右击将其激活。

（4）单击主工具栏中的"渲染设置"（Render Setup）按钮 █。

（5）在"渲染设置"（Render Setup）对话框的"公用"（Common）选项卡中，在"公共参数"（Common Parameters）卷展栏的"输出大小"（Output Size）区域，选择 320×240 选项，然后单击"渲染"（Render）按钮。

如果文字没有被渲染，则在渲染窗口中没有任何东西。

（6）关闭渲染窗口和"渲染设置"（Render Setup）对话框。

（7）确定文字对象处于选中状态，在"修改"（Modify）命令面板中，展开"渲染"（Rendering）卷展栏。

在"渲染"（Rendering）卷展栏中有"视口"（Viewport）和"渲染"（Rendering）选项。用户可以在这里为"视口"或者"渲染"选项设置"厚度"（Thickness）、"边"（Sides）和"角度"（Angle）参数的数值。

（8）在"渲染"（Rendering）卷展栏中选择"渲染"（Rendering）单选按钮，然后选择"在渲染中启用"（Enable In Render）复选框，如图 4.18 所示。

（9）确定顶视口处于激活状态，单击主工具栏中的"渲染产品"（Render Production）按钮，文字被渲染了，渲染效果如图 4.19 所示。

图 4.18

图 4.19

（10）关闭渲染窗口。

（11）在"渲染"（Rendering）卷展栏中将"厚度"（Thickness）设置为 3。

（12）确定顶视口处于激活状态，单击主工具栏中的"渲染产品"（Render Production）按钮，渲染后文字的线条变粗了。

（13）关闭渲染窗口。

（14）在"渲染"（Rendering）卷展栏选择"在视口中启用"（Enable In Viewport）复选框，如图 4.20 所示。

此时视口中文字按网格的方式来显示，如图 4.21 所示。现在的网格使用的是"渲染"（Rendering）的设置，"厚度"（Thickness）为 3。

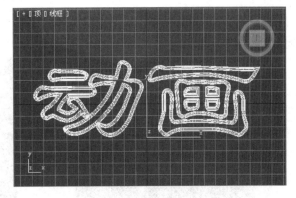

图 4.20

图 4.21

（15）在"渲染"（Rendering）卷展栏中，选择"使用视口设置"（Use Viewport Settings）复选框。

由于网格使用的是"视口"（Viewport）设置，"厚度"（Thickness）为 1，此时文字的线条变细了。

4.2.3 使用"插值"（Interpolation）设置

在 3ds Max 2010 内部，表现样条线的数学方法是连续的，但是在视口中显示的时候，进行了近似处理，样条线成了不连续的。样条线的近似设置可以在"插值"（Interpolation）卷展栏中进行。

【实例 4.3】使用"插值"设置。

（1）继续前面的练习，选择应用程序选项中的"重置"（Reset）命令，复位 3ds Max 2010。

（2）在"创建"（Create）命令面板单击"图形"（Shapes）按钮。

（3）单击"对象类型"（Object Type）卷展栏中的"圆"（Circle）按钮。

（4）在顶视口中创建一个圆，如图 4.22 所示。

（5）在顶视口口右击，结束创建圆的操作。

圆是由 4 个顶点的封闭样条线组成。

（6）确定选择了圆，在"修改"（Modify）命令面板中展开"插值"（Interpolation）卷展栏，如图 4.23 所示。

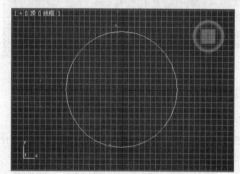

图 4.22   图 4.23

"步数"（Steps）用于指定每个样条线段的中间点数。该数值越大，曲线越光滑。但是，如果该数值太大，会影响系统的运行速度。

（7）在"插值"（Interpolation）卷展栏中将"步数"（Steps）设置为 1，这时圆变成了多边形，如图 4.24 所示。

（8）在"插值"（Interpolation）卷展栏中将"步数"（Steps）设置为 0，效果如图 4.25 所示。此时圆变成了一个正方形。

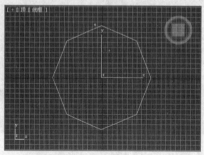

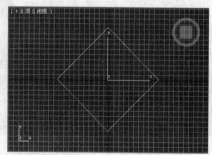

图 4.24   图 4.25

（9）在"插值"（Interpolation）卷展栏中选择"自适应"（Adaptive）复选框，正方形又变成了光滑的圆，此时"步数"（Steps）和"优化"（Optimize）选项变灰，不能使用。

4.3　编辑二维图形

上一节介绍了如何创建二维图形，这一节将介绍如何在 3ds Max 2010 中编辑二维图形。

4.3.1　访问二维图形的次对象

对于所有二维图形来讲，"修改"（Modify）命令面板中的"渲染"（Rendering）卷展栏和"插值"（Interpolation）卷展栏是一样的，"参数"（Parameters）卷展栏却是不一样的。

在所有的二维图形中，线（Line）是比较特殊的，它没有可以编辑的参数。创建线（Line）对象后，必须对"顶点"（Vertex）、"线段"（Segment）和"样条线"（Spline）层次进行编辑，这几个层次被称为次对象层次。

【实例 4.4】访问次对象层次。

（1）选择应用程序选项中的"重置"（Reset）命令，复位 3ds Max 2010。

（2）在"创建"（Create）命令面板中单击"图形"（Shapes）按钮￼。

（3）在"对象类型"（Object Type）卷展栏中单击"线"（Line）按钮。

（4）在顶视口中创建一条线，如图 4.26 所示。

（5）在"修改"（Modify）命令面板的堆栈显示区域中单击 Line 左边的+号按钮，显示出次对象层次，如图 4.27 所示。

（6）在堆栈显示区域选择"顶点"（Vertex）次对象层次。

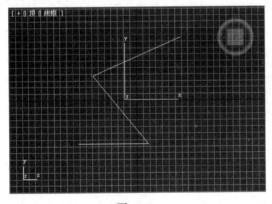

图 4.26　　　　　　　　　　　　　　图 4.27

（7）此时在顶视口中显示出所有的顶点，如图 4.28 所示。

（8）单击主工具栏中的"选择并移动"（Select and Move）按钮￼。

（9）在顶视口中移动选择的顶点，如图 4.29 所示。

（10）在"修改"（Modify）命令面板的堆栈显示区域中选择 Line 选项，就可以离开次对象层次。

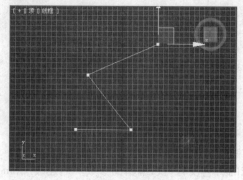 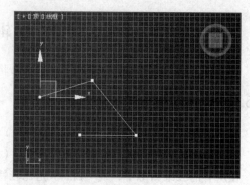

图 4.28   图 4.29

4.3.2 处理其他图形

对于其他二维图形，有两种方法可以对其进行处理，第一种方法是将其转换成可编辑样条线（Editable Spline）；第二种方法是应用编辑样条线（Edit Spline）修改器。

这两种方法在用法上还是有所不同的。如果将二维图形转换成可编辑样条线（Editable Spline），就可以直接在次对象层次设置动画，但是将丢失创建参数。如果给二维图形应用编辑样条线（Edit Spline）修改器，则可以保留对象的创建参数，但是不能直接对次对象层次设置动画。

要将二维对象转换成可编辑样条线（Editable Spline），可以在编辑修改器堆栈显示区域的对象名称上右击，然后从弹出的快捷菜单中选择"可编辑样条线"（Convert to Editable）命令。还可以在场景中的二维图形上右击，然后从弹出的快捷菜单中选择"转换为"→"转换为可编辑样条线"（Convert To→Convert to Editable Spline）命令，如图 4.30 所示。

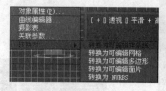 

图 4.30

要给对象应用编辑样条线（Edit Spline）修改器，可以在选择对象后，选择"修改"（Modify）命令面板，再从修改器列表中选择"编辑样条线"（Edit Spline）修改器即可。

无论使用哪种方法访问次对象，使用的编辑工具都是一样的。下一节将以编辑样条线（Edit Spline）为例来介绍如何在次对象层次上编辑样条线。

4.4 "编辑样条线"（Edit Spline）编辑修改器

编辑样条线修改器是为选定图形的不同层级提供显示的编辑工具。它能够帮助用户灵活地编辑样条线，下面就来介绍与其有关的知识。

4.4.1 "编辑样条线"（Edit Spline）编辑修改器的卷展栏

编辑样条线（Edit Spline）有 3 个卷展栏，即"选择"（Selection）卷展栏、"软选择"（Soft Selection）卷展栏和"几何体"（Geometry）卷展栏，如图 4.31 所示。

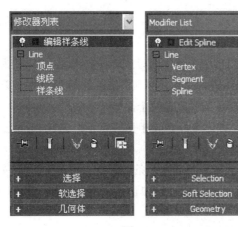

图 4.31

1．"选择"（Selection）卷展栏

可以在这个卷展栏中设定编辑层次。一旦设定了编辑层次，就可以用 3ds Max 2010 的标准选择工具在场景中选择该层次的对象。

"选择"（Selection）卷展栏中的"区域选择"（Area Selection）选项，用来增强选择功能。选择这个复选框后，离所选顶点的距离小于该区域指定数值的顶点都将被选择。这样，就可以通过单击的方法一次选择多个顶点，也可以在这里命名次对象的选择集。系统会根据顶点、线段和样条线的创建次序将其进行编号。

2．"软选择"（Soft Selection）卷展栏

"软选择"（Soft Selection）卷展栏中的工具主要用于对次对象层次进行变换。软选择（Soft Selection）用于定义一个影响区域，在这个区域的次对象都被软选择。变换应用软选择的次对象时，其影响方式与一般的选择不同。例如，如果将选择的顶点移动 5 个单位，那么软选择的顶点可能只移动 2.5 个单位。如图 4.32 所示选择了螺旋线的中心点。当激活软选择后，某些顶点用不同的颜色来显示，表明它们离选择点的距离不同。这时如果移动选择的点，那么软选择的点移动的距离较少，如图 4.33 所示。

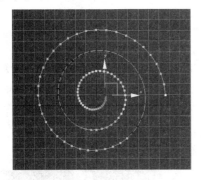

图 4.32

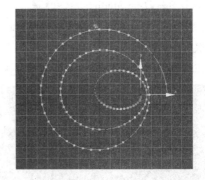

图 4.33

3．"几何体"（Geometry）卷展栏

"几何体"（Geometry）卷展栏包含许多次对象工具，这些工具与选择的次对象层次密切相关。样条线（Spline）次对象层次有以下常用工具。

- 附加（Attach）：给当前编辑的图形添加一个或者多个图形，增加的二维图形也可以由多条样条线组成。
- 分离（Detach）：从二维图形中分离出线段或者样条线。
- 布尔（Boolean）：对样条线进行交、并和差运算。并集（Union）是将两个样条线结合在一起，形成一条样条线，该样条线包容两个原始样条线的公共部分；差集（Subtraction）是从一个样条线中删除与另外一个样条线相交的部分；交集（Intersection）是根据两条样条线的相交区域创建一条样条线。
- 轮廓（Outline）：给选择的样条线创建一条外围线，相当于增加一个厚度。

线段（Segment）次对象层次允许通过添加顶点来细化线段，可以改变线段的可见性，也可以分离线段。

顶点（Vertex）次对象支持以下操作：

- 切换顶点类型；
- 调整 Bezier 顶点句柄；
- 选择循环顶点；
- 插入顶点；
- 合并顶点；
- 在两个线段之间倒一个圆角；
- 在两个线段之间倒一个尖角。

4.4.2 在顶点次对象层次工作

先选择顶点，然后设置顶点的类型。

（1）启动 3ds Max 2010，或者选择应用程序选项中的"重置"（Reset）命令，复位 3ds Max 2010。

（2）选择菜单栏中的"打开文件"（Open File）命令，然后选择"第 4 章"→Samples-04-03.max 文件。这个文件包含 4 条线段，如图 4.34 所示。

（3）在顶视口中单击线，将其选中。

（4）单击"修改"（Modify）按钮。

（5）在编辑修改器堆栈显示区域单击 Line 左边的+号按钮，这样就显示出了直线（Line）的次对象层次，+号变成了-号。

（6）在编辑修改器堆栈显示区域选择"顶点"（Vertex）次对象层次，如图 4.35 所示。

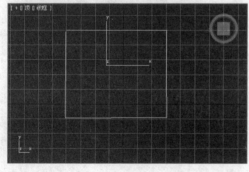

图 4.34

图 4.35

（7）在"修改"（Modify）命令面板中展开"选择"（Selection）卷展栏，单击"顶点"（Vertex）
按钮，如图 4.36 所示。

图 4.36

（8）在顶视口中选择图形左上角的顶点。

"选择"（Selection）卷展栏"显示"区域的内容为 选择了样条线 1/顶点 4 　 Spline 1/Vert 4 Selected ，表明选择
了一个顶点。

说明：这里只有一条样条线，因此所有顶点都属于这条样条线。

（9）在"选择"（Selection）卷展栏中选择"显示顶点编号"（Show Vertex Numbers）复选框，
如图 4.37 所示。

在视口中显示出了顶点的编号，如图 4.38 所示。

图 4.37

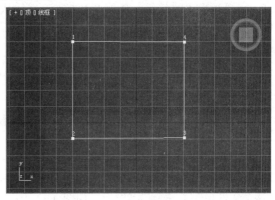

图 4.38

（10）在顶视口中的顶点 1 上右击。

（11）在弹出的快捷菜单中选择"平滑"（Smooth）命令，如图 4.39 所示。

（12）在顶视口的第 4 个顶点上右击，然后从弹出的快捷菜单中选择 Bezier 命令，此时在顶点
两侧出现贝塞尔曲线（Bezier）调整句柄。

（13）单击主工具栏中的"选择并移动"（Select and Move）按钮 或"选择并旋转"（Select and
Rotate）按钮 。

（14）在顶视口中选择其中的一个句柄，然后调整图形，效果如图 4.40 所示。

顶点两侧的贝塞尔曲线（Bezier）句柄始终保持在一条线上，而且长度相等。

（15）在顶视口的第 3 个顶点上右击，然后从弹出的快捷菜单中选择"Bezier 角点"（Bezier
Corner）命令。

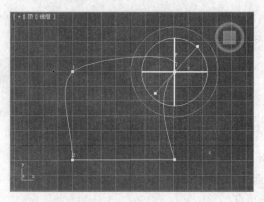

图 4.39　　　　　　　　　　　　　　　　　　　图 4.40

（16）在顶视口中，调整贝塞尔曲线（Bezier）的句柄，效果如图 4.41 所示。

移动句柄可以看出，Bezier 角点（Bezier Corner）顶点类型的两个句柄是相互独立的，分别改变句柄的长度和方向将得到不同的效果。

（17）在顶视口中使用区域选择的方法选择 4 个顶点。

（18）在顶视口中的任意一个顶点上右击，然后从弹出的快捷菜单中选择"平滑"（Smooth）命令，可以一次改变多个顶点的类型。

（19）在顶视口中选择第 1 个顶点。

（20）在"修改"（Modify）命令面板的"几何体"（Geometry）卷展栏中，选择"顶点"（Vertex）选项。在视口中选择第 2 个顶点。

（21）在编辑修改器堆栈的显示区选择 Line 对象名称，即可退出次对象编辑模式。

【实例 4.5】给样条线插入顶点。

（1）启动 3ds Max 2010，或者复位 3ds Max 2010。

（2）选择菜单栏中的"打开文件"（Open File）命令，然后选择"第 4 章"→Samples-04-04.max 文件。这个文件包含了一个二维图形，如图 4.42 所示。

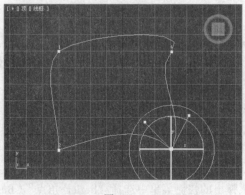
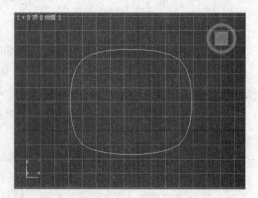

图 4.41　　　　　　　　　　　　　　　　　　　图 4.42

（3）在顶视口中选择二维图形。

（4）在"修改"（Modify）命令面板的编辑修改器堆栈显示区域中选择顶点次对象层次。

（5）在"修改"（Modify）命令面板的"几何体"（Geometry）卷展栏中单击"插入"（Insert）按钮。

（6）在顶视口中的顶点 2 和顶点 3 之间的线段上双击，插入一个顶点，然后右击，确定插入。由于增加了一个新顶点，所以顶点被重新编号，如图 4.43 所示。

技巧

优化（Refine）工具也可以增加顶点，但不改变二维图形的形状。

（7）在顶视口中的样条线上右击，然后从弹出的快捷菜单中选择"顶层级"（Top-Level）命令，如图 4.44 所示，返回到对象的最顶层。

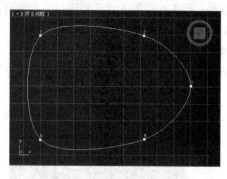

图 4.43

图 4.44

【实例 4.6】合并顶点。

（1）启动 3ds Max 2010，或者复位 3ds Max 2010。

（2）选择菜单栏中的"打开文件"（Open File）命令，然后选择"第 4 章"→Samples-04-05.max 文件。这是一个只包含系统设置，没有场景信息的文件。

（3）在"创建"（Create）命令面板中单击"图形"（Shapes）按钮，然后单击"对象类型"（Object Type）卷展栏中的"线"（Line）按钮。

（4）按【S】键，激活捕捉功能。

（5）在顶视口中按逆时针的方向创建一个三角形，如图 4.45 所示。

当再次单击第一个顶点的时候，系统会弹出"样条线"对话框，询问是否封闭该图形，如图 4.46 所示。

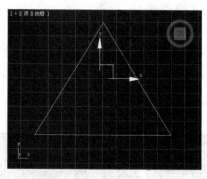

图 4.45

图 4.46

（6）在"样条线"（Spline）对话框中单击"否（N）"（No）按钮。

（7）在顶视口中右击，结束样条线的创建。

（8）再次右击，结束创建模式。

（9）按【S】键，关闭捕捉。

（10）在修改（Modify）命令面板的"选择"（Selection）卷展栏中单击"顶点"（Vertex）按钮⁙。

（11）在"选择"（Selection）卷展栏的"显示"（Display）区域选择"显示顶点编号"（Show Vertex Numbers）复选框。

（12）在顶视口中使用区域选择的方法选择所有的顶点。

（13）在顶视口中的任意一个顶点上右击，然后从弹出的快捷菜单中选择"平滑"（Smooth）命令。

样条线上的第1点和最后一点处没有光滑过渡，第2点和第3点已经进行了光滑过渡，这是因为两个不同的顶点之间不能进行光滑，如图4.47所示。

（14）在顶视口中使用区域选择的方法选择第1点和最后一点。

（15）在"修改"（Modify）命令面板的"几何体"（Geometry）卷展栏中，单击"熔合"（Weld）按钮。

此时这两个顶点被合并在了一起，而且顶点处也光滑了，并且图中只显示3个顶点的编号，如图4.48所示。

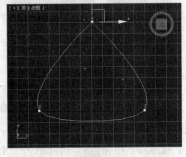
图 4.47

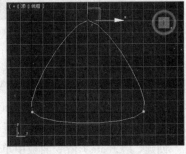
图 4.48

【实例4.7】对样条线进行倒角操作。

（1）启动 3ds Max 2010，或者复位 3ds Max 2010。

（2）选择菜单栏中的"打开文件"（Open File）命令，然后选择"第4章"→Samples-04-06.max 文件。

该场景包含一个用线（Line）绘制的三角形，如图4.49所示。

（3）在顶视口中选择其中的任意一条线。

（4）在顶视口中的样条线上右击，然后在弹出的快捷菜单中选择"循环顶点"（Cycle Vertices）命令，如图4.50所示。

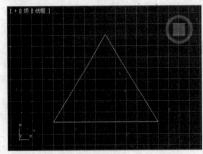
图 4.49

图 4.50

这样就进入了顶点（Vertex）次对象层次模式。

（5）在顶视口中使用区域选择的方法选择 3 个顶点。

（6）在"修改"（Modify）命令面板的"几何体"（Geometry）卷展栏中，将"圆角"（Fillet）设置为 10。

此时在选择的顶点处出现一个半径为 10 的圆角，并增加了 3 个顶点，如图 4.51 所示。

说明：当按【Enter】键后，圆角的微调器数值为 0。该微调器的参数不被记录，因此不能编辑参数。

（7）单击"撤销场景操作"（Undo）按钮，将圆角操作撤销。

（8）选择菜单栏中的"编辑"→"全选"（Edit→Select All）命令，则所有顶点都被选择。

（9）在"修改"（Modify）命令面板的"几何体"（Geometry）卷展栏中，将"切角"（Chamfer）设置为 10。

此时在选择的顶点处被倒了一个切角，如图 4.52 所示。该微调器的参数不被记录，因此不能用固定的数值控制切角。

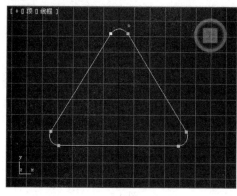

图 4.51

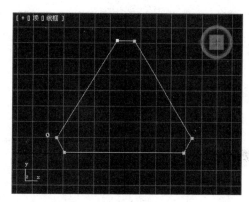

图 4.52

4.4.3　在线段次对象层次工作

用户可以在线段次对象层次做许多工作，下面首先介绍一下如何细化线段。

【实例 4.8】细化线段。

（1）选择菜单栏中的"打开文件"（Open File）命令，然后选择"第 4 章"→Samples-04-07.max 文件。该场景包含一个用线（Line）绘制的矩形，如图 4.53 所示。

（2）在顶视口中选择该图形。

（3）在"修改"（Modify）命令面板的编辑修改器堆栈显示区域展开 Line 对象，并选择"线段"（Segment）次对象层次，如图 4.54 所示。

（4）在"修改"（Modify）命令面板的"几何体"（Geometry）卷展栏中，单击"插入"（Insert）按钮。

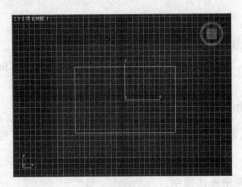  

图 4.53   图 4.54

（5）在顶视口中，在顶部线段的不同位置单击 4 次，为该线段添加 4 个顶点，如图 4.55 所示。

【实例 4.9】移动线段。

（1）继续前面的练习，单击主工具栏中的"选择并移动"（Select and Move）按钮 ✥。

（2）在顶视口选择矩形顶部中间的线段，如图 4.56 所示。

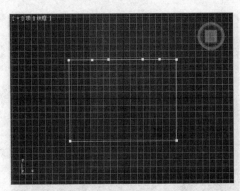 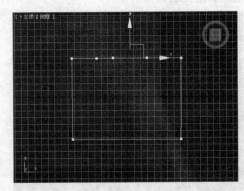

图 4.55   图 4.56

这时在"修改"（Modify）命令面板的"选择"（Selection）卷展栏中显示第 6 条线段被选择 选择了样条线 1/线段 6。

（3）在顶视口中向下移动选择的线段，效果如图 4.57 所示。

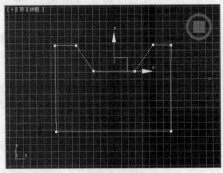

图 4.57

（4）在顶视口中的图形上右击。

（5）在弹出的快捷菜单中选择"顶点"（Vertex）命令。

（6）在顶视口中选取第 3 个顶点，如图 4.58 所示。

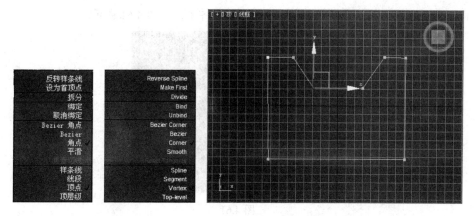

图 4.58

（7）在主工具栏的捕捉按钮上（例如 ）右击，弹出"栅格和捕捉设置"（Grid and Snap Settings）对话框，如图 4.59 所示。

图 4.59

（8）在"栅格和捕捉设置"（Grid and Snap Settings）对话框中，取消选择"栅格点"（Grid Points）复选框，选择"顶点"（Vertex）复选框。

（9）关闭"栅格和捕捉设置"（Grid and Snap Settings）对话框。

（10）在顶视口中按住【Shift】键右击，弹出快捷菜单，如图 4.60 所示。在该快捷菜单中选择"捕捉使用轴约束"（Transform Constraints）命令，这样就把变换约束到选择的轴上。

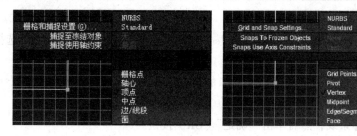

图 4.60

（11）按【S】键激活捕捉功能。

（12）在顶视口中将光标移动到第 3 个顶点上，然后将它向左拖曳到第 7 个顶点的下面，捕捉 X 坐标。

这样，在 X 方向上第 3 个顶点就与第 2 个顶点对齐了，如图 4.61 所示。

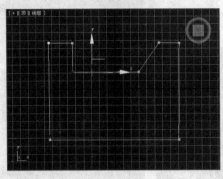

图 4.61

（13）按【S】键关闭捕捉功能。

（14）在顶视口中右击，然后从弹出的快捷菜单中选择"线段"（Segment）命令。

（15）在顶视口中选择第 6 条线段，使其沿着 X 轴向左移动，如图 4.62 所示。

4.4.4　在样条线次对象层次工作

在样条线次对象层次可以完成许多工作，下面介绍如何将一个二维图形附加到另外一个二维图形上。

（1）选择菜单栏中的"打开文件"（Open File），然后选择"第 4 章"→Samples-04-08.max 文件。该场景中包含三条独立的样条线，如图 4.63 所示。

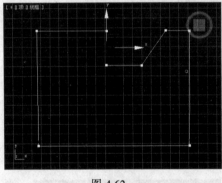

图 4.62

图 4.63

（2）单击主工具栏中的"按名称选择"（Select by Name）按钮，弹出"从场景选择"（Select From Scene）窗口。

在"从场景选择"（Select From Scene）窗口的列表中有 3 条样条线，即 Circle01、Circle02 和 Line01。

（3）选择 Line01 样条线，然后单击"确定"（OK）按钮。

（4）在"修改"（Modify）命令面板中，单击"几何体"（Geometry）卷展栏中的"附加"（Attach）按钮。

（5）在顶视口中选择两个圆。

技巧

确定在圆的线上单击。

（6）在顶视口中右击，结束"附加"（Attach）操作。

（7）单击主工具栏中的"按名称选择"（Select by Name）按钮 ，弹出"从场景选择"（Select From Scene）窗口。"从场景选择"（Select From Scene）窗口中的 Circle01 和 Circle02 没有了，它们都包含在 Line01 中了。

（8）在"从场景选择"（Select From Scene）窗口中单击"取消"（Cancel）按钮，将该对话框关闭。

【实例 4.10】使用"轮廓"（Outline）后的场景变化。

（1）继续前面的练习，选择场景中的图形。

（2）在"修改"（Modify）命令面板的编辑修改器堆栈显示区域单击 Line 左边的+号按钮，展开次对象层次。

（3）在"修改"（Modify）命令面板的编辑修改器堆栈显示区域选择"样条线"（Spline）次对象层次。

（4）在顶视口中选择前面的圆，如图 4.64 所示。

（5）在"修改"（Modify）命令面板的"几何体"（Geometry）卷展栏中将"轮廓"（Outline）设置为 60，效果如图 4.65 所示。

图 4.64

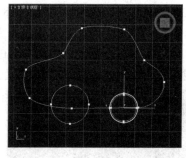

图 4.65

（6）选择后面的圆，重复（5）的操作，效果如图 4.65 所示。

（7）在顶视口中的图形上右击，然后从弹出的快捷菜单中选择"顶层级"（Top Level）命令。

（8）单击主工具栏中的"按名称选择"（Select by Name）按钮 ，弹出"从场景选择"（Select From Scene）对话框，从中可以看到所有圆都包含在 Line01 中。

（9）在"从场景选择"（Select Objects）对话框中单击"取消"（Cancel）按钮，将其关闭。

【实例 4.11】使用二维图形的布尔运算。

（1）继续前面的练习，或者选择菜单栏中的"打开文件"（Open File）命令，然后选择"第 4 章"→Samples-04-09.max 文件。

（2）在顶视口中选择场景中的图形。

（3）在"修改"（Modify）命令面板的编辑修改器堆栈显示区域展开次对象列表，然后选择"样条线"（Spline）次对象层次。

（4）在顶视口中选择车身样条线，如图 4.66 所示。

（5）在"修改"（Modify）命令面板的"几何体"（Geometry）卷展栏中，单击"布尔"（Boolean）区域的"差集"（Subtraction）按钮 。

（6）单击"布尔"（Boolean）按钮。

（7）在顶视口中选择后车轮的外圆，完成布尔差集运算，效果图 4.67 所示。

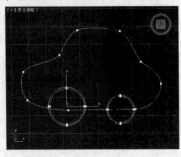 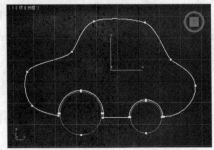

图 4.66 图 4.67

（8）在顶视口中右击，结束布尔（Boolean）运算模式。

（9）在"修改"（Modify）命令面板的编辑修改器堆栈显示区域选择 Line 对象，返回到顶层。

4.4.5 使用"编辑样条线"（Edit Spline）编辑修改器访问次对象层次

（1）选择菜单栏中的"打开文件"（Open File）命令，然后选择"第 4 章"→Samples-04-10.max 文件。该文件包含一个圆角矩形，如图 4.68 所示。

（2）单击"修改"（Modify）按钮，进入"修改"（Modify）命令面板，该面板中有 3 个卷展栏，即"渲染"（Rendering）、"插值"（Interpolation）和"参数"（Parameters）。

（3）展开"参数"（Parameters）卷展栏，如图 4.69 所示。

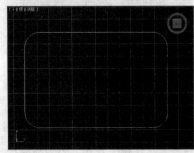 

图 4.68 图 4.69

"参数"（Parameters）卷展栏是矩形对象独有的。

（4）在"修改"（Modify）命令面板的"修改器列表"中选择"编辑样条线"（Edit Spline）编辑修改器，如图 4.70 所示。

（5）在"修改"（Modify）命令面板中，将光标移动到空白处，当它变成手形后右击，然后在弹出的快捷菜单中选择"全部关闭"（Close All）命令，如图 4.71 所示。

   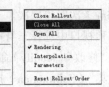

图 4.70 图 4.71

"编辑样条线"（Edit Spline）修改器的卷展栏与编辑线段时使用的卷展栏一样。

（6）在"修改"（Modify）命令面板的堆栈显示区域选择 Rectangle 对象，便显示出矩形的"参数"卷展栏，如图 4.72 所示。

（7）在"修改"（Modify）命令面板的堆栈显示区域单击"编辑样条线"（Edit Spline）左边的+号按钮，展开次对象列表，如图 4.73 所示。

图 4.72

图 4.73

（8）单击"编辑样条线"（Edit Spline）左边的−号按钮，关闭次对象列表。

（9）在"修改"（Modify）命令面板的堆栈显示区域选择"编辑样条线"（Edit Spline）修改器。

（10）单击堆栈区域的"从堆栈中移除修改器"（Remove modifier from the stack）按钮 ，删除"编辑样条线"（Edit Spline）修改器。

4.4.6　使用"可编辑样条线"（Editable Spline）编辑修改器访问次对象层次

（1）继续前面的练习。选择矩形，然后在顶视口中的矩形上右击。

（2）在弹出的快捷菜单中选择"转换为"→"转换为可编辑样条线"（Convert To→Convert to Editable Spline）命令，如图 4.74 所示。

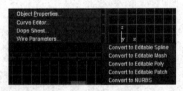

图 4.74

矩形的创建参数没有了，但是可以通过"可编辑样条线"（Editable Spline）修改器访问样条线的次对象层级。

（3）在"修改"（Modify）命令面板的编辑修改器堆栈显示区域中，单击"可编辑样条线"（Editable Spline）左边的+号按钮，展开次对象层次，如图 4.75 所示。

"可编辑样条线"（Editable Spline）修改器中的次对象层级与"编辑样条线"（Edit Spline）修改器中的次对象层次相同。

图 4.75

4.5　使用编辑修改器将二维对象转换成三维对象

有很多编辑修改器可以将二维对象转换成三维对象。本节将介绍"挤出"（Extrude）、"车削"（Lathe）、"倒角"（Bevel）和"倒角剖面"（Bevel Profile）编辑修改器。

4.5.1　"挤出"（Extrude）编辑修改器

"挤出"（Extrude）编辑修改器可以沿着二维对象"局部"坐标系的 Z 轴给它增加一个厚度，还可以沿着拉伸方向给它指定段数。如果二维图形是封闭的，可以指定拉伸的对象是否有顶面和底面。

"挤出"（Extrude）编辑修改器输出的对象类型可以是面片（Patch）、网络（Mesh）或者 NURBS，默认的类型是网格（Mesh）。

【实例 4.12】使用"挤出"（Extrude）编辑修改器拉伸对象。

（1）选择菜单栏中的"打开文件"（Open File）命令，然后选择"第 4 章"→Samples–04–11.max 文件。该文件包含一个圆，如图 4.76 所示。

（2）在透视视口中选择该圆。

（3）在"修改"（Modify）命令面板中，从编辑修改器列表中选择"挤出"（Extrude）编辑修改器。

（4）在"修改"（Modify）命令面板的"参数"（Parameters）卷展栏中将"数量"（Amount）设置为 1000mm，如图 4.77 所示。

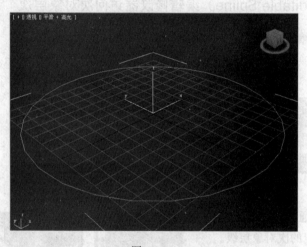

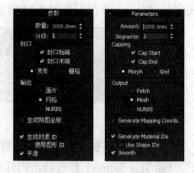

图 4.76　　　　　　　　　　　　　　　　图 4.77

此时二维图形将沿着"局部"坐标系的 Z 轴拉伸。

（5）在"修改"（Modify）命令面板的"参数"（Parameters）卷展栏中，将"分段"（Segments）设置为 3。

此时几何体在拉伸方向分了 3 个段。

（6）按【F3】键，将视口切换成明暗显示方式，如图 4.78 所示。

（7）在"参数"（Parameters）卷展栏中取消选择"封口末端"（Cap End）复选框，去掉顶面。

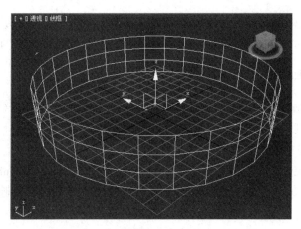

图 4.78

说明：此时背面没有显示了，实际上是法线背离了用户的视线。该面没有被渲染，用户可以通过设置双面渲染来强制显示另外一面。

（8）在透视视口的标签上右击，然后在弹出的快捷菜单上选择"配置"（Configure）命令，弹出"视口配置"（Viewport Configuration）对话框。

（9）在"视口配置"（Viewport Configuration）对话框的"渲染选项"（Rendering Options）选项区中选择"强制双面"（Force 2-Sided）复选框，如图 4.79 所示。

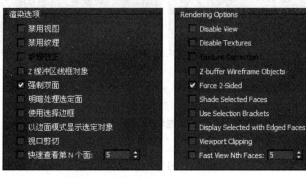

图 4.79

（10）单击视图导航控制按钮区域的"最大化视口切换"（Min/Max Toggle）按钮，切换成单视口显示，这时就可以在视口中看到图形的背面了。

（11）在"修改"（Modify）命令面板的"参数"（Parameters）卷展栏中取消选择"封口末端"（Cap End）复选框。

此时顶面和底面都被去掉了。

"平滑"（Smooth）选项可以给拉伸对象的侧面应用一个光滑组。下面来设置"平滑"选项。

（1）继续前面的练习，选择菜单栏中的"打开文件"（Open File）命令，然后选择"第 4 章"→Samples-04-11.max 文件。

（2）在透视视口中选择圆。

（3）在"修改"（Modify）命令面板中，从编辑修改器列表中选择"挤出"（Extrude）编辑修改器。

（4）在"修改"（Modify）命令面板的"参数"（Parameters）卷展栏中将"数量"（Amount）设置为 1000mm。

（5）在"修改"（Modify）命令面板中，取消选择"平滑"（Smooth）复选框。

尽管图形的几何体没有改变，但是其侧面的面片变化非常明显，如图 4.80 所示。

4.5.2 "车削"（Lathe）编辑修改器

"车削"（Lathe）编辑修改器可以绕指定的轴向旋转二维图形，常用来建立高脚杯、盘子和花瓶等模型。旋转的角度可以是 0°～360° 之间的任意数值。

【实例 4.13】使用"车削"（Lathe）编辑修改器。

（1）启动或者复位 3ds Max 2010，选择菜单栏中的"打开文件"（OpenFile）命令，然后选择"第 4 章"→Samples-04-12.max 文件。该文件包含一个用线（Line）绘制的简单二维图形，如图 4.81 所示。

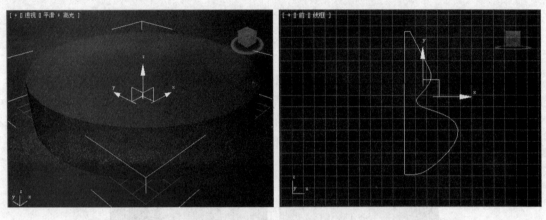

图 4.80   图 4.81

（2）在透视视口中选择该二维图形。

（3）在"修改"（Modify）命令面板中，从编辑修改器列表中选择"车削"（Lathe）编辑修改器，如图 4.82 所示。

旋转的轴向是 Y 轴，旋转中心在二维图形的中心。

（4）在"修改"（Modify）命令面板的"参数"（Parameters）卷展栏中的"对齐"（Align）选项区中，单击"最大"（Max）按钮，此时旋转轴被移动到二维图形"局部"坐标系 X 方向的最大处。

（5）在"参数"（Parameters）卷展栏中选择"焊接内核"（Weld Core）复选框，如图 4.83 所示，这时得到的几何体如图 4.84 所示。

  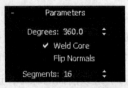

图 4.82   图 4.83

（6）在"参数"（Parameters）卷展栏中将"度数"（Degrees）设置为 240，效果如图 4.85 所示。

（7）在"参数"（Parameters）卷展栏的"封口"（Capping）选项区，取消选择"封口始端"（Cap Start）和"封口末端"（Cap End）复选框，效果如图 4.86 所示。

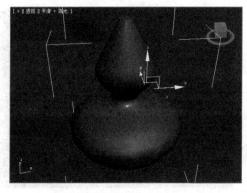
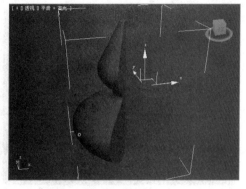

图 4.84   图 4.85

（8）在"参数"（Parameters）卷展栏中取消选择"平滑"（Smooth）复选框，效果如图 4.87 所示。

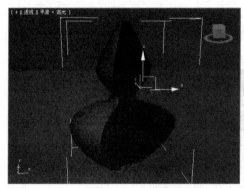
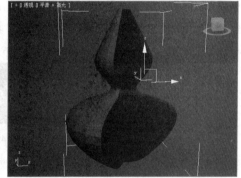

图 4.86   图 4.87

（9）在"修改"（Modify）命令面板的编辑修改器堆栈显示区域中，单击"车削"（Lathe）左边的+号按钮，展开次对象层次，选择"轴"（Axis）次对象层次，如图 4.88 所示。

图 4.88

（10）单击主工具栏中的"选择并移动"（Select and Move）按钮，在透视视口中沿着 X 轴将旋转轴向左拖曳，效果如图 4.89 所示。

（11）单击主工具栏中的"选择并旋转"（Select and Rotate）按钮，在透视视口中饶 Y 轴将旋转轴旋转，效果如图 4.90 所示。

（12）在编辑修改器堆栈显示区域选择"车削"（Lathe）标签，返回到最顶层。

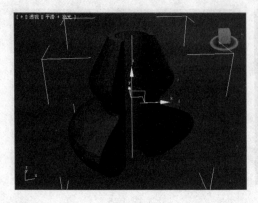

图 4.89　　　　　　　　　　　　　　　　　图 4.90

4.5.3　"倒角"（Bevel）编辑修改器

"倒角"（Bevel）编辑修改器与"挤出"（Extrude）类似，但是比"挤出"（Extrude）的功能要强一些。它除了沿着对象的"局部"坐标系的 Z 轴拉伸对象外，还可以分 3 个层次调整截面的大小，创建诸如倒角字一类的效果，如图 4.91 所示。

图 4.91

【实例 4.14】使用"倒角"（Bevel）编辑修改器。

（1）启动或者复位 3ds Max 2010，选择菜单栏中的"打开文件"（OpenFile）命令，然后选择"第 4 章"→Samples-04-13.max 文件。该文件包含一个用矩形（Rectangle）绘制的简单二维图形，如图 4.92 所示。

（2）在顶视口中选择有圆角的矩形。

（3）在"修改"（Modify）命令面板中，从编辑修改器列表中选择"倒角"（Bevel）编辑修改器，如图 4.93 所示。

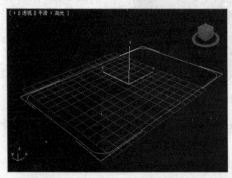

图 4.92　　　　　　　　　　　　　　图 4.93

（4）在修改（Modify）命令面板的"倒角值"（Bevel Values）卷展栏中将"级别 1"（Level 1）选项区中的"高度"（Height）设置为 600mm，"轮廓"（Outline）设置为 200mm，如图 4.94 所示。

（5）在"倒角值"（Bevel Values）卷展栏中选择"级别 2"（Level 2）复选框，将"级别 2"（Level 2）的"高度"（Height）设置为 800.0mm，"轮廓"（Outline）设置为 0，效果如图 4.95 所示。

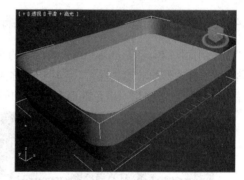

图 4.94 图 4.95

（6）在"倒角值"（Bevel Values）卷展栏中选择"级别 3"（Level 3）复选框，将"级别 3"（Level 3）的"高度"（Height）设置为 -600mm，"轮廓"（Outline）设置为 -100mm，如图 4.96 所示。

该设置得到的几何体如图 4.97 所示。

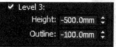

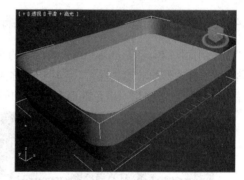

图 4.96 图 4.97

（7）按【F3】键将透视视口的显示模式切换成线框模式，如图 4.98 所示。

（8）在"参数"（Parameter）卷展栏的"曲面"（Surface）选项区中将"分段"（Segments）设置为 6。

该设置得到的几何体如图 4.99 所示。

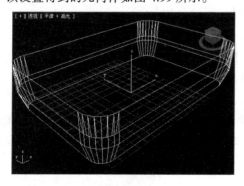

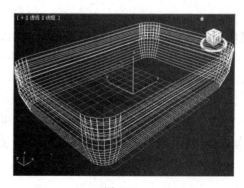

图 4.98 图 4.99

（9）按【F3】键将透视视口的显示模式切换成明暗模式。

（10）在"参数"（Parameter）卷展栏的"曲面"（Surface）选项区域选取"级间平滑"（Smooth Across Levels）复选框。此时不同层间的小缝被光滑掉了，如图 4.100 所示。

（11）在"倒角值"（Bevel Values）卷展栏中将"起始轮廓"（Start Outline）设置为-400mm。这时整个对象变小了，效果如图 4.101 所示。

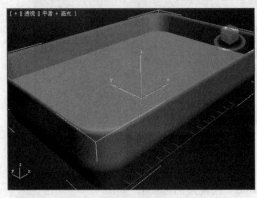

图 4.100   图 4.101

4.5.4 "倒角剖面"（Bevel Profile）编辑修改器

"倒角剖面"（Bevel Profile）编辑修改器的作用类似于"倒角"（Bevel）编辑修改器，但是比"倒角"编辑修改器的功能更强大。它用一个称为侧面的二维图形定义截面大小，因此变化更为丰富。图 4.102 所示是使用"倒角剖面"（Bevel Profile）编辑修改器得到的几何体。

 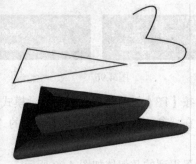

图 4.102

【实例 4.15】使用"倒角剖面"（Bevel Profile）编辑修改器。

（1）启动或者复位 3ds Max 2010，选择菜单栏中的"打开文件"（Open File）命令，然后选择"第 4 章"→Samples-04-14.max 文件。该文件中包含两个二维图形，如图 4.103 所示。

（2）在透视视口中选择大的图形。

（3）在"修改"（Modify）命令面板，从编辑修改器列表中选择"倒角剖面"（Bevel Profile）编辑修改器，此时"倒角剖面"（Bevel Profile）编辑修改器显示在编辑修改器堆栈中，如图 4.104 所示。

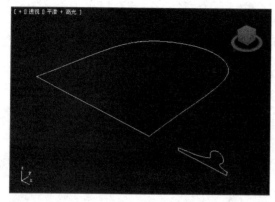

图 4.103

图 4.104

（4）在"修改"（Modify）命令面板的"参数"（Parameters）卷展栏中单击"拾取剖面"（Pick Profile）按钮，如图 4.105 所示。

（5）在前视口中选择小的图形，效果如图 4.106 所示。

图 4.105

图 4.106

（6）在前视口中确定已选择了小的图形。

（7）在"修改"（Modify）命令面板的堆栈显示区域单击 Line 前面的+号按钮，选择"线段"（Segment）次对象层次，如图 4.107 所示。

图 4.107

（8）在前视口中选择图形的线段，如图 4.108 所示。

（9）单击主工具栏中的"选择并移动"（Select and Move）按钮 ✛。

（10）在前视口中沿着 X 轴左右移动选择的线段。当移动线段的时候，使用"倒角剖面"（Bevel Profile）编辑修改器得到的几何体也动态更新，效果如图 4.109 所示。

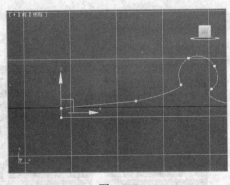

图 4.108

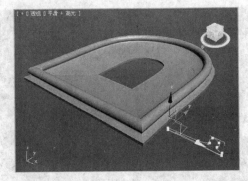
图 4.109

（11）在"修改"（Modify）命令面板的堆栈显示区域选择 Line 对象，回到最上层。

下面将使用"倒角剖面"（Bevel Profile）编辑修改器来制作动画效果，完整的动画效果参见"第 4 章"→Samples-04-15.avi 文件。

（1）启动 3ds Max 2010，在场景中创建一个星星和一个椭圆，如图 4.110 所示。星星和椭圆的大小没有关系，只要比例合适即可。

（2）选择星星，在"修改"（Modify）命令面板中，添加一个"倒角剖面"（Bevel Profile）编辑修改器，单击"参数"（Parameters）卷展栏中的"拾取剖面"按钮，然后选择椭圆，效果如图 4.111 所示。

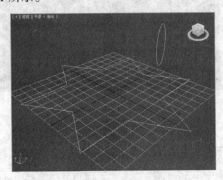
图 4.110

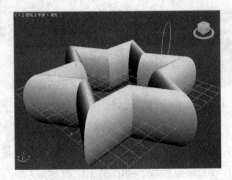
图 4.111

（3）按【N】键，将时间滑块移动到第 100 帧。

（4）在堆栈列表中单击"倒角剖面"（Bevel Profile）左边的+号按钮，展开次对象层次，选择"剖面 Gizom"（Profile Gizom）次对象层次。

（5）单击主工具栏中的"选择并旋转"（Select and Rotate）按钮 ，在前视口中任意旋转"剖面 Gizom"（Profile Gizom）次对象层次。图 4.112 所示是其中的一帧。

（6）单击"播放动画"（Play Animation）按钮 ，播放动画。观察完毕后，单击 "停止动画"（Stop Animation） 按钮，停止播放动画。

该例子的最后效果保存在"第 4 章"→Samples-04-15.max 文件中。

说明：在"倒角剖面"（Bevel Profile）编辑修改器中，如果使用的剖面图形是封闭的，那么得到的几何体中间是空的；如果使用的剖面图形是不封闭的，那么得到的几何体中间是实心的，如图 4.113 所示。

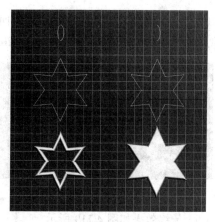

图 4.112   图 4.113

4.5.5 "晶格"（Lattice）编辑修改器

"晶格"（Lattice）编辑修改器可以用来将网格物体进行线框化，将图形的线段或边转化为圆柱形结构，并在顶点上产生可选的关节多面体。利用该编辑修改器可以制作笼子、网兜等，也可以展示建筑内部结构。

图 4.114 所示就是运用"晶格"（Lattice）编辑修改器制作出来的几何体。

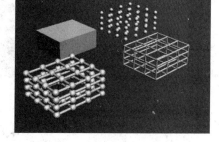

【实例 4.16】使用"晶格"（Lattice）编辑修改器。

（1）启动或者复位 3ds Max 2010。

（2）在"创建"（Create）命令面板中单击"几何球体"（GeoSphere）按钮，在顶视口中创建一个几何球体，参数设置如图 4.115 所示。

图 4.114

（3）在"修改"（Modify）命令面板中，从编辑修改器列表中选择"晶格"（Lattice）编辑修改器，此时"晶格"（Lattice）编辑修改器便显示在编辑修改器堆栈中，如图 4.116 所示。

图 4.115   图 4.116

（4）在"修改"（Modify）命令面板的"参数"（Parameters）卷展栏的"支柱"（Struts）选项区中，将"半径"（Radius）设置为 50mm，支柱截面图形的"边数"（Sides）设置为 4，如图 4.117 所示。

（5）在"基点"选项区中，将"基点面类型"（Geodesic Base Type）设置为"八面体"（Octa），将顶点造型的"半径"（Radius）设置为120mm，"分段"（Segments）设置为5，如图4.118所示。

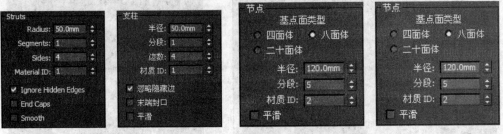

图4.117   图4.118

（6）最终效果如图4.119所示。

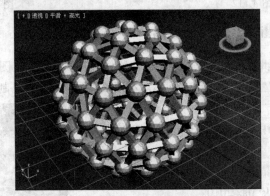

图4.119

4.6　面片建模

这一节将建立几个三维几何体。下面首先来介绍面片建模。面片建模就是将二维图形结合起来成为三维几何体的方法。在面片建模中，将使用两个特殊的编辑修改器，即"横截面"（Cross Section）编辑修改器和"曲面"（Surface）编辑修改器。

4.6.1　面片建模基础

其实面片是根据样条线边界形成的Bezier表面。面片建模有很多优点，并且可以参数化地调整网络的密度，但不直观。

1．面片的构架

用户可以用很多方法来创建样条线构架，例如手工绘制样条线，或者使用标准的二维图形和"横截面"（Cross Section）编辑修改器。

可以通过给样条线构架应用"曲面"（Surface）编辑修改器来创建面片表面。"曲面"（Surface）编辑修改器用来分析样条线构架，并在满足样条线构架要求的所有区域创建面片表面。

2．对样条线的要求

可以用3～4个边来创建面片。作为边的样条线，顶点必须分布在每个边上，而且要求每个边的顶点必须相交。样条线构架类似于一个网，网的每个区域有3～4个边。

3."横截面"（Cross Section）编辑修改器

"横截面"（Cross Section）编辑修改器会自动根据一系列样条线创建样条线构架。该编辑修改器自动在样条线顶点间创建交叉的样条线，从而形成面片构架。为了使"横截面"（Cross Section）编辑修改器更有效地工作，最好使每个样条线有相同的顶点数。

在应用"横截面"（Cross Section）编辑修改器之前，必须将样条线结合到一起，形成一个二维图形。"横截面"（Cross Section）编辑修改器在样条线上创建的顶点类型是线性（Linear）、平滑（Smooth）、贝塞尔曲线（Bezier）和 Bezier 角点（Bezier Corner）中的任意一种。顶点类型影响表面的平滑程度。

如图 4.120 所示，左边是线性（Linear）顶点类型，右边是平滑（Smooth）顶点类型。

4."曲面"（Surface）编辑修改器

定义好样条线构架后，就可以应用"曲面"（Surface）编辑修改器了。图 4.121 所示右边是应用"曲面"（Surface）编辑修改器之后的图形，左边是应用"曲面"（Surface）编辑修改器之前的效果。"曲面"（Surface）编辑修改器可以在构架上生成贝塞尔曲线（Bezier）表面。表面的创建参数和设置包括表面法线的翻转选项、删除内部面片选项和设置步数的选项。

表面法线（Surface Normals）指定表面的外侧，对视口显示和最后渲染的结果影响很大。

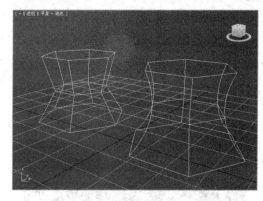 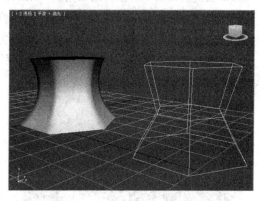

图 4.120　　　　　　　　　　　　　　　　图 4.121

在默认的情况下，可删除内部面片。由于内部表面完全被外部表面包容，因此可以安全地将其删除。

"插值"（Surface Interpolation）下面的"步数"（Steps）设置是非常重要的属性。它可以参数化地调整面片网格的密度。如果一个面片表面被转换成可编辑的网络（Editable Mesh），那么网络的密度将与面片表面的密度匹配。用户可以复制几个面片模型，并给定不同的插值设置，然后将它转换成网格对象，从而观察多边形数目的差异。

4.6.2　创建和编辑面片表面

在这个练习中，将使用面片创建一个帽子的模型。

（1）启动或者复位 3da Max 2010。

（2）选择菜单栏中的"打开文件"（Open File）命令，然后选择"第 4 章"→Samples-04-16.max 文件。该文件包含了 4 条样条线和一个帽子，如图 4.122 所示。其中帽子是建模中的参考图形。

（3）在透视视口中选择 Circle01，这是定义帽檐的外圆。

（4）在"修改"（Modify）命令面板的编辑修改器列表中选择"编辑样条线"（Edit Spline）编辑修改器。

（5）在"修改"（Modify）命令面板的"几何体"（Geometry）卷展栏中单击"附加"（Attach）按钮。

（6）在透视视口中依次选择 Circle02 、Circle03 和 Circle04，如图 4.123 所示。

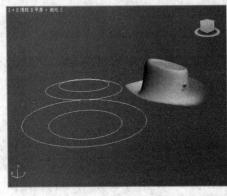 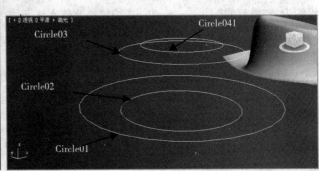

图 4.122　　　　　　　　　　　　　　　图 4.123

（7）在透视视口中右击，结束附加（Attach）模式。

（8）在"修改"（Modify）命令面板的编辑修改器列表中选择"横截面"（Cross Section）编辑修改器。这时出现了一些将圆连接起来的样条线，以便应用"曲面"（Surface）编辑修改器。

（9）在"参数"（Parameters）卷展栏中分别选择"线性"（Linear）选线和"平滑"（Smooth）选项，其效果如图 4.124 和图 4.125 所示。

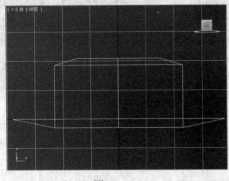 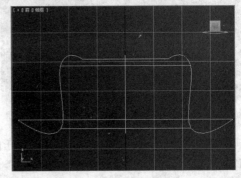

图 4.124　　　　　　　　　　　　　　　图 4.125

（10）在"参数"（Parameters）卷展栏中选择 Bezier 选项。

（11）在"修改"（Modify）命令面板的编辑修改器列表中选择"曲面"（Surface）编辑修改器，如图 4.126 所示。

这样就得到了帽子的基本图形，如图 4.127 所示。

 注意

步骤 8~10 也可以用另一种方法实现。在编辑样条线修改器对应的"几何体"（Geometry）卷展栏中，单击"横截面"按钮，然后依次选择 Circle01、Circle02、Circle03 和 Circle04。

图 4.126　　　　　　　　　　　　　　　　　　　　图 4.127

（12）在命令面板的"参数"（Parameters）卷展栏中选择"翻转法线"（Flip Normals）复选框和"移除内部面片"（Remove Interior Patches）复选框，如图 4.128 所示。

（13）在"修改"（Modify）命令面板的编辑修改器列表中，选择"编辑面片"（Edit patch）编辑修改器。

（14）在编辑修改器堆栈显示区域单击"编辑面片"（Edit patch）左边的+号按钮，展开"编辑面片"（Edit patch）的次对象层次。

（15）在编辑修改器堆栈显示区域中选择"面片"（Patch）次对象层次，如图 4.129 所示。

图 4.128　　　　　　　　　　　　　　　　　　　图 4.129

（16）在视口导航控制按钮区域单击"环绕"（Arc Rotate）按钮。

（17）调整透视视口中的图形，效果如图 4.130 所示。

从图 4.131 中可以看出，在帽檐下面有填充区域，这是因为"曲面"（Surface）编辑修改器在构架中的第一个和最后一个样条线上生成了面。

在下面的步骤中，将删除不需要的表面。

（18）按【F3】键，切换到线框模式。

（19）在透视视口中选择 Circle01 上的表面，如图 4.131 所示。

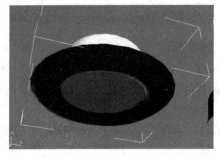 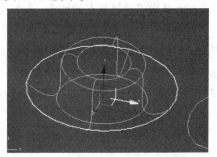

图 4.130　　　　　　　　　　　　　　　　　　图 4.131

（20）按【Delete】键，删除表面。

（21）按【F3】键返回到明暗模式，这时的视口如图 4.132 所示。

下面继续调整帽子。

（22）在编辑修改器堆栈的显示区域单击"顶点"（Vertex）次对象层次，如图 4.133 所示。

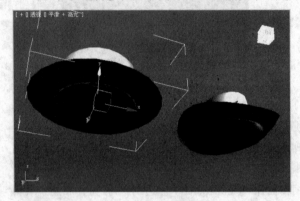

图 4.132　　　　　　　　　　　　　　　　　　　　　图 4.133

（23）在视口中右击将其激活，在视口导航控制按钮区域单击"最大化视口切换"（Max Toggle）按钮 。

（24）在前视口中使用区域选择方式选取帽子顶部的顶点。

（25）按空格键锁定选择的顶点。

（26）单击主工具栏中的"选择并均匀缩放"（Select and Uniform Scale）按钮 。

（27）单击主工具栏中的"使用选择中心"（Use Selection Center）按钮 。

（28）在前视口中将光标放置在变换 Gizmo 的 X 轴上，然后将选择的顶点缩放至 70%。

在进行缩放的时候，缩放数值显示在状态栏中。

（29）在前视口中按【L】键激活左视口。

（30）按【F3】键将其切换成明暗显示模式。

（31）在左视口中沿着 X 轴将选择的顶点缩放至 80%。

（32）单击主工具栏中的"选择并旋转"（Select and Rotate）按钮 ，然后在该按钮上右击。

（33）在弹出的"旋转变换输入"（Rotate Transform Type-In）对话框中，将"偏移：屏幕"（Offset：Screen）选项区的 Z 设置为-8。

（34）关闭"旋转变换输入"（Rotate Transform Type-In）对话框。

（35）按空格键将选择顶点的锁定。

（36）在左视口中按【F】键激活前视口。

（37）在前视口中选择帽檐外圈的顶点，如图 4.134 所示。

（38）单击主工具栏中的"选择并移动"（Select and Move）按钮 ，然后在该按钮上右击。

（39）在弹出的"旋转变换输入"（Rotate Transform Type-In）对话框中，将"偏移：屏幕"（Offset：Screen）选项区的 Y 设置为 7。

（40）关闭"旋转变换输入"（Rotate Transform Type-In）对话框，这时的帽子如图 4.135 所示。

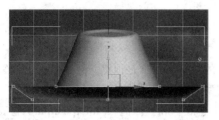
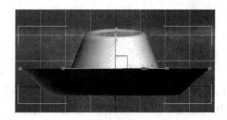

图 4.134　　　　　　　　　　　　　　图 4.135

（41）在前视口中选择并调整贝塞尔曲线（Bezier）句柄，如图 4.136 所示。

（42）在前视口中按【L】键激活左视口。

（43）在左视口中选择前面的顶点，如图 4.137 所示。

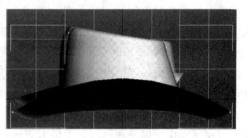

图 4.136　　　　　　　　　　　　　　图 4.137

（44）在主工具栏中的"选择并移动"（Select and Move）按钮上右击。

（45）在弹出的"旋转变换输入"（Rotate Transform Type-In）对话框中，将"偏移：屏幕"（Offset：Screen）区的 Y 设置为 7，如图 4.138 所示。

图 4.138

（46）继续编辑帽子，直到满意为止。

（47）在编辑修改器堆栈显示区域选择"面片编辑"（Edit Patch）编辑修改器，返回到最上层。图 4.139 所示就是所编辑帽子的最终效果。

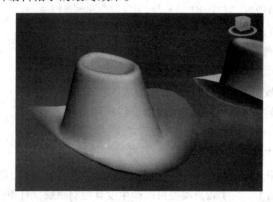

图 4.139

小　结

二维图形由一个或者多个样条线组成。样条线的最基本元素是顶点。在样条线上相邻两个顶点中间的部分是线段。用户可以通过改变顶点的类型来控制曲线的光滑度。

所有二维图形都有相同的"渲染"（Rendering）卷展栏和"插值"（Interpolation）卷展栏。如果二维图形被设置成可以渲染的，就可以指定它的厚度和网格密度。插值设置可以控制渲染结果的近似程度。

"线"（Line）工具可以创建一般的二维图形，而其他标准的二维图形工具可以创建参数化的二维图形。

二维图形的次对象包括"样条线"（Splines）、"线段"（Segments）和"顶点"（Vertices）。要访问线的次对象，需要选择"修改"（Modify）命令面板。要访问参数化的二维图形的次对象，需要应用"编辑样条线"（Edit Spline）修改器，或者将它转换成可编辑样条线（Editable Spline）。

通过应用一些诸如"挤出"（Extrude）、"倒角"（Bevel）、"倒角剖面"（Bevel Profile）、"车削"（Lathe）和"晶格"（Lattice）编辑修改器，可以将二维图形转换成三维几何体。

面片建模生成基于贝塞尔（Bezier）的表面。创建一个样条线构架，然后再应用表面编辑修改器即可创建表面。面片建模的一个很大的优点就是可以调整网格的密度。

练习与思考

一、判断题

1. "可编辑样条线"（Editable Spline）编辑修改器和"编辑样条线"（Edit Spline）编辑修改器在用法上没有什么区别。

2. 在二维图形的"插值"卷展栏中，当选择"优化"(Optimize)复选框后，"步数"（Steps）的设置不起作用。

3. 在二维图形的"插值"卷展栏中，当选择"自适应"（Adaptive）复选框后，"步数"（Steps）的设置不起作用。

4. 在二维图形的"插值"卷展栏中，当选择"自适应"（Adaptive）复选框后，直线样条线的"步数"（Steps）被设置为0。

5. 在二维图形的"插值"卷展栏中，当选择"自适应"（Adaptive）复选框后，"优化"(Optimize)和"步数"（Steps）的设置不起作用。

6. 作为运动路径样条线的第一点决定运动的起始位置。

7. "车削"（Lathe）编辑修改器的次对象不能用来制作动画。

8. "倒角"（Bevel）编辑修改器不能生成曲面倒角的文字。

9. 二维图形制作的动画效果，不能移动到由它形成的三维几何体中。

10. 对二维图形设置渲染（Render）属性可以渲染线框图。

二、选择题

1. 下面（　　）不是样条线的术语。

    A. 顶点　　　　　　B. 样条线　　　　　　C. 线段　　　　　D. 面

2. 在样条线编辑中，下面（　　）顶点类型可以产生没有控制手柄，且顶点两边曲率相等的曲线。

    A. 角点（Corner）　　　　　　　　B. Bezier

C. 平滑（Smooth）　　　　　　　　　　　　D. Bezier 角点（Bezier Corner）

3. 在二维图形的"插值"卷展栏中，当选择"自适应"（Adaptive）复选框后，3ds Max 2010 会自动计算图形中每个样条线段的步数。那么从当前点到下一点之间的角度超过（　　　）时就可以设置"步数"。

    A. 2°　　　　　　　　B. 1°　　　　　　　　C. 3°　　　　　　　　D. 5°

4. 样条线上的第一点影响下面（　　　）对象。

    A. 放样对象　　　　B. 分布对象　　　　　C. 布尔对象　　　　D. 基本对象

5. 对样条线进行布尔运算之前，应确保样条线满足一些要求。请问下面（　　　）项要求是布尔运算中所不需要的。

    A. 样条线必须是同一个二维图形的一部分

    B. 样条线必须封闭

    C. 样条线本身不能自交

    D. 样条线之间必须相互重叠

    E. 一个样条线需要完全被另外一个样条线包围

6. 下列选项中不属于基本几何体的是（　　　）。

    A. 球体　　　　　　B. 圆柱体　　　　　　C. 立方体　　　　　D. 多面体

7. Helix 是二维建模中的（　　　）。

    A. 直线　　　　　　B. 椭圆形　　　　　　C. 矩形　　　　　　D. 螺旋线

8. 下面肯定不能进行布尔运算是（　　　）。

    A. 有重叠部分的两个圆

    B. 一个圆和一个螺旋线，它们之间有重叠的部分

    C. 一个圆和一个矩形，它们之间有重叠的部分

    D. 一个圆和一个多边形，它们之间有重叠的部分

    E. 一个样条线需要完全被另外一个样条线包围

9. 下面（　　　）是多条样条线。

    A. 弧（Arc）　　　B. 螺旋线（Helix）　　C. Ngon　　　　　D. 同心圆（Donut）

10. 下面（　　　）是空间曲线。

    A. 弧（Arc）　　　B. 螺旋线（Helix）　　C. Ngon　　　　　D. 同心圆（Donut）

三、思考题

1. 3ds Max 2010 提供了哪几种二维图形？如何创建这些二维图形？如何改变二维图形的参数设置？

2. "编辑样条线"（Edit Spline）编辑修改器的次对象有哪几种类型？

3. 3ds Max 2010 中二维图形有哪几种顶点类型？各有什么特点？

4. 如何使用二维图形的布尔运算？

5. 为"样条线次对象层"次添加轮廓（Outline）时，"轮廓"值的正负，对以后的样条线布尔差集运算有何影响？

6. 尝试使用多种方法将二维不可以渲染的对象变成可以渲染的三维图形？各种方法的特点是什么？

7. "车削"（Lathe）和"倒角剖面"（Bevel Profile）的次对象是什么？如何使用它们的次对象设置动画？

8. 如何使用面片建模工具建模？

9. 尝试制作国徽上的五角星。

10. 请模仿"第 4 章"→Samples-04-15.avi 文件制作动画。

第 **5** 章　编辑修改器和复合对象

本章的主要内容是编辑修改器和复合对象的相关应用。本章首先介绍了编辑修改器的概念，然后介绍了几种常见的高级编辑修改器的使用。灵活应用复合对象，可以提高创建复杂模型的效率。这些都是 3ds Max 2010 建模中的重要内容。

通过本章的学习，用户能够掌握如下内容：

- 给场景的几何体添加编辑修改器，并能够熟练使用几个常用的编辑修改器
- 在编辑修改器堆栈显示区域访问不同的次对象层次
- 创建布尔（Boolean）、放样（Lofts）组合对象
- 学会复合对象建模的方法

5.1　编辑修改器

编辑修改器是用来修改场景中几何体的工具。3ds Max 2010 自带了许多编辑修改器，每个编辑修改器都有自己的参数集合和功能。本节就来介绍与编辑修改器相关的知识。

一个编辑修改器可以应用给场景中的一个或者多个对象，可以根据参数的设置来修改对象。同一对象也可以被应用多个编辑修改器。后一个编辑修改器接收前一个编辑修改器传递过来的参数。编辑修改器的次序对最终效果影响很大。

在编辑修改器列表中可以找到 3ds Max 2010 的编辑修改器。在命令面板上有一个编辑修改器显示区域，用来显示应用给几何体的编辑修改器，下面就来介绍这个区域。

5.1.1　编辑修改器堆栈显示区域

编辑修改器显示区域其实就是一个列表，它包含基本对象和作用于基本对象的编辑修改器。通过这个区域可以方便地访问基本对象和它的编辑修改器。图 5.1 所示为给基本对象 Box 添加的"编辑网格"（Edit Mesh）、"锥化"（Taper）和"弯曲"（Bend）编辑修改器。

如果在堆栈显示区域选择了编辑修改器，那么它的参数将显示在"修改"（Modify）命令面板的下半部分。

【实例 5.1】使用编辑修改器。

（1）启动或复位 3ds Max 2010。

（2）选择菜单栏中的"打开文件"（Open File）命令，然后选择"第 5 章"→Samples-05-01.max 文件。该文件包含两个锥，其中左边的锥已经被应用"弯曲"（Bend）编辑修改器和"锥化"（Taper）编辑修改器，如图 5.2 所示。

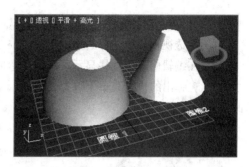

图 5.1 　　　　　　　　　　　　　　　图 5.2

（3）在前视口中选择左边的锥（Cone1）。

（4）单击"修改"（Modify）按钮，弹出"修改"（Modify）命令面板，从编辑修改器堆栈显示区域可以看出，先添加了"弯曲"（Bend）编辑修改器，又添加了"锥化"（Taper）编辑修改器，如图 5.3 所示。

（5）在编辑修改器堆栈显示区域选择"锥化"（Taper）编辑修改器，然后将它拖曳到右边的锥上（Cone 2）。这时"锥化"（Taper）编辑修改器被应用到了第 2 个锥上，如图 5.4 所示。

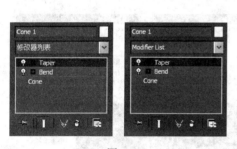 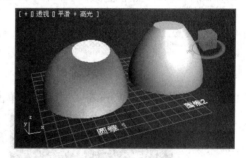

图 5.3 　　　　　　　　　　　　　　　图 5.4

（6）在透视视口中选择左边的锥（Cone 1）。

（7）在编辑修改器堆栈显示区域选择"弯曲"（Bend）编辑修改器，将它拖曳到右边的锥上（Cone 2）。

（8）在透视视口的空白区域单击，取消对右边的锥的选择（Cone 2）。

现在两个锥被应用了相同的编辑修改器，但是由于次序不同，其作用效果也不同，如图 5.5 所示。

（9）在透视视口中选择左边的锥（Cone 1）。

（10）在编辑修改器堆栈显示区域选择"弯曲"（Bend）编辑修改器，然后将它拖曳到"锥化"（Taper）编辑修改器的上面，如图 5.6 所示。

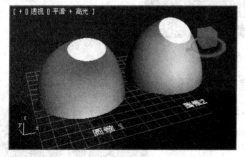 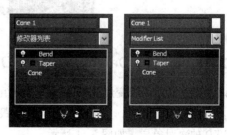

图 5.5 　　　　　　　　　　　　　　　图 5.6

此时编辑修改器的次序一样，因此两个锥的效果相似。

（11）在透视视口中选择右边的锥（Cone 2）。

（12）在编辑修改器堆栈显示区域的"弯曲"（Bend）编辑修改器上右击。

（13）在弹出的快捷菜单上选择"删除"（Delete）命令，如图 5.7 所示。"弯曲"（Bend）编辑修改器被删掉了。

（14）在透视视口中选择左边的锥（Cone 1）。

（15）在编辑修改器堆栈显示区域右击，然后在弹出的快捷菜单中选择"塌陷全部"（Collapse All）命令，如图 5.8 所示。

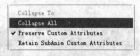

图 5.7　　　　　　　　　　　　　　　　　图 5.8

（16）在弹出的警告（Warning）对话框中单击"是（Y）"（Yes）按钮，如图 5.9 所示。

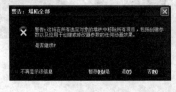

图 5.9

编辑修改器和基本对象被塌陷成"可编辑网格"（Editable Mesh）编辑修改器，如图 5.10 所示。

图 5.10

5.1.2　Free Form Deformation（FFD）编辑修改器

该编辑修改器用于变形几何体，它由一组称为格子的控制点组成。当移动控制点时，其下面的几何体也跟着变形。

FFD 的次对象层次如图 5.11 所示。

FFD 编辑修改器有 3 个次对象层次。

图 5.11

- 控制点（Control Points）：在此子对象层级，可以选择并操纵晶格的控制点，可以一次处理一个或以组为单位处理（使用标准方法选择多个对象）。操纵控制点将影响基本对象的形状。可以给控制点使用标准变形方法。当修改控制点时如果单击"自动关键点"按钮，此点将变为动画。
- 晶格（Lattice）：在此子对象层级，可从几何体中单独的摆放、旋转或缩放晶格框。如果单击"自动关键点"按钮，此晶格将变为动画。当首先应用 FFD 时，默认晶格是一个包围几何体的边界框。移动或缩放晶格时，仅位于体积内的顶点子集合可应用局部变形。
- 设置体积（Set Volume）：在此子对象层级，变形晶格控制点变为绿色，可以选择并操作控制点而不影响修改对象。这使晶格更精确地符合不规则图形对象，当变形时将提供更好的控制。

FFD 的"参数"（Parameters）卷展栏如图 5.12 所示。

FFD 的"参数"（Parameters）卷展栏包含 3 个主要区域。"显示"（Display）区域用于控制是否在视口中显示格子，还可以按没有变形的样子显示格子。

"变形"（Deform）区域可以指定编辑修改器是否影响格子外面的几何体。

"控制点"（Control Points）区域可以将所有控制点设置回它的原始位置，并使格子自动适应几何体。

图 5.12

【实例 5.2】使用 FFD 编辑修改器。

（1）启动或者复位 3ds Max 2010。

（2）选择菜单栏中的"打开文件"（Open File）命令，然后选择"第 5 章"→Samples–05–02.max 文件。该文件包含了两个对象，如图 5.13 所示。

（3）在透视视口中选择上面的对象。

（4）在"修改"（Modify）命令面板中，在编辑修改器列表中选择 FFD 3×3×3 编辑修改器，如图 5.14 所示。

图 5.13

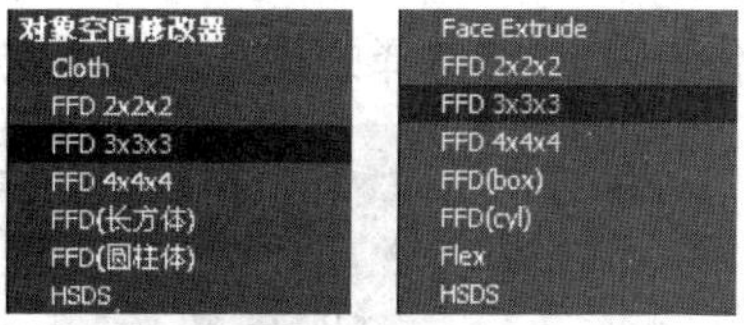

图 5.14

（5）单击编辑修改器堆栈显示区域内 FFD 3×3×3 左边的+号按钮，展开次对象层次。

（6）在编辑修改器堆栈显示区域选择"控制点"（Control Points）次对象层次，如图 5.15 所示。

（7）在前视口中使用区域选择的方式选择顶部的控制点，效果如图 5.16 所示。

图 5.15

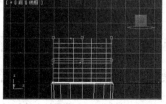

图 5.16

（8）单击主工具栏中的"选择并均匀缩放"（Select and Uniform Scale）按钮 。

（9）在顶视口中将光标移动到变换轴（Transform Gizmo）的 *XY* 坐标系的交点处，如图 5.17 所示，然后缩放控制点，调整它们的距离，如图 5.18 所示。

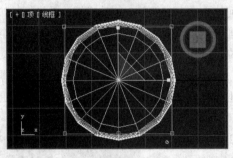

图 5.17　　　　　　　　　　　　　图 5.18

（10）在前视口中选择所有中间层次的控制点，如图 5.19 所示。

（11）在透视视口中右击将激活。

（12）在透视视口中将光标移动到变换坐标系的 *XY* 交点处，然后放大控制点，调整它们的距离，如图 5.20 所示。

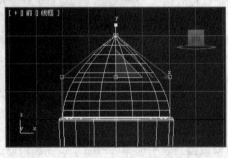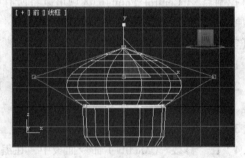

图 5.19　　　　　　　　　　　　　图 5.20

（13）单击主工具栏中的"选择并旋转"（Select and Rotate）按钮 。

（14）在透视视口中将选择的控制点旋转 45°，如图 5.21 所示。

图 5.21

（15）在编辑修改器堆栈显示区域选择 FFD 3×3×3 编辑修改器，返回到对象的最上层。

5.1.3　"噪波"（Noise）编辑修改器

"噪波"（Noise）编辑修改器可以随机变形几何体，也可以设置坐标方向的强度。"噪波"（Noise）

编辑修改器可以设置动画，因此表面变形可以随时间改变。变化的速率受"参数"（Parameters）卷展栏中"动画"（Animation）选项区中的"频率"（Frequency）影响，如图 5.22 所示。

图 5.22

"种子"（Seed）参数可改变随机图案。如果两个参数相同的基本对象被应用了一样参数的"噪波"（Noise）编辑修改器，那么变形效果将是一样的。这时改变"种子"（Seed）参数的数值将使它们的效果变得不同。

【实例 5.3】使用"噪波"（Noise）编辑修改器。

（1）启动或者复位 3ds Max 2010。

（2）选择菜单栏中的"打开文件"（Open File）命令，然后选择"第 5 章"→Samples-05-03.max 文件。该文件包含了一个简单的盒子，如图 5.23 所示。

（3）在前视口中选择盒子。

（4）在"修改"（Modify）命令面板的"修改器列表"中选择"噪波"（Noise）编辑修改器。

（5）在"修改"（Modify）命令面板的"参数"（Parameters）卷展栏中将"强度"（Strength）选项区域的 Z 设置为 50，此时盒子变形了，效果如图 5.24 所示。

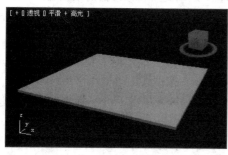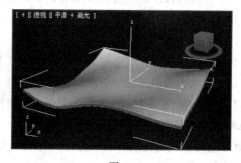

图 5.23   图 5.24

（6）在编辑修改器堆栈显示区域中，单击 Noise 左边的+号按钮，展开"噪波"（Noise）编辑修改器的次对象层次，如图 5.25 所示。

（7）在编辑修改器堆栈显示区域选择"中心"（Center）次对象层次。

（8）在透视视口中将光标移动到变换 Gizmo 的区域标记上，然后在 XY 平面移动"中心"（Center）次对象层次，如图 5.26 所示。

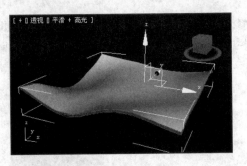

图 5.25   图 5.26

移动"噪波"（Noise）编辑修改器"中心"（Center），也可改变盒子的效果。

（9）按【Ctrl+Z】组合键，撤销上一步操作，这样可将"噪波"（Noise）的"中心"（Center）恢复到它的原始位置。

（10）在编辑修改器堆栈显示区域单击 Noise 标签，返回到"噪波"（Noise）主层次，在"修改"（Modify）命令面板的"参数"（Parameters）卷展栏中选择"分形"（Fractal）复选框。

（11）在编辑修改器堆栈显示区域选择 Box 对象，如图 5.27 所示。

（12）在"参数"（Parameters）卷展栏中设置"长度分段"（Length Segs）和"宽度分段"（Width Segs）为 20，如图 5.28 所示，盒子的形状发生了改变。

图 5.27   图 5.28

（13）在编辑修改器堆栈显示区域单击 Noise 标签，返回到编辑修改器的最顶层。

（14）在"参数"（Parameters）卷展栏的"动画"（Animation）区域选择"动画噪波"（Animate Noise）复选框。

（15）在动画控制区域中单击"播放动画"（Play Animation）按钮▶，播放动画。

（16）在动画控制区域中单击"转至开头"（Goto Start）按钮◄◄。

（17）在"修改"（Modify）命令面板的编辑修改器显示区域单击 Noise 标签左边的灯泡，如图 5.29 所示。

此时编辑修改器仍然存在，但是没有效果了。在视口中仍然可以看到作用区域的黄框，如图 5.30 所示。

（18）在编辑修改器堆栈显示区域中单击"堆栈中移除修改器"（Remove Modifier from the Stack）按钮🗑，这样就删除了"噪波"（Noise）编辑修改器，盒子仍然在原始位置。

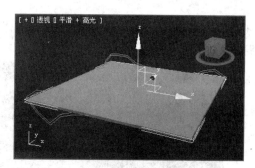

图 5.29　　　　　　　　　　　　　　　　　　　　　图 5.30

5.1.4　"弯曲"（Bend）编辑修改器

"弯曲"（Bend）编辑修改器用来对对象进行弯曲处理。用户可以调节弯曲的角度、方向及弯曲所依据的坐标轴向，还可以将弯曲修改限制在一定的区域内。在这一节将举例介绍如何灵活使用"弯曲"（Bend）编辑修改器建立模型或者制作动画。

【实例 5.4】由一个平面弯曲成一个球。

（1）启动或者复位 3ds Max 2010。

（2）在"创建"（Create）命令面板中单击"截面"（Plane）按钮。在透视视口中创建一个长、宽都为 140，长度和宽度分段都为 25 的平面，效果及参数设置如图 5.31 所示。

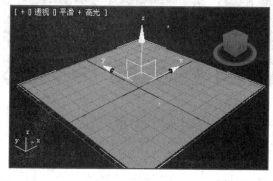

图 5.31

（3）在"修改"（Modify）命令面板中，给平面添加一个"弯曲"（Bend）编辑修改器，沿 *X* 轴将平面弯曲 360°，效果及参数设置如图 5.32 所示。

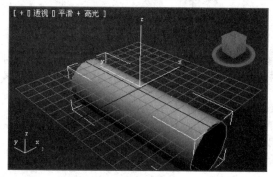

图 5.32

（4）再给平面添加一个"弯曲"（Bend）编辑修改器，沿 Y 轴将平面弯曲 180°，效果及参数设置如图 5.33 所示。

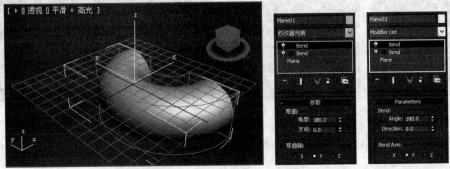

图 5.33

（5）在堆栈中单击最上层 Bend 左边的+号按钮，展开次对象层次，选择"中心"（Center）次对象层次，然后在顶视口中沿着 X 轴向左移动中心（Center），使其与球类似，如图 5.34 所示。

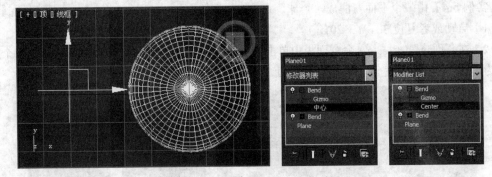

图 5.34

该例子的最后效果保存在"第 5 章"→Samples–05–04.max 文件中。

5.2 复合对象

复合对象是将两个或两个以上的对象结合起来形成的。常见的复合对象有"布尔"（Boolean）、"放样"（Lofts）和"连接"（Connect）等。

5.2.1 布尔（Boolean）

1. 布尔运算的概念和基本操作

（1）布尔对象和运算对象："布尔"（Boolean）对象是根据几何体的空间位置，结合两个三维对象形成的对象。每个参与结合的对象都被称为运算对象。通常参与运算的两个布尔对象应该有相交的部分。有效的运算操作包括：

- 生成代表两个几何体总体的对象；
- 从一个对象上删除与另外一个对象相交的部分；
- 生成代表两个对象相交部分的对象。

（2）布尔运算的类型：在布尔运算中常用的 3 种操作是：

- 并集（Union）：生成代表两个几何体总体的对象；

- 差集（Subtraction）：从一个对象上删除与另外一个对象相交的部分。可以从第一个对象上减去与第二个对象相交的部分，也可以从第二个对象上减去与第一个对象相交的部分。
- 交集（Intersection）：生成代表两个对象相交部分的对象。

差集操作的一个变形是"切割"（Cut）。切割后的对象上没有运算对象的任何网格。例如，用一个圆柱切割盒子，那么在盒子上不保留圆柱的曲面，而是创建一个有孔的对象，如图 5.35 所示。"切割"（Cut）下面还有一些其他选项，这些选项将在具体操作中介绍。

（3）创建布尔运算的方法：要创建布尔运算，需要先选择一个运算对象，然后通过"复合对象"（Compounds）标签面板或者"创建"（Create）面板中的"复合对象"（Compounds）类型来访问布尔工具。

用户界面中的运算对象被称为 A 和 B。当进行布尔运算的时候，选择的对象被当作运算对象 A，后加入的对象被当作运算对象 B。图 5.36 所示是布尔运算的"拾取布尔"卷展栏。

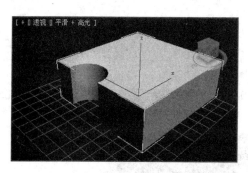

图 5.35

图 5.36

选择对象 B 之前，需要指定操作类型。操作类型有"并集"（Union）、"差集"（Intersection）及"交集"（Subtraction）。一旦选择了对象 B，就自动完成布尔运算，视口也会更新。

 技巧

也可以在选择了运算对象 B 之后，再选择运算对象。

说明：也可以创建嵌套的布尔运算对象，将布尔对象作为一个运算对象进行布尔运算，就可以创建嵌套的布尔运算。

（4）显示和更新选项：在"参数"（Parameters）卷展栏下面是"显示/更新"（Display/Update）卷展栏。该卷展栏中的"显示"选项允许按如下几种方法显示运算对象或者运算结果。

- 结果（Result）：这是默认的选项，它只显示运算的最终结果。
- 操作对象（Operands）：显示运算对象 A 和运算对象 B。
- 结果+隐藏的操作对象（Result + Hidden Operands）：显示最后的结果和运算中去掉的部分，去掉的部分按线框方式显示。

（5）表面拓扑关系的要求：表面拓扑关系指对象的表面特征。表面特征对布尔运算能否成功影响很大。对运算对象的拓扑关系有如下几点要求：

- 运算对象的复杂程度应该类似。如果在网格密度差别很大的对象之间进行布尔运算，可能会产生细长的面，从而导致不正确的渲染。
- 在运算对象上最好没有重叠或者丢失的表面。
- 表面法线方向应该一致。

2．编辑布尔对象

当创建完布尔对象后，运算对象就显示在编辑修改器堆栈的显示区域。

可以通过"修改"（Modify）命令面板编辑布尔对象和运算对象。在编辑修改器堆栈显示区域，布尔对象显示在层次的最顶层。可以展开布尔层级来显示运算对象，这样就可以访问在当前布尔对象或者嵌套布尔对象中的运算对象。用户可以改变布尔对象的创建参数，也可以给运算对象增加编辑修改器。在视口中可以更新对布尔运算对象进行的任何改变。

可以从布尔运算中分离出运算对象。分离的对象可以是原来对象的复制品，也可以是原来对象的关联复制品。如果是采用复制的方式分离的对象，那么它将与原始对象无关；如果是采用关联方式分离的对象，那么对分离对象进行的任何改变都将影响布尔对象。采用关联的方式分离对象是编辑布尔对象的一个简单方法，这样就不需要频繁使用"修改"（Modify）命令面板中的层级列表。

对象被分离后，仍然处于原来的位置，因此需要移动对象才能看得清楚。

3．创建布尔 Union 运算

（1）启动或者复位 3ds Max 2010。

（2）选择菜单栏中的"打开文件"（Open File）命令，然后选择"第 5 章"→Samples-05-05.max 文件。该文件包含了 3 个相交的盒子，如图 5.37 所示。

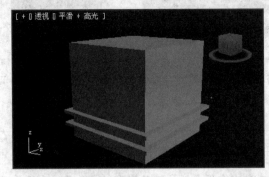

图 5.37

（3）按【H】键，弹出"从场景选择"（Select From Scene）窗口。

在"从场景选择"（Select From Scene）窗口的列表区域中显示了 Box01、Rib1 和 Rib2。

（4）在"从场景选择"（Select From Scene）窗口中单击"取消"（Cancel）按钮，关闭该对话框。

（5）在透视视口中选择大的盒子。

（6）在"创建"（Create）命令面板中，在"对象类型"上侧的下拉列表中选择"复合对象"（Compound Objects）选项，如图 5.38 所示。

（7）在"对象类型"（Object Type）卷展栏中单击"布尔"（Boolean）按钮。

（8）在"创建"（Create）命令面板的"参数"（Parameters）卷展栏中的"操作"（Operation）选项区选择"并集"（Union）单选按钮，如图 5.39 所示。

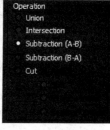

图 5.38　　　　　　　　　　　　　　　　　　　　　图 5.39

（9）在"拾取布尔"（Pick Boolean）卷展栏中单击"拾取操作对象 B"（Pick Operand B）按钮，在透视视口中选择下面的盒子（Rib1）。

这时，下面的盒子与大盒子并在一起。

（10）在"参数"（Parameters）卷展栏中列出了所有的运算对象，如图 5.40 所示。

（11）在透视视口中右击，结束布尔运算操作。

接下来继续前面的练习，创建嵌套的布尔对象。

（12）确定选择了新创建的布尔对象，在"创建"（Create）命令面板的"对象类型"（Object Type）卷展栏中单击"布尔"（Boolean）按钮。

图 5.40

（13）在"拾取布尔"（Pick Boolean）卷展栏中单击"拾取操作对象 B"（Pick Operand B）按钮，在透视视口中选择下面的盒子（Rib2）。

（14）在激活的视口上右击，结束布尔运算。

这样就创建了一个嵌套布尔运算，3 个盒子被并在了一起。

（15）按【H】键，弹出"从场景选择"（Select From Scene）窗口。该对话框的列表区域只有一个对象名称 Box01。

（16）在"从场景选择"（Select From Scene）窗口中单击"取消"（Cancel）按钮，关闭该对话框。

（17）在"修改"（Modify）命令面板的编辑修改器堆栈显示区域，单击"布尔"（Boolean）左边的+号按钮，展开次对象层次。

在"参数"（Parameters）卷展栏中显示 A：Box01 和 B：Rib2，如图 5.41 所示。其中 Box01 是一个布尔对象。

（18）在"参数"（Parameters）卷展栏中选择 Box01。

在编辑修改器堆栈显示区域有两个"布尔"（Boolean），每个代表一次布尔运算，如图 5.42 所示。

图 5.41   图 5.42

（19）在编辑修改器堆栈显示区域中，单击下面的"布尔"（Boolean）左边的+号按钮，然后选择"操作对象"（Operands）次对象层次，如图 5.43 所示。

（20）此时在"参数"（Parameters）卷展栏中显示 Box01 和 Rib1，说明它们是第一次布尔运算的运算对象，如图 5.44 所示。

图 5.43   图 5.44

（21）在编辑修改器堆栈显示区域选择"布尔"（Boolean），返回到堆栈顶层。

4．创建布尔减运算

（1）继续前面的练习，在"显示"（Display）命令面板的"隐藏"（Hide）卷展栏中，单击"全部取消隐藏"（Unhide All）按钮，此时出现了两个类似于拱门的对象，如图 5.45 所示。

（2）确定选择了 Box01。

（3）在"创建"（Create）命令面板中选择"复合对象"（Compound Object）选项。

（4）在"对象类型"（Object Type）卷展栏中单击"布尔"（Boolean）按钮。

（5）在"创建"（Create）命令面板的"参数"（Parameters）卷展栏的"操作"（Operation）选项区选择"差集（A–B）"（Subtraction （A–B））单选按钮。

（6）在"拾取布尔"（Pick Boolean）卷展栏中单击"拾取操作对象 B"（Pick Operand B）按钮，在透视视口中选择下面的盒子（Arch1），如图 5.46 所示。

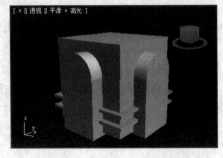

图 5.45   图 5.46

（7）在透视视口中右击，结束布尔操作。

（8）在"对象类型"（Object Type）卷展栏中单击"布尔"（Boolean）按钮。

（9）在"拾取布尔"（Pick Boolean）卷展栏中单击"拾取操作对象 B"（Pick Operand B）按钮，在透视视口中选择盒子（Arch2）。

（10）在激活的视口中右击，结束布尔操作。

最终的布尔对象如图 5.47 所示。

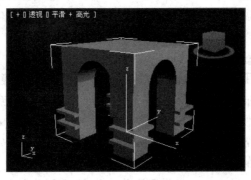

图 5.47

5.2.2 放样（Loft）

用一个或者多个二维图形沿着路径扫描就可以创建放样对象。定义横截面的图形被放置在路径的指定位置。用户可以通过插值得到截面图形之间的区域。

1. 放样基础

（1）放样的相关术语："路径"（Path）和"横截面"（Section）都是二维图形，但是在界面内分别被称为"路径"（Path）和"图形"（Shapes）。如图 5.48 所示以图的方式解释了这些概念。

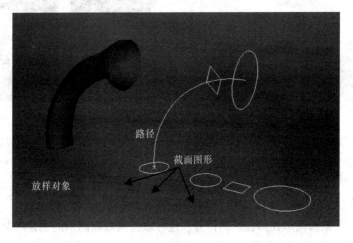

图 5.48

（2）创建放样对象：在创建放样对象之前必须先选择一个截面图形或者路径。如果先选择路径，那么开始的截面图形将被移动到路径上，以使"局部"坐标系的 Z 轴与路径的起点相切。如果先选择了截面图形，将移动路径，以使它的切线与截面图形"局部"坐标系的 Z 轴对齐。

指定的第一个截面图形将沿着整个路径扫描，并填满这个图形。要给放样对象增加其它截面图形，必须先选择放样对象，然后指定截面图形在路径上的位置，最后选择要加入的截面图形。

插值可以在截面图形之间创建表面。3ds Max 2010 使用截面图形的表面创建放样对象的表面。如果与截面图形的第一点相差很远，将创建扭曲的放样表面。也可以给放样对象添加截面图形后，旋转某个截面图形来控制扭转。

有 3 种方法可以指定截面图形在路径上的位置。指定截面图形位置时使用的是"路径参数"（Path Parameters）卷展栏，如图 5.49 所示。

- 百分比（Percentage）：用路径的百分比来指定横截面的位置。
- 距离（Distance）：用从路径开始的绝对距离来指定横截面的位置。
- 路径步数（Path Steps）：用表示路径样条线的节点和步数来指定位置。

在创建放样对象的时候，还可以设置"蒙皮参数"（Skin Parameters）卷展栏中的参数，如图 5.50 所示。可以通过设置"蒙皮参数"卷展栏中的参数调整放样的如下几个方面：

- 可以指定放样对象的顶和底是否封闭；
- 使用"图形步数"（Shape Steps）设置放样对象截面图形节点之间的网格密度；
- 使用"路径步数"（Path Steps）设置放样对象沿着路径方向的截面图形之间的网格密度。
- 在两个截面图形之间的默认插值设置是光滑的，也可以将插值设置为"线性插值"（Linear Interpolation）。

图 5.49   图 5.50

（3）编辑放样对象：可以在"修改"（Modify）命令面板编辑放样对象。"放样"（Loft）显示在编辑修改器堆栈显示区域的最顶层。在"放样"（Loft）的层级中，"图形"（Shape）和"路径"（Path）是次对象。

选择"图形"（Shape）次对象层次，然后在视口中选择要编辑的截面图形，就可以对其进行编辑。用户可以改变截面图形在路径上的位置，也可以访问截面图形的创建参数。如图 5.51（左）所示显示的图形对象是圆（Circle）。

选择"路径"（Path）次对象层次，在修改器堆栈中就显示了用作路径的"线"（Line）对象。选择"线"（Line）对象就可以对其进行编辑，可以改变路径长度以及变化方式，可以用来复制或关联复制路径，从而得到一个新的二维图形等，如图 5.51（右）所示。

图 5.51

可以使用"图形"（Sharp）次对象访问"比较"（Compare）对话框，如图 5.52 所示。这个对话框用来比较放样对象中不同截面图形的起点和位置。前面已经提到，如果截面图形的起点，也就是第一点没有对齐，放样对象的表面将是扭曲的。将截面图形拖入该对话框，便可以方便地对放样图形进行调整。同样，在视口中对放样图形进行旋转调整，"比较"（Compare）对话框中的图形也会自动更新。

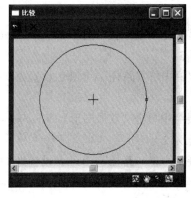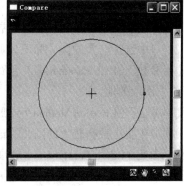

图 5.52

编辑路径和截面图形的一个简单方法是放样时采用关联选项。这样，就可以交互编辑放样对象中的截面图形和路径。如果放样的时候选择了"复制"选项，那么编辑场景中的二维图形将不影响放样对象。

2. 使用放样创建一个眼镜蛇

在这个练习中，将使用放样创建一个眼镜蛇的模型。

（1）启动或者复位 3ds Max。

（2）选择菜单栏中中的"打开文件"（Open File）命令，然后选择"第 5 章"→Samples-05-06.max 文件。该文件包含了几个二维图形，如图 5.53 所示。

（3）在透视视口中选择较大的螺旋线。

（4）在"创建"（Create）命令面板的对象下拉列表中选择"复合对象"（Compound Objects）选项。

（5）在"对象类型"（Object Type）卷展栏中单击"放样"（Loft）按钮。

路径的起始点是眼镜蛇的尾巴，因此应该放置小的圆。

（6）展开"创建方法"（Creation Method）卷展栏，单击"获取图形"（Get Shape）按钮。

（7）在透视视口中选择小圆（标记为 1），这时沿着整个路径的长度方向放置了小圆。

（8）在"路径参数"（Path Parameters）卷展栏中将"路径"（Path）设置为 10，这样就将下一个截面图形的位置指定到距离路径起始点 10% 的地方。

（9）在"蒙皮参数"（Skin Parameters）卷展栏的"显示"（Display）区域取消选择"蒙皮"（Skin）复选框。

这样将便于观察截面图形和百分比标记，如图 5.54 所示。图像中的黄色图案■■就是百分比标记。

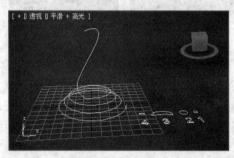

图 5.53   图 5.54

（10）在"创建方法"（Creation Method）卷展栏中单击"获取图形"（Get Shape）按钮。

（11）在透视视口中选择较大的圆（标记为）2。

（12）在"路径参数"（Path Parameters）卷展栏中将"路径"（Path）设置为 90。

这是添加第 2 个图形的地方。

（13）在"创建方法"（Creation Method）卷展栏中单击"获取图形"（Get Shape）按钮。

（14）在透视视口中再次选择较大的圆（标记为 2）。

（15）在"路径参数"（Path Parameters）卷展栏中将"路径"（Path）设置为 93。

（16）在"创建方法"（Creation Method）卷展栏中单击"获取图形"（Get Shape）按钮。

（17）在透视视口中选择较大的椭圆（标记为 3）。

（18）在"路径参数"（Path Parameters）卷展栏中将"路径"（Path）设置为 100，这样就确定了较大椭圆的位置，如图 5.55 所示。

（19）在"创建方法"（Creation Method）卷展栏中单击"获取图形"（Get Shape）按钮。

（20）在透视视口中选择较小的椭圆（标记为 4）。

（21）在激活的视口右击，结束创建操作。

放样的效果如图 5.56 所示。

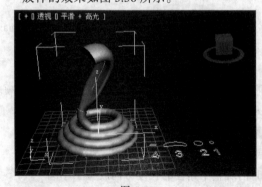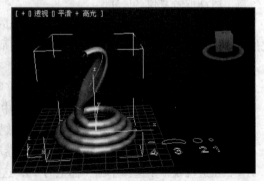

图 5.55   图 5.56

接下来调整放样对象。现在眼镜蛇头部的比例不太合适，需要将第 3 个截面图形向蛇头移动。

（1）继续前面的练习，然后选择"第5章"→Samples-05-07.max 文件。

（2）在透视视口中选中放样的眼镜蛇，在"蒙皮参数"（Skin Parameters）卷展栏的"显示"（Display）区域取消选择"蒙皮"（Skin）复选框。

（3）在"修改"（Modify）命令面板的编辑修改器堆栈显示区域单击 Loft 左边的+号按钮，展开层次列表。

（4）在编辑修改器堆栈显示区域选择"图形"（Shape）次对象，如图 5.57 所示。

（5）在透视视口中将光标移动到放样对象中的第 3 个截面图形上，然后将其选择，被选择的截面图形变成了红色，如图 5.58 所示。

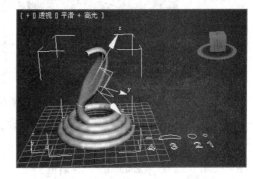

图 5.57　　　　　　　　　　　　　　　　图 5.58

此时"路径级别"（Path Level）的数值显示为 93。

（6）在"图形命令"（Shape Commands）卷展栏中将"路径级别"（Path Level）的数值设置为 98。

这时，截面图形沿着路径向前移动了，眼镜蛇的头部外观得到了明显地改善，如图 5.59 所示。

（7）在透视视口中选择放样中的第 4 个截面图形。

（8）单击主工具栏中的"选择并旋转"（Select and Rotate）按钮，然后在该按钮上右击。

（9）在弹出的"旋转变换输入"（Transform Type-In）对话框的"偏移：屏幕"（Offset: Screen）区域，将 X 值设置为 45。

这样就旋转了最后的图形，改变了放样对象的外观。

（10）关闭"旋转变换输入"（Transform Type-In）对话框。

此时蛇头的顶部略微向内倾斜，如图 5.60 所示。

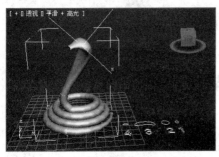

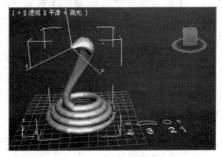

图 5.59　　　　　　　　　　　　　　　　图 5.60

（11）在"图形命令"（Shape Commands）卷展栏中单击"比较"（Compare）按钮。

（12）在弹出的"比较"（Compare）对话框单击"拾取图形"（Pick Shape）按钮。

（13）在透视视口中分别选择放样对象中的4个截面图形。

（14）单击"比较"（Compare）对话框中的"最大化显示"（Zoom Extents）按钮，如图5.61所示。

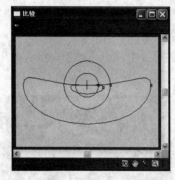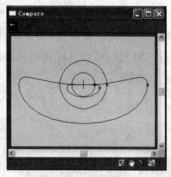

图 5.61

此时截面图形显示在"比较"（Compare）对话框中。图中的方框代表截面图形的第1点。如果第1点没有对齐，放样对象可能是扭曲的。

（15）关闭"比较"（Compare）对话框。

（16）在编辑修改器堆栈显示区域选择Loft，返回到对象的最顶层。

（17）将最后的完成文件保存为Samples–05–07f.max。

小　　结

在3ds Max 2010中，编辑修改器是编辑场景对象的主要工具。当给模型增加编辑修改器后，就可以通过参数设置来改变模型。

要减小文件大小并简化场景，可以将编辑修改器堆栈的显示区域塌陷成可编辑的网格，但是这样做将删除所有编辑修改器和与编辑修改器相关的动画。

3ds Max 2010中有几种复合对象类型，可根据几何体的相对位置生成复合的对象。有效的布尔操作包括"并集"（Union）、"差集"（Subtraction）和"交集"（Intersection）。

"放样"（Loft）可以沿着路径扫描截面图形并生成放样几何体。沿着路径的不同位置可以放置多个图形，在截面图形之间插值可生成放样表面。

"连接"（Connect）可以在网格运算对象的孔之间创建网格表面。如果两个运算对象上有多个孔，那么将生成多个表面。

练习与思考

一、判断题

1. 在3ds Max 2010中编辑修改器的次序对最后的结果没有影响。

2. "噪波"（Noise）编辑修改器可以沿着3个轴中的任意一个改变对象的节点。

3. 应用在对象"局部"坐标系的编辑修改器受对象轴心点的影响。

4. "面挤出"（Face Extrude）是一个动画编辑修改器。它影响传递到堆栈中的面，并沿法线方向拉伸面，从而建立侧面。

5. 在组合对象中，"布尔"（Boolean）使用两个或者多个对象来创建一个对象，新对象是初始对象的交、并或者差。

6. 在组合对象中，"连接"（Connect）根据一个有孔的基本对象和一个或者多个有孔的目标对象来创建连接的新对象。

7. 在放样中，所使用的截面图形必须有相同的开口或者封闭属性，也就是说，要么所有的截面都是封闭的，要么所有的截面都是不封闭的。

8. 组合对象的运算对象由两个或者多个对象组成，它们是可以编辑的运算对象。每个运算对象都可以像其他对象一样变换、编辑和动画。

二、选择题

1. "曲面"（Surface）编辑修改器生成的对象类型是（　　）。
　　A. 面片（Patch）　　　　B. NURBS　　　　C. NURMS　　　　D. 网格（Mesh）

2. 下列选项中不属于选择集编辑修改器的是（　　）。
　　A. 编辑面片（Edit Patch）　　　　　　　B. 网格选择（Mesh Select）
　　C. 放样（Loft）　　　　　　　　　　　　D. 编辑网格（Edit Mesh）

3. 能够实现弯曲物体的编辑修改器是（　　）。
　　A. 弯曲（Bend）　　　B. 噪波（Noise）　　　C. 扭曲（Twist）　　　D. 锥化（Taper）

4. 当修改子对象上的点时，应该选择此对象的（　　）。
　　A. 顶点（Vertex）　　　B. 多边形（Polygon）　　C. 边（Edge）　　　D. 元素（Element）

5. 可以在对象的一端对称缩放对象截面的编辑器为（　　）。
　　A. 贴图缩放器（Map Scaler）　　　　　B. 影响区域（Affect Region）
　　C. 弯曲（Bend）　　　　　　　　　　　D. 锥化（Taper）

6. 放样的最基本元素是（　　）。
　　A. 截面图形和路径　　　　　　　　　　B. 路径和第一点
　　C. 路径和路径的层次　　　　　　　　　D. 变形曲线和动画

7. 将二维图形和三维图形结合在一起的运算名称为（　　）。
　　A. 连接（Connect）　　　　　　　　　　B. 变形（Morph）
　　C. 布尔（Boolean）　　　　　　　　　　D. 图形合并（Shape Merge）

8. 在一个几何体上分布另外一个几何体的运算名称为（　　）。
　　A. 连接（Connect）　　B. 变形（Morph）　　C. 散布（Scatter）　　D. 一致（Conform）

9. 布尔运算中实现合并运算的选项为（　　）。
　　A. Subtraction（A–B）　　B. Cut　　　　C. Intersection　　　　D. Union

10. 在放样的时候，默认情况下截面图形上的（　　）放在路径上。
　　A. 第一点　　　　　B. 中心点　　　　　C. 轴心点　　　　　D. 最后一点

三、思考题

1. 如何为场景中的几何体添加编辑修改器？

2. 如何创建布尔运算对象？

3. 简述放样的基本过程。

4. 如何使用 FFD 编辑修改器建立模型？

5. 如何使用"噪波"（Noise）编辑修改器建立模型？如何设置"噪波"（Noise）编辑修改器的动画效果？

6. 什么样的二维图形是合法的放样路径？什么样的二维图形是合法的截面图形？

7. 制作"第 5 章"→Samples-05-05.avi 所示的例子。图 5.62 所示为最终效果。

8. 尝试制作如图 5.63 所示的花瓣模型。

图 5.62

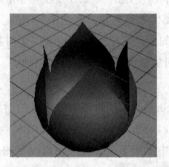

图 5.63

第 6 章 多边形建模

不管是否为游戏建模，优化模型并得到正确的细节都是成功产品的关键。如果模型中有过多的细节将增加渲染时间。

模型中使用多少细节合适呢？这就是建模的艺术性所在，人的经验在这里起着重要作用。角色在背景中快速奔跑，或者喷气飞机在高高的天空快速飞过，那么这样的模型就不需要太多的细节。

通过本章的学习，用户能够熟练进行如下工作：
- 区别 3ds Max 2010 的各种建模工具
- 使用网格对象的各个次对象层次
- 掌握网格次对象建模和编辑修改器建模的区别
- 能够正确选择次对象层次
- 使用"平滑"（Smoothing）编辑修改器
- 使用"网格平滑"（Mesh Smooth）和 HSDS 编辑修改器添加细节

6.1 3ds Max 2010 的表面

在 3ds Max 2010 中建模的时候，可以选择如下 3 种表面形式之一：
- 网格（Meshes）；
- Bezier 面片（Patches）；
- NURBS（不均匀有理 B 样条）。

1．网格

最简单的网格是由空间 3 个离散点定义的面。尽管很简单，但的确是 3ds Max 2010 中复杂网格的基础。本章后面的部分将介绍网格的各个部分，并详细介绍如何处理网格。

2．面片

当给对象应用"编辑面片"（Edit Patch）编辑修改器或者将它们转换成"可编辑面片"（Editable Patch）对象时，3ds Max 2010 可以将几何体转换成一组独立的面片。每个面片由连接边界的 3～4 个点组成，这些点可定义一个表面。

3．NURBS

术语 NURBS 代表不均匀有理 B 样条（Non-Uniform Rational B-Splines）。
- 不均匀（Non-Uniform）意味着可以影响对象上的控制点，从而产生不规则的表面。

- 有理（Rational）意味着曲线或者表面的等式被表示成两个多项式的比，而不是简单的求和多项式。有理函数可以很好地表示圆锥、球等重要曲线和曲面的模型。
- B-spline（Basis spline，基本样条线）是由 3 个或者多个控制点定义的样条线。这些点不在样条线上，与使用 Line 或者其他标准二维图形工具创建的样条线不同。后者创建的是 Bezier 曲线，它是 B-splines 的一个特殊形式。

使用 NURBS 可以用数学定义创建精确的表面。许多现代的汽车设计都是使用 NURBS 来创建光滑和流线型的表面。

6.2　对象和次对象

3ds Max 2010 中的所有场景都是建立在对象的基础上，每个对象又由一些次对象组成。一旦开始编辑对象的组成部分，就不能变换整个对象。

6.2.1　次对象层次

在这个练习中，将介绍组成 3ds Max 2010 对象的基本部分。

（1）启动或者复位 3ds Max 2010。

（2）单击"创建"（Create）命令面板中的"球体"（Sphere）按钮，在顶视口中创建一个半径为 50 个单位的球。

（3）在"修改"（Modify）命令面板中，在修改器列表（Modifier List）下拉列表中选择"编辑网格"（Edit Mesh）编辑修改器。在 3ds Max 2010 中，球是由一组次对象组成的，而不是由参数定义的。

（4）在"修改"（Modify）命令面板的编辑修改器堆栈显示区域选择（Sphere）对象，如图 6.1 所示。

图 6.1

此时卷展栏恢复到原始状态，命令面板上出现了球的参数。使用 3ds Max 2010 的堆栈可以对对象进行一系列非破坏性的编辑，这就意味着可以随时返回编辑修改器的早期状态。

（5）在顶视口中右击，然后从弹出的四元组菜单中选择"转换为"→"转换为可编辑网格"（Convent To→Convert to Editable Mesh）命令，如图 6.2 所示。

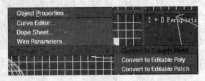

图 6.2

这时编辑修改器堆栈的显示区域只显示"可编辑网格"（Editable Mesh）。"修改"（Modify）命令面板上的卷展栏类似于"编辑网格"（Edit Mesh），球的参数化定义已经丢失，如图 6.3 所示。

图 6.3

6.2.2　"可编辑网格"编辑修改器与"编辑网格"编辑修改器的比较

"编辑网格"（Edit Mesh）编辑修改器主要用来将标准几何体、Bezier 面片或者 NURBS 曲面转换成可以编辑的网格对象。添加"编辑网格"（Edit Mesh）编辑修改器后就在堆栈的显示区域添加了层。模型仍然保持它的原始属性，并且可以通过在堆栈显示区域选择合适的层来处理对象。

将模型塌陷成"可编辑网格"（Editable Mesh）后，堆栈显示区域只有"可编辑网格"（Editable Mesh），此时对象的所有编辑修改器和基本参数都丢失了，只能在网格次对象层次编辑。当完成建模操作后，将模型转换成"可编辑网格"（Editable Mesh），这样可以大大节省系统资源。如果需要将模型输出给实时的游戏引擎，那么塌陷成"可编辑网格"（Editable Mesh）是必须的。

在后面的练习中将介绍这两种方法的不同。

6.2.3　网格次对象层次

一旦对象被塌陷成"可编辑网格"（Editable Mesh）编辑修改器或者被应用了"编辑网格"（Edit Mesh）编辑修改器，就可以使用下面的次对象层次。

（1）顶点（Vertex）：顶点是空间上的点，它是对象的最基本层次。当移动或者编辑顶点的时候，顶点所在的面也受影响。

对象形状的任何改变都会导致重新安排顶点。在 3ds Max 2010 中有很多编辑方法，但是最基本的是顶点编辑。移动顶点会导致几何体形状的变化，如图 6.4 所示。

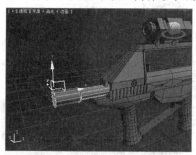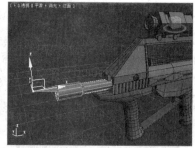

图 6.4

（2）边（Edge）：边（Edge）是可见或者不可见的线，它连接两个顶点，形成面的边。两个面可以共享一个边，如图 6.5 所示。

处理边的方法与处理顶点类似，在网格编辑中经常使用。

（3）面（Face）：面是由 3 个顶点形成的三角形。在没有面的情况下，顶点可以单独存在，但是在没有顶点的情况下，面不能单独存在。

在渲染的效果中只能看到面，而不能看到顶点和边。面是多边形和元素的最小单位，可以被指定光滑组，从而产生光滑的表面。

（4）▪多边形（Polygon）：可见线框边界内的面就是多边形。多边形是面编辑的便捷方法。

此外，某些实时渲染引擎常使用多边形，而不是 3ds Max 2010 中的三角形面。

（5）▪元素（Element）：元素是网格对象中一组连续的表面。例如，茶壶就是由 4 个不同元素组成的几何体，如图 6.6 所示。

| 图 6.5 | 图 6.6 |

当一个独立的对象被使用附加（Attach）选项附加到另外一个对象上后，这两个对象就变成新对象的元素。

【实例 6.1】在次对象层次工作。

（1）启动或者复位 3ds Max 2010。

（2）选择菜单栏中的"打开文件"（Open File）命令，然后选择"第 6 章"→Samples-06-01.max文件。

（3）在用户视口中选择枪，如图 6.7 所示。

（4）单击主工具栏中的"选择并移动"（Select and Move）按钮✛。

（5）在用户视口中移动枪，则枪会像对象一样移动。

（6）单击主工具栏中的"撤销场景操作"（Undo）按钮↩。

（7）在"修改"（Modify）命令面板中，单击"选择"（Selection）卷展栏中的"顶点"（Vertex）按钮∴。

（8）在用户视口中选择枪最前端的点，然后四处移动该顶点，此时会发现只有一个顶点受变换的影响，如图 6.8 所示。

 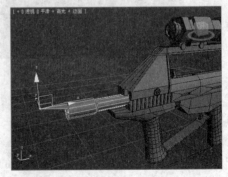

| 图 6.7 | 图 6.8 |

（9）按【Ctrl+Z】组合键，取消前面的移动操作。

（10）单击"选择"（Selection）卷展栏中的"边"（Edge）按钮 ◁ 。

（11）在用户视口中选择枪头顶部的边，然后将其四处移动，这时选择的边以及组成边的两个顶点被移动，如图 6.9 所示。

（12）按【Ctrl+Z】组合键，取消对选择边的移动操作。

（13）单击"选择"（Selection）卷展栏中的"面"（Face）按钮 ◁ 。

（14）在用户视口中选择枪头顶部的边，然后将其四处移动。

（15）在用户视口中选择枪头顶部瞄准镜的面，然后将其四处移动，这时面及组成面的 3 个点被移动了，如图 6.10 所示。

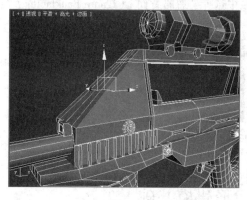

图 6.9　　　　　　　　　　　　　　　　图 6.10

（16）按【Ctrl+Z】组合键，撤销对选择面的移动操作。

（17）单击"选择"（Selection）卷展栏中的"多边形"（Polygon）按钮 ■ 。

（18）在用户视口的空白地方单击，取消对面的选择。

（19）在用户视口中选取枪底部的多边形，如图 6.11 所示。

（20）单击"选择"（Selection）卷展栏中的"元素"（Element）按钮 ◢ 。

（21）在用户视口中选择枪尾顶部的边，然后将其四处移动，如图 6.12 所示。

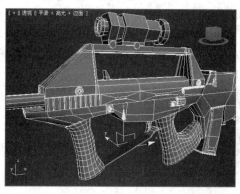
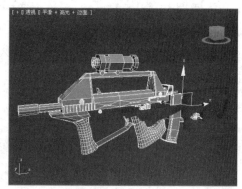

图 6.11　　　　　　　　　　　　　　　　图 6.12

由于枪尾是一个独立的元素，因此它们被一起移动。

6.2.4 常用的次对象编辑选项

1．命名的选择集

无论是在对象层次还是在次对象层次，选择集都是非常有用的工具。如果需要编辑同一组顶点，可以为顶点定义一个命名的选择集，这样就可以通过命名的选择集快速选择顶点了。通常在主工具栏中命名选择集。

2．次对象的背面（Backfacing）选项

在次对象层次选择的时候，经常会选择几何体另外一面的次对象。这些次对象是不可见的，通常也是编辑中所不需要的。

在 3ds Max 2010 的"选择"（Selection）卷展栏中选择"忽略背面"（Ignore Backfacing）复选框来解决这个问题，如图 6.13 所示。

图 6.13

背离激活视口的所有次对象将不会被选择。

6.3 低消耗多边形建模基础

常见的低消耗网格建模的方法是盒子建模（Box Modeling）。要使用盒子建模技术，首先需要创建基本的几何体（例如盒子），然后将盒子转换成"可编辑网格"（Editable Mesh）。这样就可以在次对象层次处理几何体了。通过变换和拉伸次对象使盒子逐渐接近最终的目标对象。

在次对象层次变换是典型的低消耗多边形建模技术。用户可以通过移动、旋转和缩放顶点、边和面来改变几何体的模型。

6.3.1 处理面

通常使用"编辑几何体"（Edit Geometry）卷展栏中的"挤出"（Extrude）和"倒角"（Bevel）选项来处理表面。用户可以通过输入数值或者在视口中交互拖曳来创建拉伸或者倒角的效果。图 6.14 所示为"编辑几何体"卷展栏。

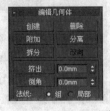

图 6.14

1．挤出（Extrude）

增加几何体复杂程度的最基本方法是增加更多的面。挤出（Extrude）是添加面的一种方法。图 6.15 所示为面拉伸前后的效果。

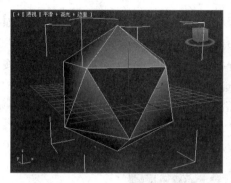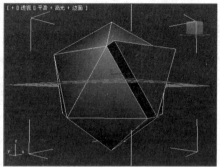

图 6.15

2. 倒角（Bevel）

倒角（Bevel）可以将面拉伸到需要的高度，然后缩小或者放大拉伸后的面。图 6.16 所示为倒角后的效果。

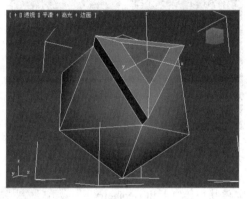

图 6.16

6.3.2　处理边

1. 通过分割边来创建顶点

创建顶点最简单的方法是分割边。当面和多边形创建完成后，可以通过分割和细分边来生成顶点。在 3ds Max 2010 中可以创建单独的顶点，但是这些点与网格对象没有关系，如图 6.17 所示。

选择网格对象的一个边　　　　　　　　　　边被分割，生成节点

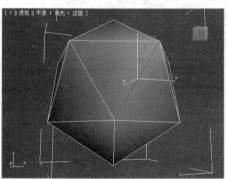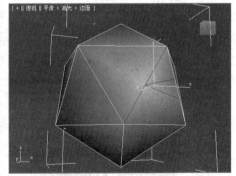

图 6.17

　　分割边后就生成一个新的顶点和两个边。在默认的情况下，这两个边是不可见的。如果要编辑一个不可见的边，需要先将它设置为可见的。有如下两种方法来设置边的可见性：第一种方法是先选择边，然后单击"曲面属性"（Surface Properties）卷展栏中的"可见"（Visible）按钮；第二种方法是在视口中右击，在弹出的快捷菜单中选择"对象属性"命令，在"对象属性"（Object Properties）对话框中"显示属性"（Display Properties）区域中选择"仅边"（Edges Only）复选框，如图6.18所示。

图 6.18

2. 切割边

　　切割边的方法是单击"编辑几何体"（Edit Geometry）卷展栏中的"剪切"（Cut）按钮，如图6.19所示。

　　使用"剪切"（Cut）选项可以在各个连续的表面上交互地绘制新的边。

 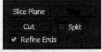

图 6.19

6.3.3　处理顶点

　　建立低消耗多边形模型的一个重要技术是顶点合并。例如，在创建人体模型时，通常建立一半模型，然后通过镜像得到另外一半模型。图6.20所示为建立人头模型的情况。

　　当采用镜像方式创建人头的另外一面时，两侧模型的顶点应该是一样的。用户可以通过调整位置使两侧面相交部分的顶点重合，然后将重合的顶点焊接在一起，从而得到完整的模型，如图6.21所示。

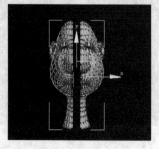 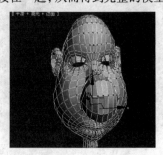

图 6.20　　　　　　　　　　　　　　　图 6.21

　　将顶点焊接在一起后，模型上的间隙将消失，重合的顶点被去掉。合并顶点有两种方法：第一种方法是先选择一定数目的顶点，然后设置合并的阈值或者直接选取合并的点，如图 6.22 所示。第二种方法是先选择重合或者不重合的顶点，然后单击"选定项"（Selected）按钮。此时，要么这些顶点被合并在一起，要么弹出对话消息框，如图 6.23 所示。

　　"选定项"（Selected）右边文本框中数值的大小决定被合并顶点之间的距离。如果顶点是重合在一起的，那么这个距离可以设置得小一点；如果需要合并顶点之间的距离较大，那么这个数值需要设置得大一些。

图 6.22　　　　　　　　　　　　　图 6.23

　　在合并顶点的时候，有时使用"目标"（Target）选项比较方便。单击"目标"（Target）按钮，可以通过拖曳的方法合并顶点。

6.3.4　修改可以编辑的网格对象

　　在这个练习中，将使用挤出（Extrude）选项来创建飞机的座舱盖。

　　（1）启动或者复位 3ds Max 2010。

　　（2）选择菜单栏中的"打开文件"（Open File）命令，然后选择"第 6 章"→Samples-06-02.max 文件。

 注 意

　　"对象属性"（Object Properties）对话框中的"仅边"（Edges Only）复选项已经被关闭，"仅边"（Edges Only）的视口属性已经被设置到用户（User）视口，这样可以更清楚地观察网格对象。

　　打开的 Samples-06-02.max 场景如图 6.24 所示。

　　（3）在用户视口中选择飞机。

　　（4）在"修改"（Modify）命令面板中，单击"选择"（Selection）卷展栏中的"多边形"（Polygon）按钮■。

　　（5）在用户视口中选择座舱区域的多边形，如图 6.25 所示。

图 6.24　　　　　　　　　　　　　图 6.25

通过观察"选择"（Selection）卷展栏的底部，就可以确认选择的面是否正确，这特别适用于次对象的选择，如图 6.26 所示。

（6）在"编辑多边形"（Edit Geometry）卷展栏将"挤出"（Extrude）的数值设置为 23。

此时选择的面被拉伸了，座舱盖有了大致的形状，如图 6.27 所示。

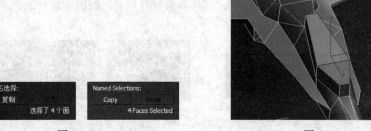

图 6.26　　　　　　　　　　　　　　　图 6.27

（7）单击"选择"（Selection）卷展栏中的"顶点"（Vertex）按钮。

（8）在前视口中使用区域选择的方式选择顶部的顶点，如图 6.28 所示。

（9）在前视口中调整顶点，效果如图 6.29 所示。

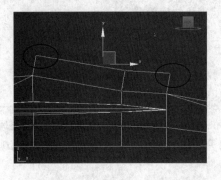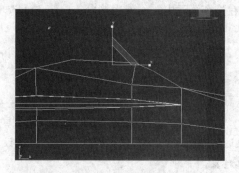

图 6.28　　　　　　　　　　　　　　　图 6.29

（10）单击主工具栏中的"选择并均匀缩放"（Non-uniform Scale）按钮。

（11）在右视口中使用区域选择的方式选择顶部剩余的两个顶点，如图 6.30（左）所示，然后沿着 X 轴将其轴缩放，效果如图 6.30（右）所示。

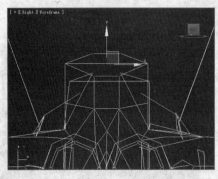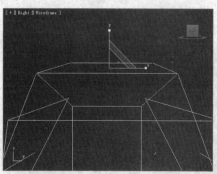

图 6.30

此时的效果如图 6.31 所示。

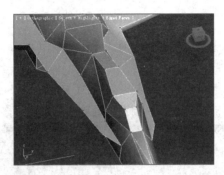

图 6.31

如果得到的效果与想象的不一样，那么可以选择菜单栏中的"打开文件"（Open File）命令，然后选择"第 6 章"→Samples-06-02f.max 文件。该文件就是用户应该得到的效果文件。

6.3.5　反转边

当使用多于 3 个边的多边形建模的时候，内部边会有不同的形式。例如一个简单四边形的内部边就有两种形式，如图 6.32 所示。

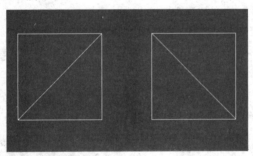

图 6.32

将内部边从一组顶点改变到另外一组顶点就称为反转边（Edge Turning）。

四边形是一个很简单的图形，因此很容易看清楚内部边。如果在复杂的三维模型上，边界的方向就变得非常重要。图 6.33 所示为被拉伸的多边形的边界。

如果反转了顶部边界，将会得到明显不同的效果，如图 6.34 所示。

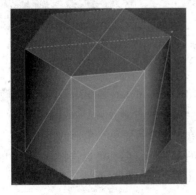

图 6.33

图 6.34

需要说明的是，尽管两个图明显不同，但是顶点位置并没有改变。

【实例 6.2】反转边。

（1）继续前面的练习，或者选择菜单栏中的"打开文件"（Open File）命令，然后选择"第 6 章"→Samples-06-03.max 文件。

（2）在视口导航控制按钮区域单击"环绕子对象"（Arc Rotate SubObject）按钮 。

（3）在用户视口中绕着机舱旋转视口，会发现机舱两侧是不对称的，如图 6.35 所示。

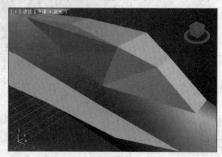

图 6.35

从图 6.35 中可以看出，长长的小三角形使机舱看起来有一个不自然的折皱。在游戏引擎中，这类三角形会出现问题，反转边可以解决这个问题。

（4）在用户视口中选择飞机。

（5）在"修改"（Modify）命令面板中，单击"选择"（Selection）卷展栏中的"边"（Edge）按钮。

（6）单击"编辑几何体"（Edit Geometry）卷展栏中的"改向"（Turn）按钮。

（7）在用户视口中选择飞机座舱左侧前半部分的边，如图 6.36 所示。

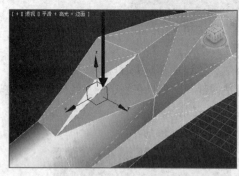

图 6.36

此时座舱看起来好多了，下面来设置右边的边。

（8）在视口导航控制按钮区域单击"环绕子对象"（Arc Rotate SubObject）按钮 。

（9）在用户视口中绕着飞机旋转视口，以便观察座舱的右侧。

（10）在"改向"（Turn）按钮激活的情况下，单击座舱后面小三角形的边，如图 6.37 所示。

现在座舱完全对称了。如果得到的效果与想象的不一样，那么可以选择菜单栏中的"打开文件"（Open File）命令，然后选择"第 6 章"→Samples-06-03f.max 文件。该文件就是用户应该得到的效果文件。

图 6.37

6.3.6 添加和简化几何体

在这一小节将使用边界细分来添加顶点，然后再使用合并顶点来简化几何体。

【实例6.3】使用边界细分。

（1）启动或者复位 3ds Max 2010。

（2）选择菜单栏中的"打开文件"（Open File）命令，然后选择"第6章"→Samples-06-04.max 文件。

（3）在"工具"（Utilities）命令面板中单击"更多"（More）按钮。

（4）在"工具"（Utilities）对话框中选择"多边形计数器"（Polygon Counter）选项，然后单击"确定"（OK）按钮，如图6.38所示。

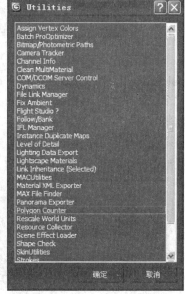

图 6.38

（5）在用户视口中选择飞机，此时在"多边形计数器"（Polygon Counter）对话框中显示出多边形的数量是414，如图6.39所示。

（6）在"修改"（Modify）命令面板的"选择"（Selection）卷展栏中单击"边"（Edge）按钮。

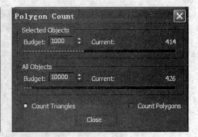

图 6.39

（7）选择"选择"（Selection）卷展栏中的"忽略背面"（Ignore Backfacing）复选框，可避免修改看不到的面。

（8）在"编辑几何体"（Edit Geometry）卷展栏中单击"拆分"（Divide）按钮。

（9）在顶视口中选择如图 6.40 所示的 3 个边。

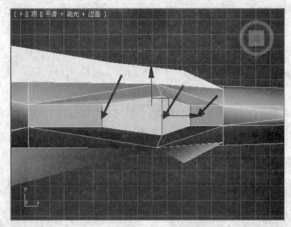

图 6.40

此时，新的顶点出现在 3 个边的中间。

（10）这时"多边形计数器"（Polygon Counter）对话框中显示出飞机的多边形数是 420。

（11）在"编辑几何体"（Edit Geometry）卷展栏中单击"拆分"（Divide）按钮。

（12）在"编辑几何体"（Edit Geometry）卷展栏中单击"改向"（Turn）按钮。

（13）在顶视口中反转图 6.40 中深颜色的边，效果如图 6.41 所示。

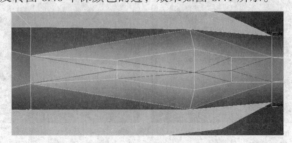

图 6.41

由图 6.41 可以看到，尽管增加了 3 个顶点，但是模型的外观并没有改变，必须通过移动顶点来改变模型。

（14）在"编辑几何体"（Edit Geometry）卷展栏中单击"改向"（Turn）按钮。

下面将使用"目标"（Target）选项来合并顶点。

（15）在"选择"（Selection）卷展栏中单击"顶点"（Vertex）按钮 。

（16）在"编辑几何体"（Edit Geometry）卷展栏的"焊接"（Weld）区域中单击"目标"（Target）按钮。

（17）在用户视口中将如图 6.42 所示的顶点拖曳到中心的顶点上。

此时，3 个顶点被合并在一起，如图 6.43 所示。

图 6.42 　　　　　　　　　　　　　图 6.43

技巧

在前视口中合并顶点要方便一些。

（18）合并完成后单击"目标"（Target）按钮。

接下来使用选定区域（Selection）合并顶点。

用目标（Target）合并顶点可以得到准确的结果，但是速度较慢。使用选定区域（Selection）可以快速合并顶点。

（19）继续前面的练习。在顶视口中使用区域选择的方法选择座舱顶部所有的顶点，如图 6.44 所示。

（20）在"编辑几何体"（Edit Geometry）卷展栏的"焊接"（Weld）区中，将"选定项"（Selected）的数值设置为 20。

（21）单击"焊接"（Weld）区域的"选定项"（Selected）按钮。

此时顶点被合并在一起，座舱盖发生了变化，如图 6.45 所示。

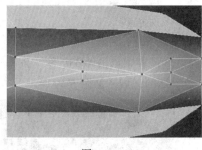 

图 6.44 　　　　　　　　　　　　　图 6.45

此时"多边形计数器"（Polygon Counter）对话框中显示有 408 个多边形。

如果得到的效果与想象的不一样，可以选择菜单栏中的"打开文件"（Open File）命令，然后选择"第 6 章"→Samples-06-04f.max 文件。该文件就是用户应该得到的效果文件。

6.3.7 使用"面挤出"及"倒角"编辑修改器创建推进器的锥体

3ds Max 2010 的重要特征之一就是可以使用多种方法完成同一任务。在下面的练习中，将创建飞机后部推进器的锥体。这次采用的方法与前面的不同。前面一直是在次对象层次编辑，这里将使用"面挤出"（Face Extrude）编辑修改器来拉伸面。

添加编辑修改器后堆栈中将会有历史记录，这样即使完成建模，仍可以返回来进行参数的修改。

在下面练习中，将使用"面挤出"（Face Extrude）、"网格选择"（Mesh Select）和"编辑网格"（Edit Mesh）编辑修改器。

【实例 6.4】使用"面挤出"（Face Extrude）、"网格选择"（Mesh Select）和"编辑网格"（Edit Mesh）编辑修改器。

（1）启动或者复位 3ds Max 2010。

（2）单击"打开文件"（Open File）按钮，然后选择"第 6 章"→Samples–06–05.max 文件。

（3）在用户视口中选择飞机。

（4）在"修改"（Modify）命令面板中，单击"选择"（Selection）卷展栏中的"多边形"（Polygon）按钮 。

（5）在用户视口中选择飞机尾部右侧将要生成锥体的区域，如图 6.46 所示。

（6）在"修改"（Modify）命令面板的编辑修改器堆栈列表中选择"面挤出"（Face Extrude）编辑修改器。

（7）在"参数"（Parameters）卷展栏中将"数量"（Amount）设置为 20，"比例"（Scale）设置为 80，如图 6.47 所示。

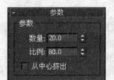

图 6.46　　　　　图 6.47

此时多边形被拉伸并缩放，形成了锥形，如图 6.48 所示。

（8）在编辑修改器列表中选择"网格选择"（Mesh Select）编辑修改器。

（9）在"网格选择参数"（Mesh Select Parameters）卷展栏中单击"多边形"（Polygon）按钮 。

（10）在用户视口中选择飞机尾部左侧将要生成锥体的区域，如图 6.49 所示。

图 6.48　　　　　图 6.49

（11）在编辑修改器堆栈显示区域的"面挤出"（Face Extrude）编辑修改器上右击，然后从弹出的快捷菜单中选择"复制"（Copy）命令，如图 6.50 所示。

（12）在编辑修改器堆栈显示区域的"网格选择"（Mesh Select）编辑修改器上右击，然后从弹出的快捷菜单中选择"粘贴实例"（Paste Instanced）命令，此时在编辑修改器堆栈显示区域有两个"面挤出"（Face Extrude）编辑修改器，如图 6.51 所示。

图 6.50   图 6.51

编辑修改器堆栈显示区域的"面挤出"（Face Extrude）编辑修改器用斜体表示，表明是关联的编辑修改器。这时的效果如图 6.52 所示。

从这个操作可以看到，复制编辑修改器可以简化操作。

（13）在编辑修改器列表中选择"编辑网格"（Edit Mesh）编辑修改器。

（14）单击"选择"（Selection）卷展栏中的"多边形"（Polygon）按钮 ■。

（15）在用户视口中选择两个圆锥的末端多边形，如图 6.53 所示。

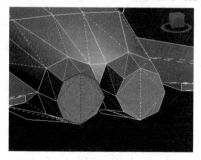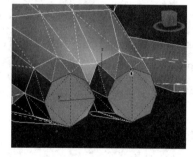

图 6.52   图 6.53

（16）在"编辑几何体"（Edit Geometry）卷展栏将"挤出"（Extrude）设置为-30，会发现飞机尾部出现了凹陷。

说明：这里最好用手工输入－30这个数值，如果使用微调器，那么必须在不释放鼠标的情况下将数值调整为－30，否则可能会产生一组面。

（17）在"编辑几何体"（Edit Geometry）卷展栏中将"倒角"（Bevel）数值设置为-5。

这样就完成了推进器的锥体建模，飞机的尾部如图 6.54 所示。

如果需要改变"面挤出"（Face Extrude）的数值，可以在编辑修改器堆栈显示区域中选择"面挤出"（Face Extrude）编辑修改器，然后设置其参数。

（18）在编辑修改器堆栈显示区域中选择任何一个"面挤出"（Face Extrude）编辑修改器，如图 6.55 所示，然后在弹出的警告消息框中单击"确定"（Yes）按钮。

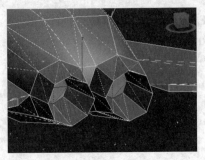

图 6.54   图 6.55

（19）在"参数"（Parameters）卷展栏中将"数量"（Amount）设置为40，"比例"（Scale）设置为60，如图 6.56 所示。

这时的飞机效果如图 6.57 所示。

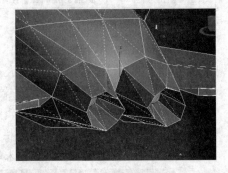

图 6.56   图 6.57

如果得到的效果与想象的不一样，那么可以单击"打开文件（Open File）按钮，然后选择"第6章"→Samples-06-05f.max 文件。该文件就是用户应该得到的效果文件。

6.3.8   光滑组

光滑组可以融合面之间的边界，从而产生光滑的表面。它只是一个渲染特性，不改变几何体的面数。

通常情况下，在 3ds Max 2010 中创建的几何体都设置了光滑选项。例外的情况是，使用拉伸方法建立的面没有被指定光滑组，需要人工指定光滑组。

如图 6.58 所示的飞机没有应用光滑组。如图 6.59 所示的飞机应用了光滑组。

图 6.58   图 6.59

【实例6.5】使用光滑组。

（1）启动或者复位 3ds Max 2010。

（2）选择"打开文件"（Open File）命令，然后选择"第 6 章"→Samples-06-06.max 文件。打开文件后的场景如图 6.60 所示。

该文件的所有多边形被指定了同一个光滑组。这个模型看起来有点奇怪，这是因为所有侧面都是向同一方向进行处理的。

（3）在用户视口中选择飞机。

（4）在"选择"（Selection）卷展栏中单击"元素"（Element）按钮 。

（5）在视口标签上右击，然后在弹出的快捷菜单中选择"边面"（Edged Faces）命令，这样便于编辑时清楚地观察模型。

（6）在用户视口中选择两个机翼、两个稳定器、两个方向陀和两个推进器。

（7）单击"选择"（Selection）卷展栏中的"隐藏"（Hide）按钮。

现在只有机身可见，如图 6.61 所示。

图 6.60　　　　　　　　　　　　　　　　图 6.61

（8）单击"选择"（Selection）卷展栏中的"多边形"（Polygon）按钮 。

（9）在视口导航控制按钮区域单击"最大化视口切换"（Min/Max Toggle）按钮 ，将显示一个视口。

（10）在用户视口中选择所有座舱罩的多边形，如图 6.62 所示。

（11）在"曲面属性"（Surface Properties）卷展栏的"平滑组"（Smoothing Groups）选项区清除 1，然后选择 2，则座舱罩的明暗情况发生了改变，如图 6.63 所示。

（12）在用户视口中机身外的任何地方单击，取消对机身的选择。

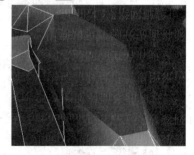

图 6.62

（13）在用户视口的视口标签上右击，然后从弹出的快捷菜单中取消对"边面"（Edged Faces）命令的选择。

现在座舱罩尽管还是光滑的，但是已经与机身区分开来，如图 6.64 所示。

如果得到的效果与想象的不一样，那么可以选择"打开文件"（Open File）命令，然后选择"第 6 章"→Samples-06-06f.max 文件。该文件就是用户应该得到的效果文件。

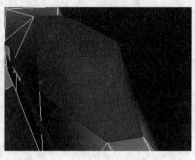

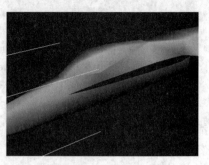

图 6.63   图 6.64

6.3.9 细分表面

通常建模的时候，使用低多边形网格建模。对于电影和视频来讲，通常使用较多的是多边形。这样创建的模型细节很多，渲染后也比较光滑。将简单模型转换成复杂模型是一件简单的事情，但是反过来却不一样。如果没有优化工具，将复杂多边形模型转换成简单多边形模型是一件困难的事情。

添加简单多边形网格模型像添加编辑修改器一样简单。可以添加几何体的编辑修改器类型有以下几种。

- 网格平滑（MeshSmooth）："网格平滑"（MeshSmooth）编辑修改器可以通过沿着边和角添加面来光滑几何体。
- HSDS（表面层级细分，Hierarchal SubDivision Surfaces）：这个编辑修改器一般作为最终的建模工具，它可以添加细节并自适应地细化模型。
- 细化（Tessellate）：这个编辑修改器可以给选择的面或者整个对象添加面。

这些编辑修改器与光滑组不同，光滑组不增加几何体的复杂度，当然光滑效果也不会比这些编辑修改器好。

【实例 6.6】平滑简单的多边形模型。

（1）启动或复位 3ds Max 2010。

（2）选择"打开文件"（Open File）命令，然后选择"第 6 章"→Samples-06-07.max 文件。该该文件包含一个简单的人物模型，如图 6.65 所示。

（3）在透视视口中选择该模型。

（4）在"修改"（Modify）命令面板中，在编辑修改器列表中选择"网格平滑"（MeshSmooth）编辑修改器。

此时模型并没有改变。

（5）在"细分量"（Subdivision Amount）卷展栏中将"迭代次数"（Iteration）设置为 1。

此时可以看到模型平滑了很多，如图 6.66 所示。

（6）按【F4】键隐藏边面（Edged Faces），这样会清楚地看到平滑效果。

（7）将"迭代次数"（Iteration）数值设置为 2。

此时网格变得非常平滑了，如图 6.67 所示。

通过比较光滑前后的模型，就可以发现平滑后的模型变得细腻光滑。

图 6.65   图 6.66   图 6.67

下面进一步改进这个模型。

（8）在"局部控制"（Local Control）卷展栏中选取"子对象
级别"（Subobjef Lenth），单击"顶点"（Vertex）按钮，如
图 6.68 所示。

（9）在透视视口中使用区域选择的方法选择模型肩部的几个
点，如图 6.69 所示。

（10）调整这些控制点，当移动低分辨率控制点的时候，高分
辨率的网格会光滑变形，如图 6.70 所示。

图 6.68

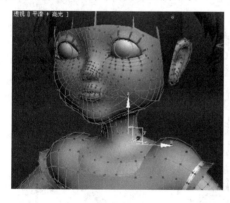
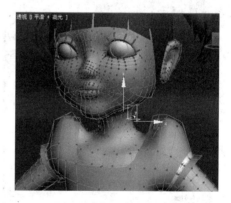

图 6.69   图 6.70

可以通过在编辑修改器堆栈显示区域选择"可编辑网格"（Editable Mesh）编辑修改器在次对
象层次完成该操作。该编辑修改器的建模功能非常强大。

6.4 网格建模创建模型

网格建模是 3ds Max 2010 的重要建模方法，被广泛应用于机械、建筑和
游戏等领域。网格建模创建的模型比较简单，计算速度快。下面来介绍如何
制作足球模型，如图 6.71 所示。

【实例 6.7】创建足球模型。

（1）启动或者复位 3ds Max 2010。

图 6.71

（2）在"对象类型"上面的下拉列表中选择"扩展基本体"（Extended Primitives）选项，单击"创建"（Create）命令面板中的"异面体"（Hedra）按钮，在透视视口中创建一个半径为1000.0mm的多面体。

（3）在"修改"（Modify）命令面板中，在"异面体"（Hedra）命令面板的"参数"（Parameters）卷展栏中的"系列"（Family）选项区中选择"十二面体/二十面体"（Dodec|Icos）选项，设置"系列参数"（Family Parameters）选项区域中的 P 为 0.36，其他参数不变。

这时的多面体如图 6.72 所示。它的面是由五边形和六边形组成，与足球的面构成类似。

现在存在的问题是面没有厚度。要给面增加厚度，必须将面先分解。可以使用"编辑网格"（Edit Mesh）或者"可编辑网络"（Editable Mesh）编辑修改器来分解面。

（4）确定选择多面体，给它添加一个"编辑网格"（Edit Mesh）编辑修改器。在"选择"（Selection）卷展栏中单击"多边形"（Polygon）按钮，然后在场景中选择所有面。

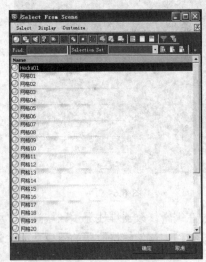

图 6.72

（5）确定在"编辑几何体"（Edit Geometry）卷展览中"炸开"（Explode）按钮下面选择了"对象"（Object）选项，然后单击"炸开"（Explode）按钮，在弹出的"炸开"（Explode）对话框中单击"确定"（Ok）按钮。

这样就将球的面分解成了独立的几何体，可以用"从场景选择"（Select From Scene）对话框查看，如图 6.73 所示。

图 6.73

（6）单击编辑修改器堆栈显示区域中的"编辑网格"（Edit Mesh）编辑修改器，到堆栈的最上层。使用区域选择的方法选择场景中的所有对象，然后给选择的对象添加"网格选择"（Mesh Select）编辑修改器。

（7）单击"网格选择参数"(Mesh Select Parameters)卷展栏中的"多边形"（Polygon）按钮，到场景中选择所有的面。

（8）给选择的面添加"面挤出"（Face Extrude）编辑修改器，将"参数"（Parameters）卷展栏中的"数量"（Amount）设置为 5.0,"比例"（Scale）设置为 90,此时的效果及参数设置如图 6.74 所示。

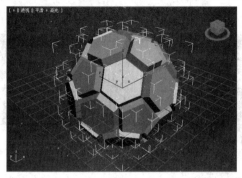

图 6.74

现在足球的面有了厚度,但是看起来非常硬,不像真正的足球。

（9）给场景中所选择的几何体增加"网格平滑"（Mesh Smooth）编辑修改器,在"细分方法"（Subdivision Method）卷展栏中,将"细分方法"（Subdivision Method）设置为"四边形输出"（Quad Output）,将"参数"（Parameters）卷展栏中的"强度"（Strength）设置为 0.6,其他参数不变。

这时足球变的平滑了,效果及参数设置图 6.75 所示。

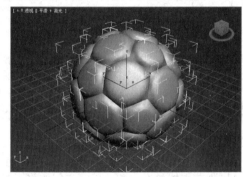

图 6.75

此时足球的形状创建完成,但是颜色还不符合要求,下面就为足球设计材质。

（10）按【M】键,打开"材质编辑修改器"窗口。

（11）单击 Standard 按钮,在弹出的"材质/贴图浏览器"（Material / Map Browser）对话框中选择"多维/子对象"（Mult/Sub-Object）选项,单击"确定"（Ok）按钮。在弹出的"替换材质"（Replace Material）对话框中单击"确定"（Ok）按钮。

这时,材质的类型被设置成了"多维/子对象"（Mult→Sub-Object）,可以根据面得 ID 号指定材质。足球的两类面（五边形和六边形）的 ID 号分别是 2 和 3。

（12）将"多维/子对象"（Mult/Sub-Object）中 ID 号为 2 的材质的颜色设置为白色,ID 号为 3 的材质的颜色设置为黑色。

（13）确定选择了场景中足球的所有几何体,然后将材质指定给选择的几何体即可,效果及参数设置如图 6.76 所示。

该例子的最后效果保存在"第 6 章"→Samples-06-08.max 文件中。

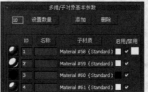

图 6.76

小　结

　　建模方法非常重要，在这一章介绍了多边形建模的简单操作，并介绍了网格次对象的元素：顶点（Vertices）、边（Edges）、面（Faces）、多边形（Polygons）和元素（Elements）。此外，还介绍了编辑修改器和变换之间的区别。通过使用面拉伸、边界细分等技术，可以增加几何体的复杂程度。顶点合并可以减少面数。用户使用可编辑多边形（Editable Poly）可以方便地对多边形的面进行分割、拉伸，从而创建出复杂的模型。

练习与思考

一、判断题

1. "编辑网格"（Edit Mesh）是能够访问次对象，但不能够给堆栈传递次对象选择集的编辑修改器。
2. "面挤出"（Face Extrude）是一个动画编辑修改器。它影响传递到堆栈中的面，并可以沿法线方向拉伸面，从而建立侧面。
3. NURBS 是 Non Uniform Rational Basic Spline 的缩写。
4. 使用"编辑网格"（Edit Mesh）编辑修改器可以把节点连接在一起，就一定能够将不封闭的对象封闭起来。
5. 可编辑网格（Editable Mesh）类几何体需要通过可编辑面片（Editable Patch）才能转换成 NURBS。

二、选择题

1. "网格平滑"（Mesh Smooth）编辑修改器的（　　　）可以控制节点的权重。
   A. Classic　　　　　　B. NURMS　　　　　　C. NURBS　　　　　　D. Quad Output
2. 下面（　　　）编辑修改器不可以改变几何对象的平滑组。
   A. 平滑（Smooth）　　　　　　　　B. 网格平滑（Mesh Smooth）
   C. 编辑网格（Edit Mesh)　　　　　D. 弯曲（Bend）
3. 使用（　　　）编辑修改器可以改变面的 ID 号。
   A. 编辑网格（Edit Mesh）　　　　B. 网格选择（Mesh Select）
   C. 网格平滑（Mesh Smooth）　　　D. 编辑样条线（Edit Spline）
4. 下面（　　　）是"编辑网格"（Edit Mesh）编辑修改器的次对象层次。
   A. 顶点、边、面、多边形和元素　　B. 顶点、线段和样条线
   C. 顶点、边界和面片　　　　　　　D. 顶点、CV 线和面

5. 能实现分层细分功能的编辑修改器是（　　　）。

    A. 编辑网格（Edit Mesh）   B. 编辑面片（Edit Patch）

    C. 网格平滑（Mesh Smooth）   D. HSDS

6. 下面（　　　）不能直接转换成 NURBS。

    A. 标准几何体   B. 扩展几何体

    C. 放样几何体   D. 布尔运算得到的几何体

7. 下面（　　　）可以将 Editable Mesh 对象转换成 NURBS。

    A. 直接可以转换   B. 通过可编辑多边形（Editable Poly）

    C. 通过可编辑面片（Editable Patch）   D. 不能转换

8. 下面（　　　）编辑修改器可以将 NURBS 转换成网格（Mesh）。

    A. 编辑网格（Edit Mesh）   B. 编辑面片（Edit Patch）

    C. 编辑样条线（Mesh Spline）   D. 编辑多边形（Editable Poly）

9. 下面（　　　）可以将散步（Scatter）对象转换成 NURBS。

    A. 直接转换

    B. 通过可编辑多边形（Editable Poly）和可编辑面片（Editable Patch）

    C. 通过可编辑网格（Editable Mesh）和可编辑面片（Editable Patch）

    D. 通过可编辑面片（Editable Patch）

10. 下面（　　　）可以直接转换成 NURBS。

    A. 放样（Loft）   B. 布尔（Boolean）   C) 散布（Scatter）   D. 变形（Conform）

三、思考题

1. "编辑网格"（Edit Mesh）编辑修改器和"可编辑网格"（Editable Mesh）编辑修改器在用法上有何异同？

2. "编辑网格"（Edit Mesh）编辑修改器有哪些次对象层次？

3. 编辑顶点的常用工具有哪些？

4. "面挤出"（Face Extrude）编辑修改器的主要作用是什么？

5. "网格选择"（Mesh Select）编辑修改器的主要作用是什么？

6. "网格平滑"（Mesh Smooth）编辑修改器的主要作用是什么？

7. HSDS 编辑修改器与"网格平滑"（Mesh Smooth）编辑修改器在用法上有什么异同？

8. 尝试制作如图 6.77 所示的花蕊模型。

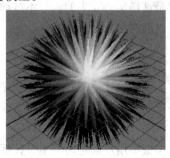

图 6.77

第 **7** 章 动画和动画技术

本章主要介绍 3ds Max 2010 的基本动画技术和轨迹视图（Track View）。通过本章的学习，用户能够掌握如下内容：

- 理解关键帧动画的概念
- 学会使用轨迹栏（Track Bar）编辑关键帧
- 掌握显示轨迹线（Trajectories）的方法
- 了解基本的动画控制器
- 学会使用轨迹视图（Track View）创建和编辑动画参数
- 掌握创建对象链接关系的方法
- 掌握创建简单的正向运动动画

7.1 动　　画

动画的传统制作过程是这样的：首先制作许多图像，这些图像显示的是对象在特定运动中的各种姿势及相应的周围环境，然后快速播放这些图像，使之看起来是光滑流畅的动作。从某种意义上讲，根据真实场景拍摄的电影、电视属于这种动画定义的范畴，因为电影或电视首先拍摄真实场景的图像，然后进行播放。

动画与影视的区别在于产生图像的过程不同。影视用摄像机拍摄图像，然后播放；而传统动画要求绘制每一幅图像，然后设置为帧，再播放。

这一过程的不同使得动画时间的设置与帧的关系非常密切。每一幅图像或胶片上的帧都必须手工绘制、着墨、上色，这个过程使得动画制作人员不得不考虑以下问题：这个动作用几帧完成？应该在哪一帧中发生？

在 3ds Max 2010 内部，动画就是这样实时发生的。只不过动画师不必一定要等到渲染时才决定哪一动作持续多长时间，相反可以随时更改并观看效果。

7.1.1 关键帧动画

传统动画十分依赖关键帧技术。动画设计师需要按动画顺序画出许多重要的帧，即关键帧。由助手去完成关键帧之间的帧。根据动画的难易程度，动画主设计师可能要画许多空间上相近的关键帧，或只是画几幅关键帧。

3ds Max 2010 的工作方式与此类似。用户就是动画主设计师，负责设计特定时刻的动画关键帧，从而精确设定所要发生的事情，以及什么时候发生。3ds Max 2010 就是用户的助手，它负责设计关键帧之间的动画。

1. 3ds Max 2010 中的关键帧

由于动画中的帧数很多，因此手工定义每一帧的位置和形状是很困难的，3ds Max 2010 极大地简化了这个工作。3ds Max 2010 可以通过时间线上几个关键点定义的对象位置，自动计算连接关键点之间的其他点位置，从而得到一个流畅的动画。在 3ds Max 2010 中，需要手工定位的帧称为关键帧。

需要注意的是，在动画中，位置并不是唯一可以设置动画的特征。在 3ds Max 2010 中的位置、旋转、比例、参数变化和材质特征等参数都可以设置动画。因此，3ds Max 2010 中的关键帧只是在时间的某个特定位置指定了一个特定数值的标记。

2. 插值

根据关键帧计算中间帧的过程称之为插值。3ds Max 2010 使用控制器进行插值。3ds Max 2010 的控制器很多，因此插值方法也很多。

3. 时间配置

3ds Max 2010 是根据时间来定义动画的，最小的时间单位是"点"（Tick），一个点相当于 1/4800 秒。在用户界面中，默认的时间单位是帧。需要注意的是，帧并不是严格的时间单位。同样是 25 帧的图像，对于 NTSC 制式电视来讲，时间长度不够 1 秒；对于 PAL 制式电视来讲，时间长度正好 1 秒；对于电影来讲，时间长度大于 1 秒。由于 3ds Max 2010 记录与时间相关的所有数值，因此在制作完动画后再改变帧速率和输入格式，系统将自动进行调整以适应所做的改变。

默认情况下，3ds Max 2010 显示时间的单位为帧，帧速率为每秒 30 帧。

可以单击"时间配置"（Time Configuration）按钮，在"时间配置"（Time Configuration）对话框中，来设置帧速率和时间的显示，如图 7.1 所示。

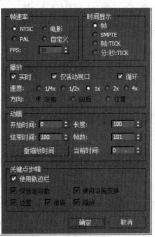

图 7.1

"时间配置"（Time Configuration）对话框包含以下几个区域。

（1）帧速率（Frame Rate）

在这个区域可以设置播放速度，可以在预设置的 NTSC（National Television Standards Committee）、"电影"（Film）或者 PAL（Phase Alternate Line）之间进行选择，也可以使用"自定义"设置。NTSC 的"帧速率"是 30fps（每秒帧），PAL 的"帧速率"是 25fps，"电影"（Film）的"帧速率"是 24fps。

（2）时间显示（Time Display）

这个区域可以设置时间的显示方式，显示方式有以下几种。

- 帧（Frames）：为 3ds Max 2010 默认的显示方式。
- SMPTE：全称是 Society of Motion Picture and Television Engineers，即电影电视工程协会。显示方式为分、秒和帧。
- 帧:TICK：FRAMES: TICK。
- 分:秒:TICK：MM: SS: TICK。

（3）播放（Playback）

这个区域用于设置在视口中播放动画的方式，也可以指定帧速率。如果机器的播放速度跟不上指定的帧速度，那么将丢掉某些帧。

（4）动画（Animation）

动画区域用于指定激活的时间段。激活的时间段是可以使用时间滑块直接访问的帧数。用户可以在这个区域缩放总帧数。如果当前的动画有 300 帧，现在需要将动画变成 500 帧，而且保留原来的关键帧不变，那么就需要缩放时间。

（5）关键点步幅（Key Steps）

该区域的参数用于控制如何在关键帧之间移动时间滑块。

4．创建关键帧

要在 3ds Max 2010 中创建关键帧，必须在单击"自动关键点"（Auto Key）"按钮的情况下在非第 0 帧改变某些对象。一旦进行了某些改变，原始数值被记录在第 0 帧，新的数值或者关键帧数值被记录在当前帧，这时第 0 帧和当前帧都是关键帧。这些改变可以是变换的改变，也可以是参数的改变。如果创建了一个球，并且在非第 0 帧改变球的半径参数，3ds Max 2010 将创建一个关键帧。只要"自动关键点"（Auto Key）"按钮处于打开状态，就一直处于记录模式，3ds Max 2010 将记录用户在非第 0 帧所做的任何改变。

创建关键帧之后就可以拖曳时间滑块来观察动画。

5．播放动画

通常在创建了关键帧后就要观察动画，用户可以通过拖曳时间滑块来观察动画。除此之外，还可以单击时间控制按钮区域的"播放按钮"播放动画。下面介绍时间控制按钮区域的按钮。

▶播放动画（Play Animation）：用来在激活的视口播放动画。

⏹停止动画（Stop Animation）：该按钮用来停止播放动画。单击"播放动画"（Play Animation）按钮▶播放动画后，"播放动画"（Play Animation）按钮▶就变成了"停止动画"（Stop Animation）按钮⏹。单击"停止动画"按钮后，动画被停在当前帧。

▷播放选定对象（Play Selected）：它是"播放动画"（Play Animation）按钮▶的弹出按钮。它只在激活的视口中播放选择对象的动画，如果没有选择的对象，就不播放动画。

⏮转至开头（Goto Start）：单击该按钮，时间滑块即可移动到当前动画范围的开始帧。如果正在播放动画，那么单击该按钮后动画就停止播放。

⏭转至结尾（Goto End）：单击该按钮，时间滑块即可移动到动画范围的末端。

⏭下一帧（Next Frame）：单击该按钮，时间滑块向后移动一帧。当"关键点模式切换"（Key Mode Toggle）按钮⏮被打开后，单击该按钮，时间滑块会移动到选择对象的下一个关键帧。

◀Ⅱ前一帧（Previous Frame）：单击该按钮，时间滑块即可向前移动一帧。当"关键点模式切换"（Key Mode Toggle）按钮◀▶被打开时，单击该按钮，时间滑块会移动到选择对象的上一个关键帧。用户也可以在转到关键点（Goto Time）区域设置当前帧。

◀▶关键点模式切换（Key Mode Toggle）：当单击该按钮后，单击"下一帧"（Next Frame）按钮Ⅱ▶或"前一帧"（Previous Frame）按钮◀Ⅱ，时间滑块就在关键帧之间移动。

6．设计动画

作为一个动画师，必须决定要在动画中改变什么，以及在什么时候改变，在开始设计动画之前就需要将一切规划好。设计动画的一个常用工具就是故事板。故事板对制作动画非常有帮助，它是一系列草图，草图中描述动画的关键事件、角色和场景元素。用户可以按时间顺序创建事件的简单列表。

7．关键帧动画制作

下面举一个例子，使用前面所介绍的知识，设置并编辑喷气机飞行的关键帧动画。

【实例 7.1】设置并编辑喷气机飞行的关键帧动画。

（1）启动 3ds Max 2010，选择"打开文件"（Open File）命令，选择"第 7 章"→Samples-07-01.max文件。该文件包含了一个飞行器的模型，如图 7.2 所示。飞行器位于世界坐标系的原点，没有任何动画设置。

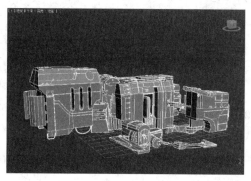

图 7.2

（2）拖曳时间滑块，检查飞行器是否已经设置了动画。

（3）单击"自动关键点"（Auto Key）按钮，以便创建关键帧。

（4）在透视视口选择飞行器。单击主工具栏中的"选择并移动"（Select and Move）按钮✥。

（5）将时间滑块拖动至第 50 帧 ◀　　　50 / 100　　　▶。在状
态栏的键盘输入区域的 X 文本框中输入 275.0，如图 7.3 所示。

图 7.3

（6）单击"自动关键点"（Auto Key）按钮。

（7）在时间控制按钮区域单击"播放动画"（Play Animation）按钮▶，播放动画。

在前 50 帧，喷气机沿着 X 轴移动了 275 个单位。第 50 帧后飞行器就停止了运动，这是因为50 帧以后没有关键帧。

（8）在时间控制按钮区域单击"转至开头"（Goto Start）按钮◀◀，停止播放动画，并把时间滑块移动到第 0 帧。

注意观察轨迹栏（Track Bar），如图 7.4 所示。在第 0 帧和第 50 帧处创建了两个关键帧，当创建第 50 帧处的关键帧时，自动在第 0 帧创建了关键帧。

图 7.4

说明：如果没有选择对象，轨迹栏（Track Bar）将不显示对象的关键帧。

（9）在前视口的空白地方单击，取消对对象的选择，喷气机移动的关键帧动画完成。在时间控制按钮区域单击"播放动画"（Play Animation）按钮▶，播放动画。

7.1.2 编辑关键帧

关键帧由时间和数值组成。编辑关键帧经常需要改变时间和数值。3ds Max 2010 提供了以下几种访问和编辑关键帧的方法。

1．在视口中

使用 3ds Max 2010 工作的时候，总是需要定义时间。常用的设置当前时间的方法是拖曳时间滑块。当移动时间滑块到关键帧上的时候，对象就被一个白色方框环绕。如果当前时间与关键帧一致，就可以通过单击"播放动画"按钮来设置动画数值。

2．轨迹栏（Track Bar）

轨迹栏（Track Bar）位于时间滑块的下面。当一个动画对象被选择后，关键帧以一个红色小矩形显示在轨迹栏（Track Bar）中。轨迹栏（Track Bar）可以方便地访问和改变关键帧的数值。

3．运动面板

运动面板是 3ds Max 2010 的 6 个面板之一。用户可以在运动面板中改变关键帧的数值。

4．轨迹视图（Track View）

轨迹视图（Track View）是制作动画的主要工作区域。3ds Max 2010 中的任何动画都可以通过轨迹视图（Track View）进行编辑。

不管使用哪种方法编辑关键帧，其结果都是一样的。下面介绍使用轨迹栏（Track Bar）来编辑关键帧。

【实例 7.2】使用轨迹栏来编辑关键帧。

（1）启动 3ds Max 2010，选择"打开文件"（Open File）命令，选择"第 7 章"→Samples-07-02.max 文件。该文件包含了一个被设置了动画的球，球的动画中有两个关键帧。第 1 个关键帧在第 0 帧，第 2 个关键帧在第 50 帧。

（2）在前视口中选择球。

（3）在轨迹栏上第 50 帧的关键帧处右击，弹出一个快捷菜单，如图 7.5 所示。

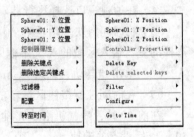

图 7.5

（4）从弹出的快捷菜单中选择"Sphere01：X 位置"（Sphere01:X Position）命令，弹出"Sphere01：X 位置"（Sphere01:X Position ）对话框，如图 7.6 所示。

图 7.6 包含如下信息。

- 标记为1的区域指明当前的关键帧，这里是第2个关键帧。
- 标记为2的区域代表第2个关键帧所对应的X轴向位置，这里X坐标为45.0。
- 标记为3的区域中，"输入"（In）按钮和"输出"（Out）按钮是关键帧的切线类型，它控制关键帧处动画的平滑程度，后面还要详细介绍切线类型。

（5）以同样的方式打开"Sphere01：Z位置"（Sphere01:Z Position）对话框中，将"值"（Value)设置为30.0，如图7.7所示。

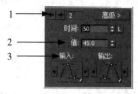  

图7.6   图7.7

（6）关闭"Sphere01：X位置"（Sphere01:X Position）和"Sphere01：Z位置"（Sphere01:Z Position）对话框。

（7）在时间控制按钮区域，单击"播放动画"（Play Animation）按钮▶，在激活的视口中播放动画，此时球沿着Z方向升起。

关键帧对话框也可以用来改变关键帧的时间。

（8）在时间控制按钮区域单击"停止动画"（Stop Animation）按钮⏹，停止播放动画。

（9）在轨迹栏上第50帧处右击。

（10）在弹出的快捷菜单中选择"Sphere01：X位置"（Sphere01:X Position）命令。

（11）在弹出的"Sphere01：X位置"（Sphere01:X Position）对话框中调整时间（Time）微调器按钮，将"时间"设置为30，如图7.8所示。这时对应"Sphere01：X位置"（Sphere01:X Position）的关键点移动到了第30帧，同时在第30帧位置处出现了一个红色的关键点标志。

 技巧

用户也可以直接在时间栏输入要移动的时间位置来设置关键点的移动。

（12）关闭对话框。

（13）在轨迹栏上第50帧处右击，如图7.9所示。由于"Sphere01：X位置"（Sphere01:X Position）的关键点移动到了第30帧，所以在第50帧处"Sphere01：X位置"（Sphere01:X Position）选项消失了。

    时间微调器

图7.8   图7.9

用户也可以直接在轨迹栏上改变关键帧的位置。

（14）将光标移动到第30帧处。

（15）单击并向右拖曳关键帧，当将关键帧偏离当前位置时，新的位置便显示在状态栏上。

（16）将关键帧移动到第 50 帧。

注意

拖曳关键帧的时候，关键帧的值保持不变，只改变时间。此外，关键帧偏移的数值只在状态行显示。当释放鼠标后，状态行的显示消失。

在轨迹栏中快速复制关键帧的方法是，按【Shift】键后移动关键帧。复制关键帧后增加了一个关键帧，两个关键帧的数值是相等的。

（17）在轨迹栏中选择第 50 帧处的关键帧。

（18）按【Shift】键，将关键帧移动到第 80 帧。

复制第 50 帧到第 80 帧。这两个关键帧的数值相等。

（19）在第 80 帧处右击，在弹出的快捷菜单中选择"Sphere01：Z 位置"（Sphere01:Z Position）选项。

（20）在"Sphere01：Z 位置"（Sphere01:Z Position）对话框中，将"值"设置为 0，如图 7.10 所示。

第 80 帧处的关键帧是第 3 个关键帧，它显示在关键帧信息区域。

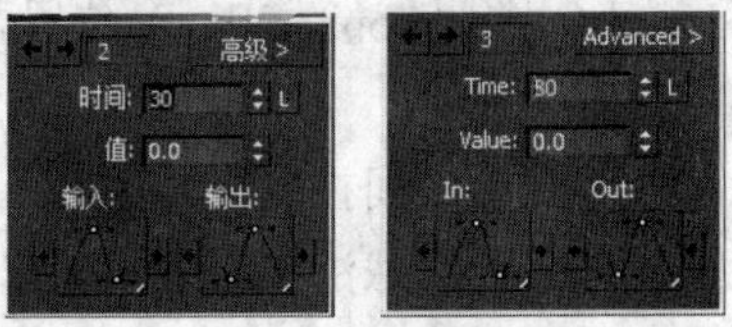

（21）关闭"Sphere01：Z 位置"（Sphere01:Z Position）对话框。

图 7.10

（22）在时间控制按钮区域单击"播放动画"（Play Animation）按钮，播放动画，观察球运动的轨迹。

7.2　动　画　技　术

7.2.1　轨迹视图（Track View）

在 7.2 节中使用了轨迹栏调整动画，轨迹栏的功能远不如轨迹视图（Track View）。轨迹视图（Track View）是非模式对话框，就是说在进行其他操作的时候，它仍然可以被打开。

轨迹视图（Track View）显示场景中的所有对象以及它们的参数列表、相应的动画关键帧。它不但可以单独地改变关键帧的数值及时间，还可以同时编辑多个关键帧。

使用轨迹视图（Track View）可以改变被设置了动画参数的控制器，从而改变 3ds Max 2010 在两个关键帧之间的插值方法。用户可以利用轨迹视图（Track View）改变对象关键帧范围之外的运动特征，从而产生重复运动的效果。

下面介绍如何使用轨迹视图（Track View）。

1. 访问轨迹视图（Track View）

可以从"图形编辑器"（Graph Editors）菜单、四元组菜单或者主工具栏中访问轨迹视图（Track View）。使用这 3 种方法中的任意一种都可以弹出轨迹视图（Track View），但是包含的信息量有所不同。使用四元组菜单可以打开选择对象的轨迹视图（Track View），这意味着在轨迹视图（Track View）中只显示选择对象的信息，从而可以清楚地调整当前对象的动画。它也可以被重命名，这样就可以使用菜单栏快速地访问已经命名的轨迹视图（Track View）。

下面就来介绍各种打开轨迹视图（Track View）的方法。

第 1 种方法的具体操作步骤如下。

（1）启动 3ds Max 2010，选择"打开文件"（Open File），选择"第 7 章"→Samples-07-03.max 文件。这个文件包含了前面练习中使用的动画茶壶。

（2）选择菜单栏中的"图形编辑器"→"轨迹视图-曲线编辑器"（Graph Editors→Track View-Curve Editor）或者"图形编辑器"→"轨迹视图-摄影表"（Graph Editors→Track View-Dope Sheet）命令，如图 7.11 所示。

图 7.11

"轨迹视图-曲线编辑器"（Track View-Curve Editor）窗口如图 7.12 所示，"轨迹视图-摄影表"（Track View-Dope Sheet）窗口如图 7.13 所示。

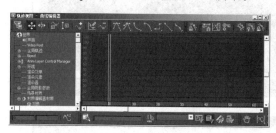 

图 7.12

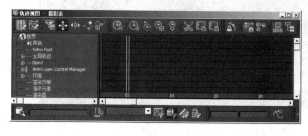 

图 7.13

（3）单击 ✕ 按钮，关闭轨迹视图（Track View）对话框。

第 2 种方法的具体操作步骤如下。

（1）在主工具栏中单击"曲线编辑器（打开）"［Curve Editor（Open）］按钮 ▨，弹出"轨迹视图-曲线编辑器"（Track View-Curve Editor）窗口。

（2）单击按钮 ✕，关闭"轨迹视图-曲线编辑器"（Track View-Curve Editor）窗口。

第 3 种方法的具体操作步骤如下：

（1）在透视视口中选择茶壶。

（2）在茶壶上右击，弹出四元组菜单，如图 7.14 所示，从菜单中选择"曲线编辑器"（Curve Editor）命令，弹出"轨迹视图-曲线编辑器"（Track View-Curve Editor）窗口。

（3）单击 ⊠ 按钮，关闭"轨迹视图-曲线编辑器"（Track View-Curve Editor）窗口。

图 7.14

2．轨迹视图（Track View）的用户界面

轨迹视图（Track View）的用户界面有 4 个主要部分，它们分别是层级列表、编辑窗口、菜单栏和工具栏，如图 7.15 所示。

轨迹视图（Track View）的层级是一个包含了场景中的所有对象、材质和动画参数的层级列表。单击列表中的加号（+），将访问层级的下一个层次。层级中的每个对象都在编辑窗口中有相应的轨迹。

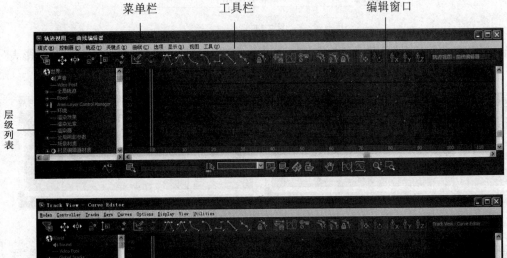

图 7.15

【实例 7.3】使用轨迹视图（Track View）。

（1）启动 3ds Max 2010，单击"打开文件"（Open File）按钮，选择"第 7 章"→Samples-07-03.max 文件。

（2）单击主工具栏的"曲线编辑器（打开）"（Curve Editor [Open]）按钮 ▦。茶壶是场景中唯一的一个对象，因此层级列表中只显示茶壶。

（3）在轨迹视图（Track View）的层级列表中单击 Teapot 01 左边的加号（+）。层级列表中显示出了动画参数，如图 7.16 所示。

在默认的情况下，轨迹视图（Track View）处于"曲线编辑器"（Curve Editor）模式，用户可以通过菜单栏改变这个模式。

（4）在轨迹视图（Track View）中选择"模式"（Modes）菜单下的"摄影表"（Dope Sheet）选项，如图 7.17 所示。

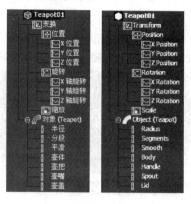

图 7.16

图 7.17

此时轨迹视图（Track View）调整成了"摄影表"（Dope Sheet）模式。

（5）通过单击 Teapot 01 左边的加号（+）展开层级列表。

【实例 7.4】使用编辑窗口。

（1）继续前面的练习。单击轨迹视图（Track View）的视图导航控制按钮区域的"水平方向最大化显示"（Zoom Horizontal Extents）按钮 。

（2）在轨迹视图（Track View）的层级列表中选择"变换"（Transform）控制器。

编辑窗口中的变换轨迹变成了白色，表明选择了该轨迹。变换控制器由"位置"、"旋转"和"缩放" 3 个控制器组成，其中只有"位置"轨迹被设置了动画。

（3）在轨迹视图（Track View）的层级列表中选择"位置"（Position）控制器，"位置"轨迹上有 3 个关键帧。

（4）在轨迹视图（Track View）编辑窗口的第 2 个关键帧上右击，弹出"Teapot 01：X 位置"对话框，如图 7.18 所示。该对话框与通过轨迹栏得到的对话框相同。

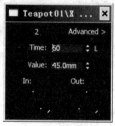

图 7.18

（5）单击 按钮，关闭"Teapot 01：X 位置"对话框。

在轨迹视图（Track View）的编辑窗口中可以移动和复制关键帧。

【实例 7.5】移动和复制关键帧。

（1）在轨迹视图（Track View）的编辑窗口中，将光标移动到第 50 帧处。

（2）将第 50 帧处的关键帧拖曳到第 40 帧处。

（3）按【Ctrl+Z】组合键，撤销关键帧的移动。

（4）按住【Shift】键将第 50 帧处的关键帧拖曳到第 40 帧处，这样就复制了关键帧。

（5）按【Ctrl+Z】组合键，撤销关键帧的复制。

用户可以通过拖曳范围栏来移动所有动画关键帧。当场景中有多个对象，而且需要相对于其他对象来改变其中一个对象时间的时候，这个功能非常有用。

【实例7.6】使用范围栏。

（1）进入"摄影表"模式，单击轨迹视图（Track View）工具栏中"编辑范围"（Edit Ranges）按钮 。

此时轨迹视图（Track View）的编辑区域显示小球动画的范围栏，如图7.19所示。

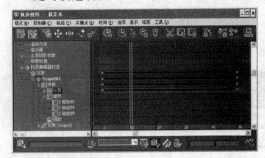

图7.19

（2）在轨迹视图（Track View）的编辑区域，将光标放置在范围栏的最上层（Teapot 01层次），这时光标的形状发生了改变，表明可左右移动范围栏。

（3）将范围栏的开始处向右拖曳20帧，此时状态栏中显示关键帧的新位置，如图7.20所示。

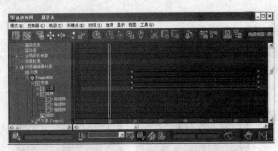

图7.20

> 注 意
>
> 只有当光标为双箭头的时候才可以移动；如果是单箭头，拖曳鼠标的结果就是缩放关键帧的范围。

（4）在时间控制按钮区域单击"播放动画"（Play Animation）按钮 。茶壶从第20帧开始运动。

（5）在时间控制按钮区域单击"停止动画"（Stop Animation）按钮 。

（6）在轨迹视图（Track View）的编辑区域，将光标放置在范围栏的最上层（Teapot 01层次），这时光标的形状发生了改变，表明可左右移动范围栏。

（7）将范围栏的开始处向左拖曳20帧，这样就将范围栏的起点拖曳到了第0帧。

如果要观察两个关键帧之间的运动情况，需要使用"曲线编辑器"模式。在"曲线编辑器"模式中，也可以移动、复制和删除关键帧。

【实例 7.7】使用"曲线编辑器"模式。

（1）启动 3ds Max 2010，单击"打开文件"（Open File）按钮，选择"第 7 章"→Samples-07-03.max 文件。

（2）在透视视口选择球。

（3）在球上右击。

（4）从弹出的四元组菜单上选择"曲线编辑器"（Curve Editor）选项。弹出一个轨迹视图（Track View）窗口，该窗口的层级列表中只有球。

在"曲线编辑器"模式下，编辑区域的水平方向代表时间，垂直方向代表关键帧的数值。

对象沿着 X 轴的变化用红色曲线表示，沿着 Y 轴的变化用绿色曲线表示，沿着 Z 轴的变化用蓝色曲线表示。由于球在 Y 轴方向没有变化，因此蓝色曲线与水平轴重合。

（5）在编辑区域选择代表 X 轴变化的、红色曲线上第 80 帧处的关键帧。

代表关键帧的点变成了白色，表明该关键帧被选择了。选择时间（帧数）和轨迹视图（Track View）底部的关键帧所在的时间区域和数值区域，如图 7.21 所示。

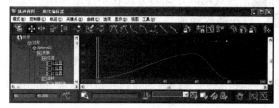 

图 7.21

在图 7.21 中，时间区域显示的数值是 80，数值区域显示的数值是 45。用户可以在这个区域输入新的数值。

（6）在时间区域输入 60，在数值区域输入 50。

在第 80 帧处的所有关键帧（X、Y 和 Z 这 3 个轴向）都被移到了第 60 帧。对于现在使用的默认控制器来讲，3 个轴向的关键帧必须在同一位置，关键帧的数值可以不同。

（7）单击轨迹视图（Track View）工具栏中的"移动关键点"（Move keys）按钮。

（8）从弹出的按钮中单击"水平移动关键点"（Move keys Horizontal）按钮。

（9）在轨迹视图（Track View）的编辑区域，将 X 轴的关键帧从第 60 帧移动到第 80 帧。

由于使用了"水平移动关键点"工具，因此只能沿着水平方向移动。

3．轨迹视图的实际应用

下面举例介绍使用"曲线编辑器"的对象参数复制功能制作动画，Samples-07-04f.avi 如图 7.22 所示。

【实例 7.8】使用"曲线编辑器"的对象参数复制功能制作动画。

（1）启动或者重置 3ds Max 2010。单击"系统"（System）按钮，单击"环形阵列"（Ring Array）按钮，在透视视口中通过拖曳创建一个环形阵列，然后将"半径"（Radius）设置为 80，"振幅"（Amplitude）设置为 30，将"周期数"

图 7.22

（Cycles）设置为3，将"相位"（Phase）设置为1，将"数量"（Number）设置为10，效果及参数设置如图7.23所示。

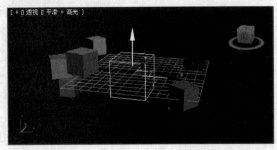

图 7.23

（2）按【N】键打开"自动关键点"（Auto Key）。将时间滑块移动到第100帧，将"相位"（Phase）设置为5。

（3）单击"播放动画"（Play Animation）按钮▶，播放动画，此时方块在不停地跳动。观察完后，单击"停止动画"（Stop Animation）按钮▦，停止播放动画。

（4）再次按【N】键，关闭"自动关键点"。单击"几何体"（Geometry）按钮◯，然后单击"球体"（Sphere）按钮，在透视视口中创建一个"半径"为10的球，球的位置没有关系。

（5）单击按钮▦，打开轨迹视图，逐级打开层级列表，找到"对象（Sphere）"（Object（Sphere））并选择，如图7.24所示。

（6）在"对象（Sphere）"上右击，在弹出的快捷菜单中选择"复制"（Copy）命令，如图7.25所示。

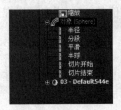

图 7.24   图 7.25

（7）选取场景中的任意一个立方体对象，然后逐级打开层级列表，找到"对象（Box）"（Object（Box））并选择，如图7.26所示。

（8）在"对象（Box）"上右击，在弹出的快捷菜单中选择"粘贴"（Paste）命令，弹出"粘贴"（Paste）对话框，在"粘贴"（Paste）对话框中选择"替换所有实例"（Replace all instance）复选框，然后单击"确定"（OK）按钮，如图7.27所示。

图 7.26   图 7.27

（9）这时场景中的盒子都变成了球体。选择最初创建的小球并将其删除。为了实现更为美观的效果，可将各个小球更改不同外观，具体方法会在材质一章讲到，这里不做赘述，效果如图 7.28 所示。

图 7.28

（10）单击"播放动画"（Play Animation）按钮 ▶，播放动画，此时颜色各异的小球在不停地跳动。观察完后，单击"停止动画"（Stop Animation）按钮 ⏹，停止播放动画。

（11）该例子的最后效果保存在"第 7 章"→Samples–07–04f.Max 文件中。

7.2.2　轨迹线

轨迹线是对象位置随着时间变化的曲线，曲线上的白色标记代表帧，方框代表关键帧。

轨迹线对分析位置动画和调整关键帧的数值非常有用。使用运动（Motion）面板上的选项，可以在次对象层次访问关键帧，也可以沿着轨迹线移动关键帧，还可以在轨迹线上添加或者删除关键帧。选择菜单栏中的"视图"→"显示关键点时间"（Views→Show Key Times）命令，就可以显示出关键帧的时间，如图 7.29 所示。

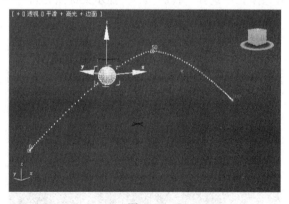

图 7.29

需要说明的是，轨迹线只可以表示位移动画，其他动画类型没有轨迹线。

用户可以用以下两种方法来显示轨迹线。

● 选择"对象属性"（Object Properties）对话框中的"轨迹"（Trajectories）复选框。

● 选择"显示"（Display）命令面板中的"轨迹"（Trajectory）复选框。

下面举例说明如何使用轨迹线。

1. 显示轨迹线

【实例7.9】显示轨迹线。

（1）启动 3ds Max 2010，单击"打开文件"（Open File）按钮，选择"第 7 章"→Samples-07-05.max文件。

（2）在时间控制按钮区域单击"播放动画"（Play Animation）按钮 ▶ ，此时球弹跳了 3 次。

（3）在时间控制按钮区域单击"停止动画"（Stop Animation）按钮 ⏹ 。

（4）在透视视口中选择球。

（5）在命令面板中单击 ▣ 按钮，打开"显示"（Display）命令面板，在"显示属性"（Display Properties）卷展栏中选择"轨迹"（Trajectory）复选框，如图 7.30 所示，此时在透视视口中显示了球运动的轨迹线，如图 7.31 所示。

  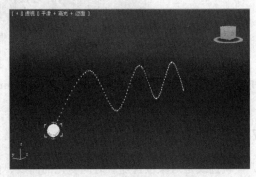

图 7.30　　　　　　　　　　　　　　　　　　　　图 7.31

（6）拖曳时间滑块，球沿着轨迹线运动。

2. 显示关键帧的时间

继续前面的练习，在菜单栏中选择"视图"→"显示关键点时间"（Views→Show Key Times）命令，此时视口中显示了关键帧的帧号，如图 7.32 所示。

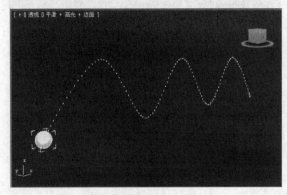

图 7.32

3. 编辑轨迹线

用户可以从视口中编辑轨迹线，从而改变对象的运动。轨迹线上的关键帧用白色方框表示。通过处理这些方框，可以改变关键帧的数值。只有在"运动"命令面板的次对象层次才能访问关键帧。下面举例说明如何编辑轨迹线。

（1）继续前面的练习，确定球仍然被选择，并且在视口中显示了它的轨迹线。

（2）到"运动"命令面板中单击"轨迹"（Trajectories）按钮，然后单击"子对象"（Sub-Object）按钮。

（3）在前视口中使用区域选择的方法选择顶部的 3 个关键帧。

（4）单击主工具栏中的"选择并移动"（Select and Move）按钮 。在透视视口中将所选择的关键帧沿着 Z 轴向下移动 20 个单位，效果如图 7.33 所示。在移动时可以观察状态行中的数值，从而确定移动的距离。

（5）在时间控制按钮区域单击"播放动画"（Play Animation）按钮 ，此时球按调整后的轨迹线运动。

（6）在时间控制按钮区域单击"停止动画"（Stop Animation）按钮 。

（7）在轨迹栏的第 100 帧处右击。

（8）在弹出的快捷菜单中选择"Sphere01：位置"（Sphere01:Position）命令，弹出"Sphere01：位置"（Sphere01:Position）对话框，如图 7.34 所示。

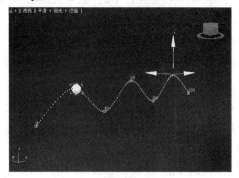

图 7.33

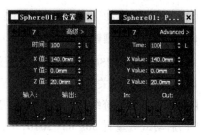

图 7.34

（9）在该对话框中将"Z 值"（Z Value）设置为 20。此时第 6 个关键帧也就是第 100 帧处关键帧的"Z 值"（Z Value）被设置为 20。

（10）单击 按钮，关闭"Sphere01：位置"对话框。

4．添加和删除关键帧

下面学习如何使用"运动"命令面板中的工具添加和删除关键帧。

【实例 7.10】使用"运动"命令面板中的工具添加和删除关键帧。

（1）启动 3ds Max 2010，单击"打开文件"（Open File）按钮，选择"第 7 章"→Samples-07-05.max 文件。

（2）在透视视口中选择球，单击"运动"命令面板的"轨迹"（Trajectories）按钮，然后单击"子对象"（Sub-Object）按钮。

（3）在"轨迹"（Trajectories）卷展栏中单击"添加关键点"（Add Key）按钮。

（4）在透视视口中的最后两个关键帧之间单击，这样就添加了一个关键帧，如图 7.35 所示。

（5）在"轨迹"（Trajectories）卷展栏中再次单击"添加关键点"（Add Key）按钮。

（6）单击主工具栏中的"选择并移动"（Select and Move）按钮 。

（7）在透视视口中选择新的关键帧，然后将它沿着 X 轴移动一段距离，效果如图 7.36 所示。

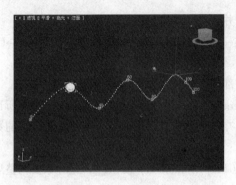 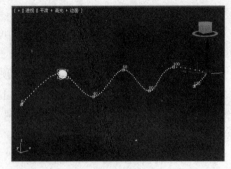

图 7.35   图 7.36

（8）在时间控制按钮区域单击"播放动画"（Play Animation）按钮 ▶，此时球按调整后的轨迹线运动。

（9）在时间控制按钮区域单击"停止动画"（Stop Animation）按钮 ⬛。

（10）确定新的关键帧仍然被选择。单击"轨迹"（Trajectories）卷展栏中的"删除关键帧"（Delete Key）按钮，此时选择的关键帧被删除。

（11）单击"子对象"（Sub-Object）按钮，返回到次对象层次。

（12）单击"运动"命令面板的"参数"（Parameters）按钮，此时场景中的轨迹线消失了。

5．轨迹线和关键帧的应用

本实例将制作 DISCREET 这几个英文字母按照一定的顺序从地球后飞出的效果。在制作动画时，除了使用基本的关键帧动画之外，还使用了轨迹线编辑。下面就来介绍如何制作该效果。

【实例 7.11】轨迹线和关键帧的应用。

（1）启动或者重置 3ds Max 2010，单击"打开文件"（Open File）按钮，选择"第 7 章"→Samples-07-06.max 文件，如图 7.37 所示。

图 7.37

（2）在顶视口中，选择文字 DISCREET，单击"选择并移动"（Select and Move）按钮 ✥，将文字移动到球体的后面，使其在透视视口中不可见。

（3）将时间滑块拖到第 20 帧，单击"自动关键点"（Auto Key）按钮。

（4）将文字从球体后移动到球体前，并调整其位置。

（5）单击"自动关键点"（Auto Key）按钮，关闭动画记录。这时单击"播放动画"（Play Animation）

按钮 ▶ ，在透视视口中播放动画，此时可以看到随着时间滑块的移动，字体从球体后出现。

单击"显示"（Display）按钮 回 ，在"显示属性"（Display Properties）卷展栏中选择"轨迹"（Trajectory）复选框，如图 7.38 所示。这时在视口中会显示文字的运动轨迹，如图 7.39 所示。

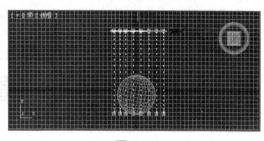

图 7.38 图 7.39

（6）单击"运动"（Motion）按钮 回 ，选择文字 D，单击"轨迹"（Trajectories）按钮，再单击"子对象"（Sub-Object）按钮，进入子对象编辑状态，如图 7.40 所示。

（7）单击"添加关键点"（Add Key）按钮，在所选择文字的轨迹线中间单击，添加一个关键帧，效果如图 7.41 所示。

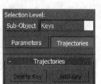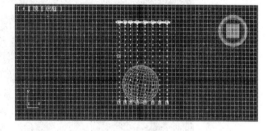

图 7.40 图 7.41

（8）单击"选择并移动"（Select and Move）按钮 ✛ ，移动新添加的关键帧，位置如图 7.42 所示。用同样的方法修改所有字母的轨迹，最终效果如图 7.43 所示。

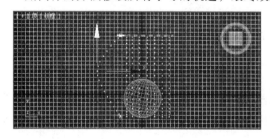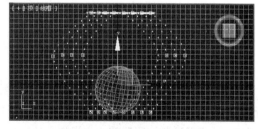

图 7.42 图 7.43

 注意

在本步的操作过程中，一定要先选中文字，再选择子对象，才能在子对象层次中添加并修改关键帧。在修改另一个文字时，必须再次单击"子对象"（Sub-Object）按钮，退出子对象编辑层次，然后选中要修改的文字，再选择子对象，添加关键帧。

（9）在界面底部的时间控制按钮区域单击"时间配置"（Time Configuration）按钮 圆 ，在弹出的对话框中将"动画"（Animation）选项区域中的"结束时间"（End Time）文本框中输入 110，单击"确定"（OK）。这样就将动画长度设置为110帧。

（10）修改每个文字的显示时间，单击"播放动画"（Play Animation）按钮 ▶，播放动画。此时可以看到所有文字同时显示。

（11）单击"停止动画"（Stop Animation）按钮 ▥，停止播放动画。

（12）在轨迹曲线编辑状态下，按住【Ctrl】键选择字母 CR，此时在下面的关键帧编辑栏出现了3个关键帧。选择这3个关键帧，将其移动到20～40帧的范围内，如图7.44所示。

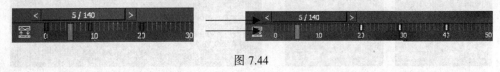

图 7.44

（13）用同样的方法将字母 S 和 E 的关键帧都移动到40～60帧；I 和 E 的关键帧移动到60～80；D 和 T 的关键帧移动到80～100帧。

（14）单击"播放动画"（Play Animation）按钮 ▶，播放动画，这时文字 DISCREET 从球的两边依次出现。图7.45所示是其中的一帧。

图 7.45

（15）最终操作效果见"第7章"→Samples-07-06f.Max 文件。

7.2.3 设置控制器

其实轨迹线是运动控制器的直观表现。控制器存储所有关键帧的数值，可以在关键帧之间执行插值操作从而计算关键帧的位置、旋转角度和比例。可以通过设置控制器的参数（例如改变切线类型），或者设置控制器等改变插值方法。

【实例7.12】设置控制器。

位置的默认控制器是"位置XYZ"（Position XYZ）。用户也能够改变这个默认的控制器。

（1）启动3ds Max 2010，单击"打开文件"（Open File）按钮，选择"第7章"→Samples-07-07.max文件。

（2）在透视视口中选择球。

（3）在透视视口中的球上右击，然后从弹出快捷菜单中选择"曲线编辑器"（Curve Editor）命令。这样就为选择的对象打开了轨迹视图（Track View），如图7.46所示。

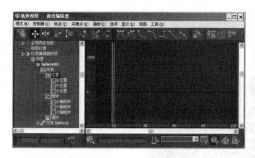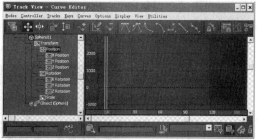

图 7.46

（4）在轨迹视图（Track View）的层级列表区域选择 "位置"（Position）轨迹。

（5）在轨迹视图（Track View）的 "控制器"（Controller）菜单中选择 "指定"（Assign）命令，这时弹出 "指定位置控制器"（Assign Position Controller）对话框，如图 7.47 所示。

图 7.47

（6）在 "指定位置控制器"（Assign Position Controller）对话框中选择 "线性位置"（Linear Position）命令，然后单击 "确定"（OK）按钮。

"线性位置"（Linear Position）控制器可以在两个关键帧之间进行线性插值。在通过关键帧时，使用该控制器对象的运动不太平滑。使用 "线性位置"（Linear Position）控制器后，所有插值都是线性的，这时的轨迹视图（Track View）如图 7.48 所示。

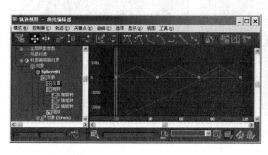

图 7.48

（7）单击 ⊠ 按钮，关闭 "轨迹视图—曲线编辑器"（Track View—Curve Editor）窗口。

（8）确定球仍然被选择，在激活视口的球上右击，然后在弹出的快捷菜单中选择 "对象属性"（Object Properties）命令。

（9）在弹出的"对象属性"（Object Properties）对话框的"显示属性"（Display Properties）区域中选择"轨迹"（Trajectory）复选框，然后单击"确定"（OK）按钮。

此时在透视视口中显示出了轨迹线，如图 7.49 所示，轨迹线变成了折线。

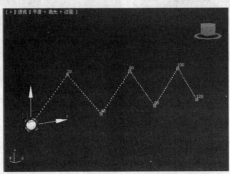

图 7.49

7.2.4　切线类型

默认的插值类型使对象在关键帧处的运动保持平滑。对于"位置"和"缩放"轨迹来讲，默认的控制器分别是"位置 XYZ"和"Bezier 位置"（Bezier Position）。如果使用了"Bezier 位置"控制器，可以指定每个关键帧处的切线类型。

切线类型用来控制动画曲线上关键帧处的切线方向。如图 7.50 所示，曲线代表一个对象在 0～100 帧沿着 Z 方向的位移变化。"Bezier 位置"控制器决定曲线的形状。在这个图中，水平方向代表时间，垂直方向代表对象在垂直方向的运动。

在第 2 个关键帧处，对象没有直接向第 3 个关键帧运动，而是先向下再向上，从而保证在第 2 个关键帧处的运动平滑。但是有时可能是另外一种运动，比如需要在关键帧处平滑过渡，这时的功能曲线的方向应该突然改变，如图 7.51 所示。

关键帧处的切线类型决定曲线的特征。实际上，一个关键帧有两个切线类型，一个控制进入关键帧时的切线方向，另外一个控制离开关键帧时的切线方向。通过使用混合的切线类型，可以得到如下的效果：光滑地进入关键帧，突然离开关键帧，如图 7.52 所示。

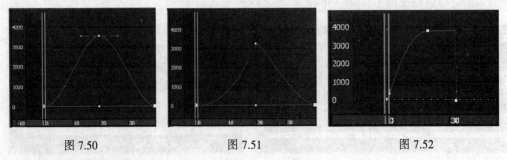

图 7.50　　　　　　　图 7.51　　　　　　　图 7.52

1．可以使用的切线类型

要改变切线类型，需要使用关键帧信息对话框。3ds Max 2010 中可以使用的切线类型有如下几种。

- ■ "平滑"（Smooth）：默认的切线类型。该切线类型可使曲线在进出关键帧的时候有相同的切线方向。

- "线性"（Linear）：该切线类型可调整切线方向，使其指向前一个关键帧或者后一个关键帧。如果在"输入"（In）处设置了该（Linear）选项，就使切线方向指向前一个关键帧；如果在"输出"（Out）处设置了该（Linear）选项，就使切线方向指向后一个关键帧。要使曲线上两个关键帧之间的线变成直线，必须将关键帧两侧的"输入"（In）和"输出"（Out）都设置成该选项。
- "阶跃"（Step）：该切线类型引起关键帧数值的突变。
- "慢速"（Slow）：该切线类型使邻接关键帧处的切线方向慢速改变。
- "快速"（Fast）：该切线类型使邻接关键帧处的切线方向快速改变。
- "自定义"（Custom）：该选项是最灵活的选项，它提供了一个 Bezier 控制句柄来任意调整切线的方向。在功能曲线模式中该切线类型非常有用。用户可以使用切线句柄调整切线的长度。如果切线长度较长，那么曲线可以较长时间保持切线的方向。
- "自动"（Auto）：自动将切线设置成平直切线。选择自动切线的控制句柄后，就将其转换为"将切线设置为自定义"（Custom）类型。

在关键帧信息对话框的"输入"（In）和"输出"（Out）按钮两侧，各有两个小箭头按钮，单击这些按钮可以向左或向右复制切线类型。图 7.53 所示为关键帧信息对话框。

图 7.53

2．改变切线类型

改变茶壶运动轨迹的切线类型。

（1）启动 3ds Max 2010，单击"打开文件"（Open File）按钮，选择"第 7 章"→Samples-07-08.max 文件。

（2）在时间控制按钮区域单击"播放动画"（Play Animation）按钮▶。当球通过第 60 帧处的关键帧时达到最大高度，然后渐渐地向下回落。

（3）在时间控制按钮区域单击"停止动画"（Stop Animation）按钮🔟。

（4）在透视视口中选择茶壶，使轨迹栏中显示出动画关键帧。

（5）在球上右击，然后在弹出的快捷菜单中选择"对象属性"（Object Properties）命令。

（6）在弹出的"对象属性"（Object Properties）对话框的"显示属性"（Display Properties）区域中，选择"轨迹"（Trajectory）复选框，然后单击"确定"（OK）按钮。

（7）在轨迹栏中第 60 帧的关键帧处右击，然后在弹出的快捷菜单中选择"Teapot01\位置"（Teapot01\Position）命令。

（8）将"Teapot01\位置"对话框移动到窗口右上角，以便清楚地观察轨迹线，效果及参数设置如图 7.54 所示。

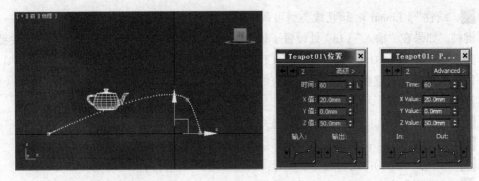

图 7.54

（9）在"Teapot01\位置"对话框中单击"输出"（Out）按钮，即可显示出可以使用的切线类型。

（10）选择"切线"（Linear）██类型。

（11）单击"输入"（In）按钮，选取"切线"（Linear）██类型。

这时的轨迹线如图 7.55 所示。

"切线"（Linear）切线类型使切线方向指向前一个或者后一个关键帧。但是，两个关键帧之间的轨迹线不是直线，这是因为第 1 个和第 3 个关键帧使用的不是"切线"（Linear）类型。

（12）单击"Teapot01\位置"对话框左上角向右的箭头，到第 3 个关键帧，也就是第 80 帧处。

（13）将"输入"（In）切线类型设置为"切线"（Linear）。

现在第 2 个和第 3 个关键帧之间的轨迹线变成了线性的。

（14）在"Teapot01\位置"（Teapot01: Position）对话框中，单击左上角向左的箭头██，到第 2 个关键帧，也就是第 60 帧处。

（15）在"Teapot01\位置"（Teapot01: Position）对话框中，单击"输入"（In）切线左边的箭头██。

说明："输入"（In）和"输出"（Out）按钮两侧的箭头按钮是用来前后复制切线类型的。

第 2 个关键帧的进入切线类型被复制到第 1 个关键帧的输出切线类型上，这样第 1 个关键帧和第 2 个关键帧之间的轨迹线变成了直线，如图 7.56 所示。

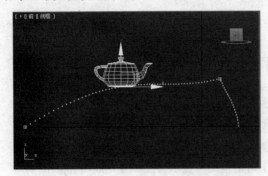

图 7.55

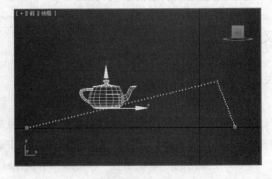

图 7.56

（16）在时间控制按钮区域单击"播放动画"（Play Animation）按钮▶，此时球在两个关键帧之间沿直线运动。

（17）在时间控制按钮区域单击"停止动画"（Stop Animation）按钮██。

下面通过一个例子来介绍一下"曲线编辑器"（Curve Editor）的使用。

【实例 7.13】使用"曲线编辑器"（Curve Editor）。

本例子是制作一个字母 X 在地上翻滚的效果，图 7.57 所示是其翻滚动画中的一帧。

这个例子的模型和材质都很简单，使用的关键帧技术也不复杂。但是在这个例子中使用了一些"曲线编辑器"（Curve Editor）的技巧。如果不使用"曲线编辑器"（Curve Editor），那么几乎不可能完成这个动画。如果用户你能熟练地完成这个动画，那么也就对"曲线编辑器"（Curve Editor）有比较深刻的了解。因此，用户不要仅将注意力集中在制作动画上，而应深刻了解"曲线编辑器"（Curve Editor）的功能。

这个例子需要的模型、材质及字母的生长动画已经设置好了。下面只需要设置字母翻跟头的动画效果。

（1）启动或者重置 3ds Max 2010，选择"第 7 章"→Samples–07–09.max 文件，这时的场景如图 7.58 所示。

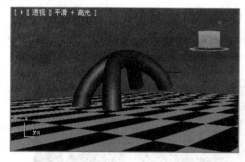

图 7.57

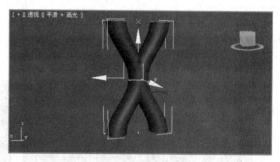

图 7.58

（2）设置弯曲的动画，选择字母对象。

（3）单击 按钮，打开"修改"（Modify）命令面板，给字母添加"弯曲"（Bend）编辑修改器，此时"弯曲"（Bend）"参数"卷展栏出现在命令面板。将面板中的"角度"（Angle）设置为–180，"方向"（Direction）设置为 90，"弯曲轴"（Bend Axis）设置为 Y。字母弯曲后的场景如图 7.59 所示。

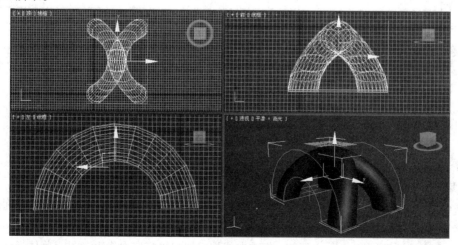

图 7.59

（4）单击"自动关键点"（Auto Key）按钮，将时间滑块移动到第 20 帧，然后在"参数"卷展栏中将"弯曲"（Bend）的"角度"（Angle）设置为180。

（5）将时间滑块移动到第20帧，单击主工具栏中的"选择并移动"（Select and Move）按钮，在前视口中，沿 X 轴将字母的一端移动至另一端，如图7.60所示。

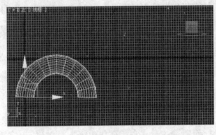 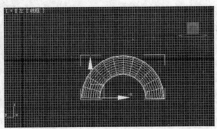

（移动前）　　　　　　　　　　（移动后）

图 7.60

（6）将"弯曲"（Bend）命令面板中的"方向"（Direction）设置为270，旋转前后效果如图7.61所示。

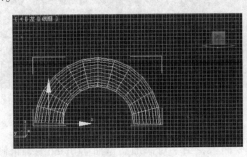 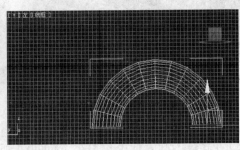

（旋转前）　　　　　　　　　　（旋转后）

图 7.61

说明

用户也可以单击"角度捕捉切换"（Angle Snap Toggle）按钮或者按【A】键，打开角度锁定，单击主工具栏中的"选择并旋转"（Select）按钮，沿 Y 轴将字母旋转180°。

（7）单击"播放动画"（Play Animation）按钮，开始播放动画。

（8）单击"停止动画"（Stop Animation）按钮，停止播放动画。

现在的动画看起来很乱。下面就开始在"曲线编辑器"（Curve Editor）中调整。

（9）单击主工具栏中的"曲线编辑器"（Curve Editor）按钮，打开曲线编辑器。

单击"对象"（Object）前面的+号，显示 Loft01。单击 Loft01 前面的+号显示"变换"（Transform）、"修改对象"（Modified Object）等。

（10）依次单击"变换"（Transform）前面的+号和"修改对象"（Modified Object）前面的+号，逐级展开，直到"变换"（Transform）和"修改对象"（Modified Object）下面的子项没有+号为止。

（11）单击"位置"（Position）标签，框选曲线编辑器编辑窗口内代表 X 轴上物体运动轨迹的红线上的第一个关键帧，然后右击，弹出"Loft01\位置"（Loft01\Position）对话框，在"输入"（In）和"输出"（Out）选项中选择阶梯曲线。

（12）修改第 2 个关键帧处的功能曲线。单击数字 1 左边向右的箭头，到第 2 个关键帧，"输入"（In）和"输出"（Out）选项中也都选择阶梯曲线，如图 7.62 所示。

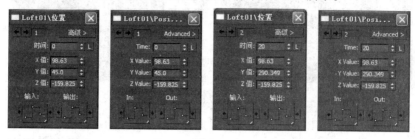

图 7.62

（13）修改曲线。选择"修改对象"（Modified Object）下面的"弯曲"（Bend）标签，显示关于方向改变的曲线。曲线上有两个关键帧，在第 1 个关键帧上右击，弹出"Loft01\方向"（Loft01\Direction）对话框，在"输入"（In）和"输出"（Out）选项中选择阶梯曲线。将关键帧 1 设置为阶级曲线，如图 7.63 所示。

（14）单击数字 1 左边向右的箭头，到第 2 个关键帧，在"输入"（In）和"输出"（Out）选项中也都选择阶梯曲线。

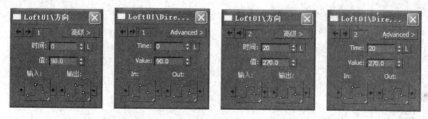

图 7.63

（15）这时的曲线如图 7.64 所示。

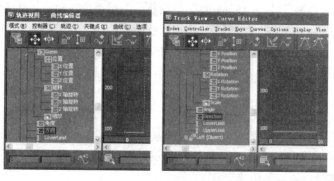

图 7.64

说明：曲线和控制器是 3ds Max 2010 中的重要概念，使用它们可以使许多复杂动画设置变得简单。在这个例子中，也可以直接在视图中旋转字母，但是那样相对复杂。此外，如果要使用曲线编辑器设置对象旋转的动画，那么最好使用 Euler XYZ 控制器。

（16）设置运动的扩展。选择"位置"（Position）标签，然后在工具栏中单击"参数曲线超出范围类型"（Parameter Curve Out-of-Range Type）按钮，将弹出"参数曲线超出范围类型"对话框，如图 7.65 所示。

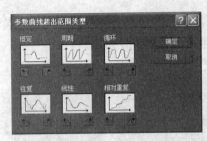 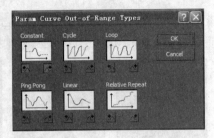

图 7.65

（17）选择"相对重复"（Relative Repeat）类型，然后单击"确定"（OK）按钮。

（18）单击"水平方向最大化显示"（Zoom Horizontal Extents）按钮 或 "缩放"（Zoom）按钮，增大曲线显示区域，这时的功能曲线如图 7.66 所示。

同样，将"相对重复"（Relative Repeat）类型应用给"弯曲"（Bend）的方向设置。

（19）设置弯曲角度的动画。选择"弯曲"下方的"角度"标签，单击"参数曲线超出范围类型"（Parameter Curve Out-of-Range Type）按钮 ，在弹出的对话框中选择"往复"（Ping Pong）类型，然后单击"确定"（OK）按钮，这时的功能曲线如图 7.67 所示。

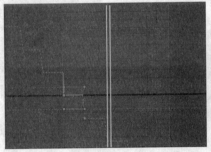 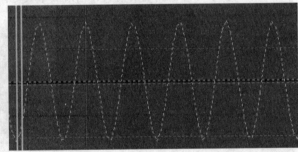

图 7.66　　　　　　　　　　　　　图 7.67

（20）单击"播放动画"（Play Animation）按钮 ，开始播放动画，此时字母 X 翻滚运动。单击"停止动画"（Stop Animation）按钮 ，停止播放动画。

（21）该例子的最后效果保存在"第 7 章"→Samples-07-09f.Max 文件中。

7.2.5　轴心点

轴心点是对象"局部"坐标系的原点。轴心点与对象的旋转、缩放以及链接密切相关。

3ds Max 2010 提供了几种设置对象轴心点位置方向的方法。用户可以在保持对象不动的情况下移动轴心点，也可以在保持轴心点不动的情况下移动对象。在改变了轴心点位置后，也可以使用 Reset 工具将它恢复到原来的位置。

改变轴心点的工具在"层次"（Hierarchy）命令面板中。下面的练习将介绍怎样改变轴心点的位置以及轴心点位置的改变对变换的影响。

（1）启动 3ds Max 2010，单击"打开文件"（Open File）按钮，选择"第 7 章"→Samples-07-10.max 文件。该场景包含一个简单的对象。该对象的名字是 Bar，它的轴心点在对象的轴心，与"世界"坐标系的原点重合。

（2）单击主工具栏中的"选择并旋转"（Select and Rotate）按钮 。

（3）在主工具栏中将参考坐标系设置为"局部"坐标系。

（4）在透视视口中选择 Bar，然后绕 Z 轴旋转（注意不要释放鼠标），此时该对象绕轴心点旋转。

（5）在不释放鼠标左键的情况下右击，取消旋转。

如果已经旋转了对象，可以使用"编辑"（Edit）菜单栏中的命令撤销旋转。

（6）让对象绕 X 轴和 Y 轴旋转，然后右击，取消旋转操作。

保持对象绕轴心点旋转，下面调整轴心点。

（7）在顶视口中右击将其激活。

（8）单击视图导航控制按钮区域的"最大化视口切换"（Max Toggle）按钮，将顶视口切换到最大化显示。

（9）单击按钮，打开"层次"（Hierarchy）命令面板，如图 7.68 所示。

"层次"（Hierarchy）命令面板中有 3 个标签，它们是"轴"（Pivot）、IK 和"链接信息"（Link Info）。下面将在"轴"（Pivot）区域中进行设置。

（10）单击"调整轴"（Adjust Pivot）卷展栏中的"仅影响轴"（Affect Pivot Only）按钮，可以访问并调整对象的轴心点。

（11）单击主工具栏中的"选择并移动"（Select and Move）按钮。

（12）在顶视口中将轴心点向下移动，移到对象底部的中心，如图 7.69 所示。

图 7.68

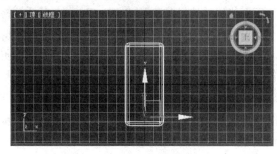

图 7.69

（13）单击"调整轴"（Adjust Pivot）卷展栏中的"仅影响轴"（Affect Pivot Only）按钮。

（14）单击视图导航控制按钮区域的"最大化视口切换"（Min/Max Toggle）按钮，切换成最大化视口显示方式。

（15）单击主工具栏中的"选择并旋转"（Select and Rotate）按钮。

（16）在透视视口中绕 Z 轴旋转 Bar（注意不要释放鼠标），此时该对象绕新的轴心点旋转。

（17）在不释放鼠标的情况下右击，取消旋转。

（18）让对象绕 X 轴和 Y 轴旋转，然后右击，取消旋转操作。

7.2.6　对象的链接

在 3ds Max 2010 中，可以在对象之间创建父子关系。在默认的情况下，子对象继承父对象的运动，这种继承关系也可以被取消。

对象的链接可以简化动画的制作。一组链接的对象被称为连接层级或运动学链。一个对象只能有一个父对象，但是一个父对象可以有多个子对象。

链接对象的工具在主工具栏中。当链接对象的时候，需要先选择子对象，再选择父对象。链接完对象后，可以在"从场景选择"（Select From Scene）窗口中检查链接关系。在"从场景选择"（Select From Scene）窗口的对象名列表区域，父对象在顶层，子对象的名称向右缩进。

【实例 7.14】创建链接关系。

（1）启动 3ds Max 2010，单击"打开文件"（Open File）按钮，选择"第 7 章"→Samples-07-11.max 文件。该场景包含两对需要链接的对象，如图 7.70 所示。其中名称是 shang bi left 和 shang bi right 的蓝色对象和名称为 qian bi left 和 qian bi right 的橙色父对象。

（2）单击主工具栏中的"选择并旋转"（Select and Rotate）按钮 。

（3）按【H】键，弹出"从场景选择"（Select From Scene）窗口。

（4）在"从场景选择"（Select From Scene）窗口中，单击对象名列表区域，然后单击 Select 按钮。

（5）绕任意轴旋转 shang bi left，这时 qian bi left 并不跟着旋转。

（6）在菜单栏中选择"编辑"→"撤销选择"（Edit→Undo Rotate Select）命令，撤销旋转操作。

（7）单击主工具栏中的"选择并链接"（Select and Link）按钮 。

说明：要断开对象之间的链接关系，单击"断开当前选择链接"（Unlink Selection）按钮 。

（8）在透视视口中选择 qian bi left，然后将其拖曳到 shang bi left 释放鼠标，完成链接操作。

下面使用"选择对象"（Select Object）对话框检查链接的结果。

（9）单击主工具栏上的"选择对象"（Select Object）按钮 。

（10）确认没有选择任何对象，按【H】键，打开"从场景选择"（Select From Scene）对话框。

（11）在"从场景选择"（Select From Scene）对话框中选择"显示"→"显示子对象"（Display→Display Children）命令。这时的从场景选择（Select From Scene）窗口结构如图 7.71 所示。从图中的结构可以看出，创建过链接关系的 qian bi left 是 shang bi left 的子对象，而未创建链接关系的 qian bi right 和 shang bi right 是并列关系。

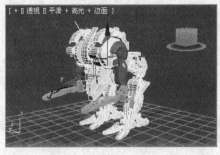

图 7.70

图 7.71

（12）在"从场景选择"（Select From Scene）窗口中单击"取消"（Cancel）按钮，关闭该对话框。

下面测试链接关系是否正确。

（13）单击主工具栏中的"选择并旋转"（Select and Rotate）按钮 。

（14）按【H】键，弹出"从场景选择"（Select From Scene）窗口。在"从场景选择"（Select From Scene）窗口中选择对象名列表区域的 shang bi left，然后单击"确定"（OK）按钮。

（15）绕 Z 轴随意旋转 shang bi left，这时 qian bi left 跟着旋转。

（16）单击主工具栏中的"选择并移动"（Select and Move）按钮。

（17）在透视视口中沿着 X 轴将 shang bi left 移动一段距离，qian bi left 也跟着移动。

（18）按两次【Ctrl+Z】组合键，撤销应用给 shang bi left 的变换。

（19）在透视视口中选择 qian bi left。

（20）单击主工具栏中的"选择并旋转"（Select and Rotate）按钮，然后右击，弹出"旋转变换输入"（Rotate Transform Type-In）对话框。

（21）在"旋转变换并输入"（Rotate Transform Type-In）对话框中将"偏移：世界"（Offset：Word）区域的 Z 设置为 30，如图 7.72 所示。

图 7.72

shang bi left 不跟着 qian bi left 旋转，也就是对子对象的操作不影响父对象。以同样的方法创建 shang bi right 和 qian bi right 的链接关系。

小　　结

本章主要介绍如何在 3ds Max 2010 中制作动画，下面几点内容是需要用户熟练掌握的。

- 关键帧的创建和编辑：在制作动画的时候，只要设置了关键帧，3ds Max 2010 就会在关键帧之间进行插值。"自动关键点"（Auto Key）按钮、轨迹栏、"运动"命令面板和轨迹视图都可以用来创建和编辑关键帧。
- 切线类型：通过改变切线类型和控制器，可以调整关键帧之间的插值方法。位移动画的默认控制器是"Bezier 位置"。如果使用了这个控制器，就可以显示并编辑轨迹线。
- 轴心点：轴心点对旋转和缩放动画的效果影响很大。可以使用"轴心点"（Hierarchy）面板中的工具调整轴心点。
- 链接和正向运动：可以在对象之间创建链接关系，从而帮助用户制作动画。在默认的情况下，子对象继承父对象的变换，因此，一旦建立了链接关系，就可以方便地创建子对象跟随父对象运动的动画。

练习与思考

一、判断题

1. 不可以使用"曲线编辑器"（Curve Editor）复制"标准基本体"和"扩展几何体"的参数。

2. 在制作旋转动画的时候，不用考虑轴心点问题。

3. 只能在曲线编辑器中给对象指定控制器。

4. 采用"线性"（Linear）插值类型的控制器，可以在关键帧之间均匀插值。

5. 采用"平滑"（Smooth）插值类型的控制器，可以调整通过关键帧的曲线切线，以保证平滑通过关键帧。

二、选择题

1. 在 3ds Max 2010 中动画时间的最小计量单位是（　　）。
   A. 1 帧　　　　　B. 1 秒　　　　　C. 1/2400 秒　　　　　D. 1/4800 秒
2. 在轨迹视图中，给动画增加声音的选项应为（　　）。
   A. 环境（Environment）　　　　B. 渲染效果（Renderer）
   C. Video Post　　　　　　　　D. 声音（Sound）
3. 3ds Max 2010 中可以使用的声音文件格式为（　　）。
   A. MP3　　　　　B. WAV　　　　　C. MID　　　　　D. RAW
4. 要显示对象关键帧的时间，应选择的命令为（　　）。
   A. "视图"→"显示关键点时间"（Views→Show Key Times）
   B. "视图"→"显示重影"（Views→Show Ghosting）
   C. "视图"→"显示变换 Gizmo"（Views→Show Transform Gizmo）
   D. "视图"→"显示从属关系"（Views→Show Dependencies）
5. 要显示运动对象的轨迹线，应在显示面板中选择（　　）。
   A. Edges Only　　　B. Trajectory　　　C. Backface Cull　　　D. Vertex Ticks
6. 在建筑动画中许多树木是用贴图代替，当移动摄影机的时候，如果希望树木一直朝向摄影机，这时应该使用（　　）。
   A. 附加控制器　　B. 注视约束　　C. 链接约束控制器　　D. 运动捕捉
7. 链接约束控制器可以在（　　）控制器层级上变更。
   A. 变换　　　　　B. 位置　　　　　C. 旋转　　　　　D. 放缩
8. 在 3ds Max 2010 中的路径约束控制器可以拾取（　　）路经。
   A. 一条　　　　　B. 两条　　　　　C. 3 条　　　　　D. 多条

三、思考题

1. 如何将子对象链接到父对象上？如何验证链接关系？
2. 子对象和父对象的运动是否相互影响？如何影响？
3. 什么是正向运动？
4. 实现简单动画的必要操作步骤有哪些？
5. 轨迹视图的作用是什么？有哪些主要区域？
6. Bezier 控制器的切线类型有几种？各有什么特点？
7. 简述路径约束控制器的主要参数。
8. 如何制作一个对象沿着某条曲线运动的动画？

第 8 章　摄影机和动画控制器

本章将介绍与动画相关的重要问题。当布置完场景后，一般要创建摄影机来观察场景。本章先介绍如何创建与控制摄影机，然后介绍如何用控制器控制摄影机的运动，最后通过代表性的实例进行演示。

通过本章的学习，用户能够完成如下工作：

- 创建并控制摄影机
- 使用自由和目标摄影机
- 理解摄影机的参数（镜头的长度、环境的范围和裁减平面）
- 使用路径控制器控制自由摄影机
- 使用"注视约束"（LookAt Constraint）控制器
- 使用"链接约束"（Link Constraint）控制器

8.1　摄影机（Cameras）

摄影机可以从特定的观察点表现场景，模拟现实世界中的静止图像、运动图片或视频摄影机，能够进一步增强场景的真实感。下面就从摄影机的基础知识开始介绍。

8.1.1　摄影机的类型

摄影机（Cameras）是 3ds Max 2010 中的对象类型，它定义观察图形的方向和投影参数。在 3ds Max 2010 中有两种类型的摄影机——目标摄影机和自由摄影机。

目标摄影机有两个对象，即摄影机的视点和目标点，这两个对象由一条线连接起来。将连接摄影机视点和目标点的连线称为视线。

对于静态图影或者不要摄影机运动的时候最好使用目标摄影机，这样可以方便地定位视点和目标点。如果要制作摄影机运动的动画，那么最好使用自由摄影机，只要设置视点的动画位置即可。

8.1.2　使用摄影机

可以在"创建"（Create）命令面板中单击"摄影机"（Cameras）按钮，创建摄影机。摄影机被创建后显示在当前视口的绘图平面上。

创建摄影机后，用户可以使用多种方法选择并调整参数。下面举例说明如何创建和使用摄影机。

1. 创建摄影机

（1）启动 3ds Max 2010，单击"打开文件"（Open File）按钮，选择"第 8 章"→Samples-08-01.max 文件。该文件是一组教室场景模型。

（2）激活顶视口。

（3）单击"创建"（Create）命令面板的"摄影机"（Cameras）按钮🔳，然后单击"目标"（Target）按钮。

（4）在顶视口中单击创建摄影机的视点，然后拖曳确定摄影机的目标点，待目标点位置满意后释放鼠标。

（5）右击结束摄影机的创建模式，如图 8.1 所示。

（6）在视口的空白区域单击，取消摄影机对象的选择。

（7）在激活顶视口的情况下按【C】键，顶视口变成了"摄影机"视口，如图 8.2 所示。

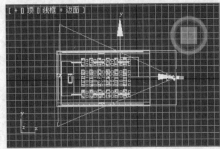 

图 8.1 图 8.2

2. 选择摄影机

下面介绍如何选择摄影机。

（1）启动 3ds Max 2010，单击"打开文件"（Open File）按钮，选择"第 8 章"→Samples-08-02.max 文件。该文件仅包含一个目标摄影机，如图 8.3 所示。

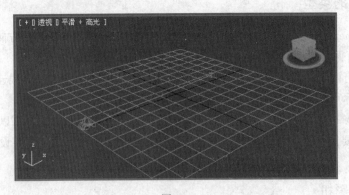

图 8.3

（2）单击主工具栏的"选择并移动"（Select and Move）按钮✛。

（3）在顶视口选择摄影机图标。

（4）单击主工具栏中的"选择并移动"（Select and Move）按钮✛，然后在按钮上右击，弹出"移动变换输入"（Move Transform Type-In）对话框。

（5）在"移动变换输入"（Move Transform Type-In）对话框的"绝对：世界"（Absolute:Word）区域，将 Z 的数值设置为 35，如图 8.4 所示。

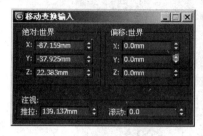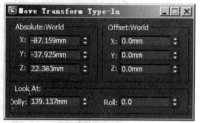

图 8.4

（6）确定摄影机仍然被选择，然后在激活的视口中右击。在弹出的快捷菜单中选择"选择摄影机目标"（Select Camera Target）命令，如图 8.5 所示。

这样摄影机的目标点就选择好了。

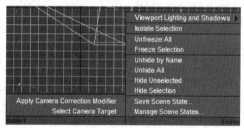

图 8.5

（7）在"移动变换输入"（Move Transform Type-In）对话框的"偏移：世界"（Offset: Word）区域将 Z 的数值设置为 20。

（8）单击 ✕ 按钮，关闭"移动变换输入"（Move Transform Type-In）对话框。

（9）在视口的空白区域单击，取消对摄影机的选择。

（10）按【H】键，弹出"从场景选择"（Select From Scene）窗口。

摄影机和它的目标显示在"从场景选择"（Select From Scene）窗口的文件名列表区域。用户可以使用这个对话框选择摄影机或者摄影机的目标。

（11）单击"取消"（Cancel）按钮，关闭这个对话框。

3．设置摄影机视口

前面介绍了如何创建和选择摄影机，下面举例说明如何设置摄影机视口。

（1）启动 3ds Max 2010，单击"打开文件"（Open File）按钮，选择"第 8 章"→Samples-08-03.max 文件。该文件包含了一个圆柱、一个球体和一个摄影机。

（2）在透视视口的视口标签上右击。

（3）从弹出的快捷菜单中选择"摄影机 / Camera01"（Camera/Camera01）命令。

现在透视视口变成了摄影机视口。用户可以使用组合键激活摄影机视口。

（4）激活左视口，然后按【C】键激活摄影机视口。

现在有了两个摄影机视口，如图 8.6 所示。

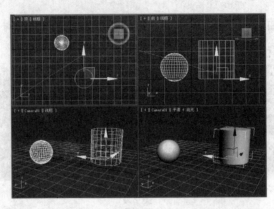

图 8.6

8.1.3 摄影机导航控制按钮

当激活摄影机视口后，视口导航控制按钮区域的按钮变成了摄影机视口专用导航控制按钮，如图 8.7 所示。

下面介绍各按钮的含义。

1. 推拉摄影机（Dolly Camera）

单击"推拉摄影机"（Dolly Camera）按钮 ，可沿着摄影机的视线移动摄影机。在移动摄影机的时候，它的镜头长度保持不变，其结果是使摄影机靠近或远离对象。

（1）启动 3ds Max 2010，单击"打开文件"（Open File）按钮，选择"第 8 章"→Samples-08-04.max 文件。该文件包含了一个圆柱、一个球体和一个摄影机。

（2）在摄影机视口的+视口标签上单击，从弹出的菜单中选择"选择摄影机"（Select Camera）命令，如图 8.8 所示。

图 8.7   图 8.8

技巧

如果在使用视口导航控制按钮的同时选择"选择摄影机"命令，将可以在所有视口中同时观察摄影机的变化。

（3）单击摄影机导航控制按钮区域的"推拉摄影机"（Dolly Camera）按钮 ，在摄影机视口中上下拖曳。场景对象会变小或者变大，就像摄影机远离或者靠近对象一样。注意观察顶视图中摄影机的运动。

（4）在摄影机视口中右击，结束"推拉摄影机"（Dolly Camera）模式。

（5）单击主工具栏中的"撤销场景操作"（Undo）按钮 ，撤销对摄影机的调整。

2．推拉目标（Dolly Target）按钮

单击"推拉目标"（Dolly Target）按钮⟐，可沿着摄影机的视线移动摄影机的目标点，镜头参数和场景构成不变。摄影机绕轨道旋转（Orbit）是基于目标点的，因此调整目标点会影响摄影机绕轨道的旋转。

下面继续使用前面的练习来介绍它的使用。

（1）继续前面的练习，确定选择了摄影机。

（2）在摄影机导航控制按钮区域按住"推拉摄影机"（Dolly Camera）按钮⟐不放。

（3）从弹出的按钮中单击"推拉目标"（Dolly Target）按钮⟐。

（4）在摄影机视口按住鼠标左键上下拖曳，摄影机的目标点则沿着视线前后移动。

（5）在摄影机视口中右击，结束"推拉目标"（Dolly Target）模式。

（6）按【Ctrl+Z】组合键撤销对摄影机目标点的调整。

3．推拉摄影机+目标点（Dolly Camera + Target）按钮

单击该按钮将沿着视线移动摄影机和目标点。这个效果类似于"推拉摄影机"（Dolly Camera），摄影机和目标点之间的距离保持不变。只有当需要调整摄影机的位置，而又希望保持摄影机绕轨道旋转不变的时候，才单击这个按钮。

继续前面的练习来演示这个功能。

（1）继续前面的练习，确定摄影机被选择。

（2）在摄影机导航控制按钮区域按住"推拉摄影机"（Dolly Camera）按钮⟐不放。

（3）从弹出的按钮中单击"推拉摄影机+目标点"（Dolly Camera + Target）按钮⟐。

（4）在摄影机视口按住鼠标左键上下拖曳，摄影机和目标点都跟着移动。

（5）在摄影机视口口右击，结束"推拉摄影机+目标点"（Dolly Camera + Target）模式。

（6）按【Ctrl+Z】组合键撤销对摄影机和摄影机目标点的调整。

4．透视（Perspective）按钮

单击该按钮可移动摄影机使其靠近目标点，同时改变摄影机的透视效果，从而使镜头长度变化。35～50mm 的镜头长度可以很好地匹配人类的视觉系统。镜头长度越短，透视变形就越夸张，从而产生非常有趣的艺术效果；镜头长度越长，透视的效果就越弱，图形的效果就越类似于正交投影。

下面继续前面的练习来演示这个功能。

（1）继续前面的练习，确定选择了摄影机。

（2）在摄影机导航控制按钮区域单击"透视"（Perspective）按钮⟐。

（3）在摄影机视口按住鼠标左键向上拖曳。

说明：如果透视效果改变不大，那么在拖曳的时候按住【Ctrl】键，这样就放大了拖曳的效果。当向上拖曳的时候，摄影机靠近对象，透视变形明显。

（4）在摄影机视口按住鼠标左键向下拖曳，透视效果减弱了。

（5）在摄影机视口口右击，结束"透视"（Perspective）模式。

（6）按【Ctrl+Z】组合键撤销对摄影机透视效果的调整。

5．侧滚摄影机（Roll Camera）按钮

单击该按钮可使摄影机绕着它的视线旋转，其效果类似于斜着头观察对象。

继续前面的练习来演示这个功能。

（1）继续前面的练习，确定摄影机被选择。

（2）在摄影机导航控制按钮区域单击"侧滚摄影机"（Roll Camera）按钮🎧。

（3）在摄影机视口按住鼠标左键左右拖曳，让摄影机绕视线旋转，如图 8.9 所示。

（4）在摄影机视口口右击，结束"侧滚摄影机"（Roll Camera）模式。

（5）按【Ctrl+Z】组合键撤销对摄影机滚动的调整。

6. 视野（Field of View）按钮

该按钮的作用效果类似于透视（Perspective），只是摄影机的位置不发生改变。

继续前面的练习来演示这个功能。

（1）继续前面的练习，确定摄影机被选择。

（2）在摄影机导航控制按钮区域单击"视野"（Field of View）按钮▷。

（3）在摄影机视口按住鼠标左键垂直拖曳。

向上拖曳的时候，视野变窄了，如图 8.10 所示；向下拖曳的时候，视野变宽了。

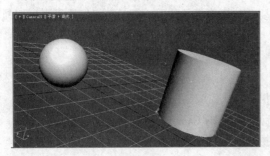

图 8.9　　　　　　　　　　　　　　　　图 8.10

（4）在摄影机视口中右击，结束"视野"（Field of View）模式。

（5）按【Ctrl+Z】组合键撤销对摄影机视野的调整。

7. 平移摄影机（Truck Camera）按钮

单击该按钮可使摄影机沿着垂直于视线的平面移动，该功能只改变摄影机的位置，而不改变摄影机的参数。当给该功能设置动画效果后，可以模拟前进汽车的效果。场景中的对象可能跑到视野之外。

继续前面的练习来演示这个功能。

（1）继续前面的练习，确定摄影机被选择。

（2）在摄影机导航控制按钮区域单击"平移摄影机"（Truck Camera）按钮🖐。

（3）在摄影机视口按住鼠标左键水平拖曳，让摄影机在图形平面内水平移动。

（4）在摄影机视口按住鼠标左键垂直拖曳，让摄影机在图形平面内垂直移动。

（5）在摄影机视口中右击，结束"平移摄影机"（Truck Camera）模式。

（6）按【Ctrl+Z】组合键撤销对摄影机滑动的调整。

技巧

当滑动摄影机的时候，按住【Shift】键可将摄影机的运动约束到视图平面的水平或者垂直平面。

8. 环游摄影机（Orbit Camera）

单击该按钮可使摄影机围绕着目标点旋转。

继续前面的练习来演示这个功能。

（1）继续前面的练习，确定摄影机被选择。

（2）在摄影机导航控制按钮区域单击"环游摄影机"（Orbit Camera）按钮 。

（3）按住【Shift】键在摄影机视口水平拖曳摄影机，摄影机在水平面上绕目标点旋转。

（4）按住【Shift】键在摄影机视口垂直拖曳摄影机，摄影机在垂直面上绕目标点旋转。

（5）在摄影机视口中右击，结束"环游摄影机"（Orbit Camera）模式。

（6）按【Ctrl+Z】组合键撤销对摄影机的调整。

9. 摇移摄影机（Pan Camera）按钮

该按钮是"环游摄影机"（Orbit Camera）下面的弹出按钮，它使摄影机的目标点绕摄影机旋转。

继续前面的练习来演示这个功能。

（1）继续前面的练习，确定摄影机被选择。

（2）在摄影机导航控制按钮区域按住"环游摄影机"（Orbit Camera）按钮不放。

（3）从弹出的按钮中单击"摇移摄影机"（Pan Camera）按钮 。

（4）在摄影机视口按住鼠标左键上下拖曳。

（5）按住【Shift】键，在摄影机视口水平拖曳摄影机，摄影机的目标点在水平面上绕摄影机旋转。

（6）按住【Shift】键，在摄影机视口垂直拖曳摄影机，摄影机的目标点在垂直面上绕摄影机旋转。

（7）在摄影机视口中右击，结束"摇移摄影机"（Pan Camera）模式。

（8）按【Ctrl+Z】组合键撤销对摄影机的调整。

其他两个按钮的解释参见后面的章节。

8.1.4 关闭摄影机的显示

有时需要将场景中的摄影机隐藏起来，下面继续前面的例子来说明如何隐藏摄影机。

（1）确定激活了摄影机视口。

（2）在摄影机的+视口标签上单击，从弹出的菜单中选择"选择摄影机"（Select Camera）命令。

（3）在"显示"（Display）命令面板，选择"按类别隐藏"（Hide by Category）卷展栏中的"摄影机"（Cameras）的复选框，如图 8.11 所示。

图 8.11

此时将隐藏场景中的所有摄影机。如果用户需要只隐藏选择的摄影机，那么可以单击"隐藏"（Hide）卷展栏中的"隐藏选定对象"（Hide Selected）按钮。

8.2 创建摄影机

在 3ds Max 2010 中有两种摄影机类型，即自由摄影机和目标摄影机。这两种摄影机的参数相同，但基本用法不同，下面具体介绍这两种摄影机。

8.2.1 自由摄影机

自由摄影机就像一个真正的摄影机，它能够被推拉、倾斜及自由移动。自由摄影机显示一个视点和一个锥形图标。它的一个作用是在建筑模型中沿着路径漫游。自由摄影机没有目标点，摄影机是唯一的对象。

【实例 8.1】创建和使用自由摄影机。

当给场景添加自由摄影机的时候，摄影机的最初方向是指向屏幕里面的。这样，摄影机的观察方向就与创建摄影机时使用的视口有关。如果在顶视口创建摄影机，那么摄影机的观察方向是"世界"坐标系的负 Z 方向。

（1）启动或者复位 3ds Max 2010。

（2）单击"打开文件"（Open File）按钮，然后选择"第 8 章"→Samples–08–05.max 文件。

（3）在"创建"（Create）命令面板中单击 ▧ 按钮，单击"自由"（Free）按钮。

（4）在左视口中创建一个自由摄影机，如图 8.12 所示。

（5）在透视视口中右击将其激活。

（6）按【C】键切换到摄影机视口，如图 8.13 所示。

切换到摄影机视口后，视口导航控制按钮区域的按钮就变成摄影机控制按钮。通过这些按钮就可以改变摄影机的参数。

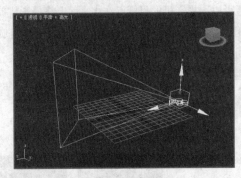

图 8.12

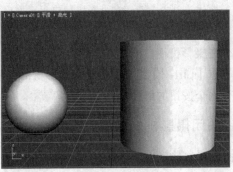

图 8.13

自由摄影机的一个优点是便于沿着路径或者轨迹线运动。

8.2.2 目标摄影机

目标摄影机的功能与自由摄影机类似，但是它有两个对象，第一个对象是摄影机，第二个对象是目标点。摄影机总是对准目标点，如图 8.14 所示。目标点是一个非渲染对象，它用来确定摄影机的观察方向。一旦确定了目标点，也就确定了摄影机的观察方向。目标点还有另外一个用途，它可以决定目标距离，从而便于进行 DOF 渲染。

【实例 8.2】使用目标摄影机。

（1）启动或者复位 3ds Max 2010。

（2）单击"打开文件"（Open File）按钮，然后选择"第 8 章"→Samples–08–05.max 文件。

（3）在"创建"（Create）命令面板中单击 ▧ 按钮，选择"目标"（Target Camera）按钮。

（4）在顶视口中单击并拖曳创建一个目标摄影机，如图 8.15 所示。

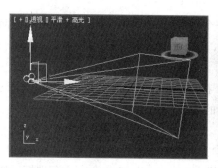

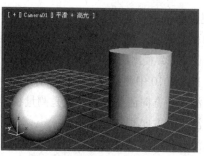

图 8.14

图 8.15

（5）在摄影机导航控制按钮区域单击"视野"（Field of View）按钮，然后调整前视口的显示，以便将视点和目标点显示在前视口中。

（6）确定在前视口中选择了摄影机。

（7）单击主工具栏中的"选择并移动"（Select and Move）按钮。

（8）在前视口中沿着 Y 轴将摄影机向上移动 16 个单位。

（9）在前视口中选择摄影机的目标点。

（10）在前视口中将目标点沿着 Y 轴向上移动 3.5 个单位。

（11）在摄影机视口中右击将其激活。

（12）要将当前的摄影机视口改变成为另外的一个摄影机视口，可以在摄影机的视口标签上单击，然后在弹出的菜单中选择另外一个视口即可。

图 8.16 所示即是把 Camera01 视口切换成透视（Perspective）视口。

8.2.3 摄影机的参数

创建摄影机后就被指定了默认的参数。在实际中经常需要改变这些参数，改变摄影机的参数可以在"修改"（Modify）命令面板的"参数"（Parameters）卷展栏中进行，如图 8.17 所示。

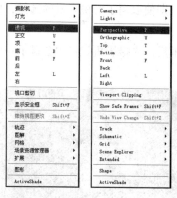

图 8.16

图 8.17

（1）"镜头"（Lens）和"视野"（FOV）：镜头和视野是相关的，改变镜头的长短，会改变摄影机的视野。真正摄影机的镜头长度和视野是被约束在一起的，但是不同的摄影机和镜头配置将有不同的视野和镜头长度比。影响视野的另外一个因素是图影的纵横比，一般用 X 方向的数值比 Y 方向的数值来表示。例如，镜头长度是 20mm，图影纵横比是 2.35，那么视野将是 94°；如果镜头长度是 20mm，图影纵横比是 1.33，那么视野将是 62°。

在 3ds Max 2010 中测量视野的方法有 3 种，在命令面板中分别用、和来表示。

- 沿水平方向测量视野，这是测量视野的标准方法。
- 沿垂直方向测量视野。
- 沿对角线测量视野。

在测量视野的按钮下面还有一个"正交投影"（Orthographic Projection）复选框。如果选择该复选框，那么将去掉摄影机的透视效果，如图 8.18 所示。当通过正交摄影机观察的时候，所有平行线保持平行，没有灭点存在。

> **注意**
>
> 如果使用正交摄影机，那么将不能使用大气渲染选项。

透视投影　　　　　　　　　　　　　正交投影

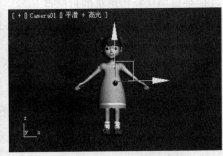

图 8.18

（2）备用镜头（Stock Lenses）：这个区域提供了几个标准摄影机镜头。

（3）类型（Type）：在该下列表中可以自由转换摄影机类型，也就是可以将目标摄影机转换为自由摄影机，也可以将自由摄影机转换成目标摄影机。图 8.19 所示为"类型"下拉列表。

（4）显示圆锥体（Show Cone）：选择该复选框后，即使取消了对摄影机的选择，也能够显示该摄影机视野的锥形区域。

（5）显示地平线（Show Horizon）：当选择该复选框后，在摄影机视口中会显示一条线，来表示地平线，如图 8.20 所示。

图 8.19　　　　　　　　　　　　　　图 8.20

（6）环境范围（Environmental Ranges）：按照距离摄影机的远近设置环境范围，距离的单位就是系统单位。"近距范围"（Near Range）决定场景的多少距离外开始有环境效果；"远距范围"（Far Range）决定环境效果最大的作用范围。选择"显示"（Show）复选框就可以在视口中看到环境的设置。

（7）剪切平面（Clipping Planes）：设置在 3ds Max 2010 中渲染对象的范围。范围外的任何对象都不被渲染。如果没有特别要求，一般不需要设置这个数值。与环境范围的设置类似，"近距剪切"（Near Clip）和"远距剪切"（Far Clip）根据到摄影机的距离决定远、近裁减平面。选择"手动剪切"（Clip Manually）复选框后，就可以在视口中看到裁减平面了，如图 8.21 所示。

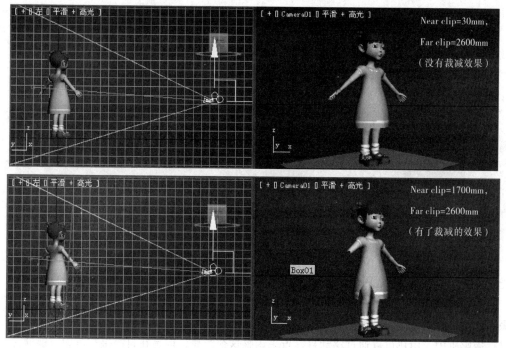

图 8.21

（8）多过程效果（Multi-pass Effect）：多过程效果可以对同一帧进行多遍渲染，这样可以准确渲染"景深"（Depth of Field）和对象"运动模糊"（Object Motion Blur）效果，如图 8.22 所示。选择"启用"（Enable）复选框将激活"多过程效果"和"预览"（Preview）按钮。单击"预览"（Preview）按钮用来测试摄影机视口中的设置。

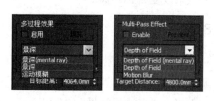

图 8.22

"多过程效果"下拉列表中有"景深（mental ray）"［Depth of Field（menta）ray］、"景深"（Depth of Field）效果和"运动模糊"（Motion Blur）效果 3 种选择，它们是互斥使用的，默认使用"景深"（Depth of Field）效果。

对于"景深"（Depth of Field）和"运动模糊"（Motion Blur）来讲，它们分别有不同的卷展栏和参数。

图 8.23 所示是同一场景使用"景深"（Depth of Field）的前后效果。

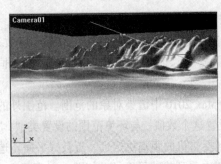 

图 8.23

图 8.24 所示是使用"运动模糊"（Motion Blur）的效果。

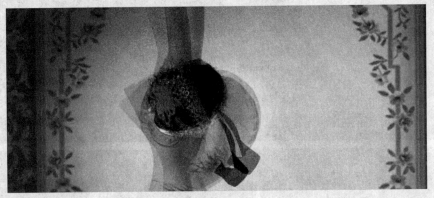

图 8.24

（9）渲染每过程效果（Render Effects Per Pass）：如果选择了这个复选框，那么每遍都渲染诸如辉光等特殊效果。该选项适用于"景深"（Depth of Field）和"运动模糊"（Motion Bar）效果。

（10）目标距离（Target Distance）：这个距离是摄影机到目标点的距离。用户可以通过改变这个距离来使目标点靠近或者远离摄影机。当使用"景深"（Depth of Field）时，这个距离非常有用。在目标摄影机中，用户可以通过移动目标点来调整这个距离，但是在自由摄影机中只能通过这个参数来改变目标距离。

8.2.4 景深

与照相类似，景深是一个非常有用的工具。用户可以通过调整景深来突出场景中的某些对象。下面就介绍景深的参数。

当在"多过程效果"（Multi-pass Effect）下拉列表中选择"景深"（Depth of Field）选项时，在摄影机的"修改"（Modify）命令面板中会显示一个"景深参数"（Depth of Field Parameters）卷展栏，如图 8.25 所示。下面将对该卷展栏的参数进行详细介绍。

"焦点深度"（Focal Depth）选项组

"焦点深度"（Focal Depth）是摄影机到聚焦平面的距离。

● 使用目标距离（Use Target Distance）：当选择该复选框后，摄影机的目标距离将作为每过程偏移摄影机的

图 8.25

点。如果取消选择该复选框，那么可以手工输入距离。

采样（Sampling）选项组

这个区域的设置决定图像的最后质量。

- 显示过程（Display Passes）：如果选择这个复选框，那么将显示"景深"（Depth of Field）的多个渲染通道，这样就能够动态的观察"景深"（Depth of Field）的渲染情况。如果取消选择该复选框，那么全部渲染后再显示渲染的图像。
- 使用初始位置（Use Original Location）：当选择这个复选框后，第一遍渲染从摄影机的当前位置开始。当取消选择这个复选框后，就会根据"采样半径"（Sample Radius）中的设置来设定第一遍渲染的位置。
- 过程总数（Total Passes）：这个参数设置渲染的总遍数。数值越大，渲染遍数越多，渲染时间就越长，最后得到的图像质量就越高。
- 采样半径（Sample Radius）：这个参数用来设置摄影机从原始半径移动的距离。在每遍渲染的时候稍微移动一点，摄影机就可以获得景深的效果。此数值越大，摄影机移动得就越多，创建的景深就越明显。如果摄影机被移动得太远，图像可能严重变形，甚至不能被使用。
- 采样偏移（Sample Bias）：该参数可以设置如何在每遍渲染中移动摄影机。该数值越小，摄影机偏离原始点就越少；该数值越大，摄影机偏离原始点就越多。

过程混合（Pass Blending）选项组

- 规格化权重（Normalize Weights）：当选择该复选框后，每遍混合都使用规格化的权重。如果取消选择该复选框，那么将使用随机权重。
- 抖动强度（Dither Strength）：这个参数可以决定每遍渲染抖动的强度。数值越高，抖动得越厉害。抖动是通过混合不同颜色和像素来模拟颜色或者混合图像的方法。
- 平铺大小（Tile Size）：这个参数可以设置每遍渲染中抖动图案的大小。

扫描线渲染器参数（Scanline Renderer Params）选项组

使用该选项组中的参数可以使用户取消多遍渲染的过滤和反走样。

8.2.5　运动模糊

与"景深"（Depth of Field）类似，也可以通过"修改"（Modify）命令面板来设置摄影机的"运动模糊"参数。运动模糊是胶片曝光一定的时间而引起的现象。当一个对象在摄影机之前运动的时候，快门需要一定的时间来曝光胶片，而在这个时间内对象还会移动一定的距离，这就使对象在胶片上出现了模糊的现象。

下面就来介绍一下"运动模糊"的参数。

"运动模糊参数"（Motion Blur Parameters）卷展栏中有 3 个选项组，它们是"采样"（Sampling）、"过程混合"（Pass Blending）和"扫描线渲染器参数"（Scanline Renderer Params），如图 8.26 所示。下面就来介绍"采样"（Sampling）这项组中的参数。

采样（Sampling）选项组

- 显示过程（Display Passes）：当选择这个复选框后，

图 8.26

可以显示每遍运动模糊的渲染，这样能够观察整个渲染过程。如果取消选择该复选框，那么在进行完所有渲染后再显示图像，这样可以加快渲染速度。

- 过程总数（Total Passes）：设置渲染的总遍数。
- 持续时间（帧）[Duration（frames）]：以帧为单位设置摄影机快门持续打开的时间。时间越长越模糊。
- 偏移：该参数提供了一个改变模糊效果位置的方法，取值范围是 0.01~0.99。较小的数值可以使对象的前面模糊，数值 0.5 可以使对象的中间模糊，较大的数值可以使对象的后面模糊。

8.2.6　景深（mental ray）

"景深（mental ray）"实际上并不是"多过程效果"的一种，它仅针对 mental ray 渲染器。若想使其生效，需要在"渲染场景"（Render Scene）对话框中的"渲染器"（Renderer）标签面板中，在"摄影机效果"（Camera Effects）卷展栏中"景深（仅透视视图）"[Depth of Field（Perspective Views Only）]选项组中选择"启用"（Enable）复选框。"景深（mental ray）"只有一个参数 f 制光圈，如图 8.27 所示。

图 8.27

f 制光圈（f-Stop）：用于设置摄影机的景深的宽度。增加 f 制光圈（f-Stop）的值可以将景深变窄，降低 f 制光圈（f-Stop）参数值可以扩宽景深的范围。

可以将 f 制光圈（f-Stop）设置在 1.0 以下，这样虽然会降低实际摄影机的真实性，但是可以使景深更好地匹配没有使用现实单位的场景。

8.3　使用"路径约束"（Path Constraint）控制器

在第 7 章中，已经使用了默认的控制器类型。在这一节，将介绍如何使用"路径约束"（Path Constraint）控制器。"路径约束"（Path Constraint）控制器使用一个或者多个图形来定义动画中对象的空间位置。

如果使用默认的"Bezier 位置"（Bezier Position）控制器，需要单击"插放动画"（Play Animation）按钮，然后在非第 0 帧变换才可以设置动画。当应用了"路径约束"（Path Constraint）控制器后，就取代了默认的"Bezier 位置"（Bezier Position）控制器，对象的轨迹线变成了指定的路径。

路径可以是任何二维图形。二维图形可以是闭合的图形，也可以是不闭合的图形。

8.3.1　"路径约束"（Path Constraint）控制器的主要参数

在 3ds Max 2010 中，"路径约束"（Path Constraint）控制器允许指定多个路径，这样对象运动的轨迹线是多个路径的加权混合。如果用两个二维图形分别定义河流的两岸，那么使用"路径约束"（Path Constraint）控制器可以使船沿着河流的中央行走。

"路径约束"（Path Constraint）控制器的"路径参数"（Path Parameters）卷展栏如图 8.28 所示。下面介绍其主要参数。

1. "跟随"（Follow）选项

"跟随"（Follow）选项使对象的某个"局部"坐标系与运动的轨迹线相切。与轨迹线相切的默认轴是 X 轴，也可以指定任意一个轴。默认情况下，对象"局部"坐标系的 Z 轴与"世界"坐标系的 Z 轴平行。如果给摄影机应用了"路径约束"（Path Constraint）控制器，可以使用"跟随"（Follow）选项使摄影机的观察方向与运动方向一致。

图 8.28

2. "倾斜量"（Bank）选项

"倾斜量"（Bank）选项使对象"局部"坐标系的 Z 轴朝向曲线的中心。只有选择了"跟随"（Follow）复选框才能使用该选项。倾斜的角度与"倾斜量"（Bank Amount）参数相关，该数值越大，倾斜的越厉害。倾斜角度也受路径曲线度的影响，曲线越弯曲，倾斜角度越大。

"倾斜量"（Bank）选项可以用来模拟飞机飞行的效果。

3. "平滑度"（Smoothness）选项

只有当选择了"倾斜量"（Bank）选项，才能设置"平滑度"（Smoothness）参数。"平滑度"参数可以沿着路径均分倾斜角度，该数值越大，倾斜角度越小。

4. "恒定速度"（Constant Velocity）选项

在通常情况下，样条线是由几个线段组成的。当第一次给对象应用"路径约束"（Path Constraint）控制器后，对象在每段样条线上运动速度是不一样的。样条线越短，对象运动得越慢；样条线越长，对象运动得越快。选择该复选框，就可以使对象在样条线上的运动速度一样。

5. 控制路径运动距离的选项

在"路径参数"（Path Parameters）卷展栏中还有一个"% 沿路径"（% Along Path）选项。该选项用于指定对象沿着路径运动的百分比。

当选择一个路径后，就在当前动画范围百分比轨迹的两端创建了两个关键帧。关键帧的值是 0～100 之间的一个数，代表路径的百分比。第 1 个关键帧的数值是 0%，代表路径的起点；第二个关键帧的数值是 100%，代表路径的终点。

就像操作其他关键帧一样，百分比（Percent）轨迹的关键帧也可以被移动、复制或者删除。

8.3.2　使用"路径约束"（Path Constraint）控制器控制沿路径的运动

当一个对象沿着路径运动的时候，可能需要在某些特定点暂停一下。假如给摄影机应用了"路径约束"（Path Constraint）控制器，就可以使其沿着一条路径运动，在必要的时候可以停下来四处观察一下。用户可以通过创建同样数值的关键帧来完成这个操作。两个关键帧之间的间隔就代表运动停留的时间。

暂停运动的另外一种方法是使用百分比（Percent）轨迹。在默认的情况下，百分比轨迹使用的是 Bezier Float 控制器，这样即使两个关键帧之间的数值相等，两个关键帧之间的数值也不一定相等。为了使两个关键帧之间的数值相等，需要将第 1 个关键帧的"输出"（Out）切线类型和第 2 个关键帧的"输入"（In）切线类型指定为线性。

【实例8.3】使用"路径约束"（Path Constraint）控制器控制沿路径的运动。

（1）启动 3ds Max 2010，单击"打开文件"（Open File）按钮，然后选择"第 8 章"→Samples-08-06.max 文件。该场景包含了一个茶壶和一个有圆角的矩形，如图 8.29 所示。

（2）在透视视口中选择茶壶。

（3）在"运动"（Motion）命令面板中，单击"参数"（Parameters）按钮，展开"指定控制器"（Assign Controller）卷展栏。

（4）选择"位置：位置 XYZ"（Position: Position XYZ）选项，如图 8.30 所示。

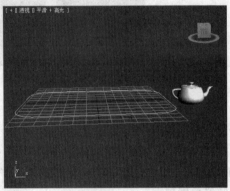

图 8.29　　　　　　　　　　　　　　　　　　　图 8.30

（5）在"指定控制器"（Assign Controller）卷展栏中单击■按钮，弹出"指定位置控制器"（Assign Position Controller）对话框，如图 8.31 所示。

（6）在"指定位置控制器"（Assign Position Controller）对话框中，选择"路径约束"（Path Constraint）选项，然后单击"确定"（OK）按钮。

此时在"运动"（Motion）命令面板上显示"路径参数"（Path Parameters）卷展栏，如图 8.32 所示。

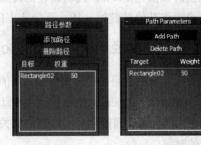

图 8.31　　　　　　　　　　　　　　　　　　　图 8.32

（7）在"路径参数"（Path Parameters）卷展栏中单击"添加路径"（Add Path）按钮，然后在透视视口中选择矩形。

（8）在透视视口中右击，结束"添加路径"（Add Path）操作，此时矩形被添加到路径列表中。

（9）反复拖曳时间滑块，观察茶壶的运动，此时茶壶沿着路径运动。

现在茶壶沿着路径运动的时间是 100 帧。当拖曳时间滑块的时候，"路径选项"（Path Options）区域的"%沿路径"（%Along Path）的数值会跟着改变，该数值指明当前帧完成运动的百分比。

下面介绍如何使用"跟随"（Follow）选项。

（1）单击时间控制按钮区域的"播放动画"（Play Animation）按钮 ▶ 。

注意观察在没有选择"跟随"（Follow）复选框时茶壶运动的方向，此时茶壶沿着有圆角的矩形运动，壶嘴始终指向正 X 方向。

（2）在"路径参数"（Path Parameters）卷展栏中，选择"跟随"（Follow）复选框。

现在茶壶的壶嘴指向了路径方向。

（3）在"路径参数"（Path Parameters）卷展栏中选择 Y 单选按钮，如图 8.33 所示。

现在茶壶的"局部"坐标系的 Y 轴指向了路径方向。

（4）在"路径参数"（Path Parameters）卷展栏中选择"翻转"（Flip）复选框，如图 8.34 所示。

图 8.33　　　　　　　　　　　　　　　　　　　　图 8.34

"局部"坐标系 Y 轴的负方向指向运动的方向。

（5）单击时间控制按钮区域的"停止动画"（Stop Animation）按钮 ▣ 。

下面介绍如何使用"倾斜量"（Bank）选项。

（1）启动 3ds Max 2010，单击"打开文件"（Open File）命令，然后选择"第 8 章"→Samples-08-07.max 文件。该场景包含了一个茶壶和一个有圆角的矩形。茶壶已经被指定了控制器并设置了动画。

（2）在透视视口中选择茶壶。

（3）"运动"（Motion）命令面板中"路径参数"（Path Parameters）卷展栏中"路径选项"（Path Options）选项组的"倾斜量"（Bank）选项，如图 8.35 所示。

（4）单击时间控制按钮区域的"播放动画"（Play Animation）按钮 ▶ ，此时茶壶在矩形的圆角处向里倾斜，但是倾斜得过分了。

图 8.35

（5）在"路径选项"（Path Options）区域将"倾斜量"（Bank Amount）设置为 0.1，使倾斜的角度变小。前面已经提到，"倾斜量"（Bank Amount）数值越小，倾斜的角度就越小。矩形的圆角半径同样会影响对象的倾斜，半径越小，倾斜角度就越大。

（6）单击时间控制按钮区域的"停止动画"（Stop Animation）按钮 ▣ 。

（7）在透视视口中选择矩形。

（8）在"修改"（Modify）命令面板的"参数"（Parameters）卷展栏中，将"角半径"（Corner Radius）改为 100，如图 8.36 所示。

（9）来回拖曳时间滑块，以便观察动画效果。

茶壶的倾斜角度变大了。

下面来设置"平滑度"（Smoothness）参数。

（1）在透视视口中选择茶壶。

（2）在"运动"（Motion）命令面板中，在"路径参数"（Path Parameters）卷展栏中的"路径选项"（Path Options）区域，将"平滑度"（Smoothness）设置为0.1。

（3）来回拖曳时间滑块，以便观察动画效果。

茶壶在圆角处突然倾斜，如图8.37所示。

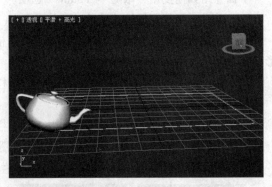

图 8.36   图 8.37

8.4 使摄影机沿着路径运动

当给摄影机指定了路径控制器后，通常需要调整摄影机沿着路径运动的时间。用户可以使用轨迹栏或者轨迹视图来完成这个工作。

如果使用轨迹视图调整时间，最好使用曲线编辑器模式。当使用曲线编辑器观察百分比曲线的时候，可以看到两个关键帧之间百分比的变化，如图8.38所示，这样可以方便动画的处理。

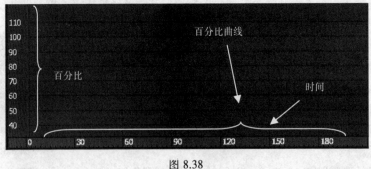

图 8.38

一旦设置完摄影机沿着路径运动的动画，就可以调整摄影机的观察方向，模拟观察者四处观看的效果。

下面将创建一个自由摄影机，并给位置轨迹指定一个"路径约束"（Path Constraint）控制器，然后调整摄影机的位置和观察方向。

【实例8.4】使用"路径约束"（Path Constraint）控制器。

（1）启动3ds Max 2010，单击"打开文件"（Open File）按钮，然后选择"第8章"→Samples-08-08.max文件。该场景包含了一条样条线，如图8.39所示。该样条线将被用作摄影机的路径。

说明：作为摄影机路径的样条线应该尽量没有尖角，以免摄影机方向的突然改变。

下面在场景中创建一个自由摄影机。用户可以在透视视口创建自由摄影机，但最好在正交视口创建自由摄影机。自由摄影机的默认观察方向是激活绘图平面的负 Z 轴方向，创建之后必须变换摄影机的观察方向。

（2）单击"创建"（Create）命令面板的"摄影机"（Cameras）按钮，单击"对象类型"（Object Type）卷展栏中的"自由"（Free）按钮。

（3）在前（Front）视口中创建一个自由摄影机，如图 8.40 所示。

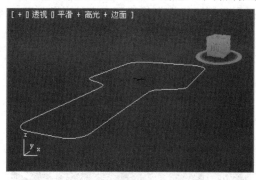

图 8.39

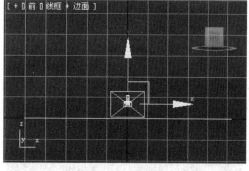

图 8.40

（4）在前视口中右击，结束摄影机的创建操作。

接下来给摄影机指定一个"路径约束"（Path Constraint）控制器。

由于 3ds Max 2010 是面向对象的程序，因此给摄影机指定路径控制器与给几何体指定路径控制器的过程是一样。

（1）确定选择了摄影机，在"运动"（Motion）命令面板中，展开"指定控制器"（Assign Controller）卷展栏。

（2）选择"位置：位置 XYZ"（Position: Position XYZ）选项，如图 8.41 所示。

（3）在"指定控制器"（Assign Controller）卷展栏中，单击"位置：路径约束"（Posifion:Path Constraint），如图 8.41 所示。

（4）在"指定位置控制器"（Assign Controller）对话框中，选择"路径约束"（Path Constraint）选项，然后单击"确定"（OK）按钮，关闭该对话框。

（5）在命令面板的"路径参数"（Path Parameters）卷展栏中，单击"添加路径"（Add Path）按钮。

图 8.41

（6）按【H】键，弹出"拾取对象"（Pick Object）对话框。在"拾取对象"（Pick Object）对话框中选择 Camera Path，然后单击"拾取"（Pick）按钮，关闭"拾取对象"（Pick Object）对话框。这时摄影机移动到作为路径的样条线上，如图 8.42 所示。

（7）来回拖曳时间滑块，观察动画的效果。此时摄影机的动画存在两个问题：第一是观察方向不对，第二是观察方向不随着路径改变。

首先来解决第二个问题。

（8）在"路径参数"（Path Parameters）卷展栏的"路径选项"（Path Options）选项组中选择

"跟随"（Follow）复选框。

（9）来回拖曳时间滑块，观察动画的效果。

此时摄影机的方向随着路径改变，但是观察方向仍然不对。下面就来解决这个问题。

（10）在"路径参数"（Path Parameters）卷展栏中的"轴"（Axis）选项组选择 X 单选按钮。

（11）来回拖曳时间滑块，观察动画的效果，现在摄影机的观察方向也正确了。

（12）在"显示"（Display）命令面板的"隐藏"（Hide）卷展栏中，单击"全部取消隐藏"（Unhide All）按钮，此时场景中显示出了所有隐藏的对象。

（13）激活透视视口，按【C】键，将它改为摄影机视口，在摄像机视口中的对象如图 8.43 所示。

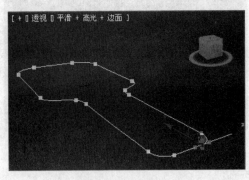

图 8.42　　　　　　　　　　　　　　　　图 8.43

（14）单击时间控制按钮区域的"播放动画"（Play Animation）按钮▶，此时摄影机在路径上快速运动。

（15）单击时间控制按钮区域的"停止动画"（Stop Animation）按钮⏹。

接下来调整摄影机在路径上的运动速度。

【实例 8.5】调整摄影机在路径上的运动速度。

（1）继续前面的练习，或者单击"打开文件"（Open File）按钮，然后选择"第 8 章"→Samples-08-09.max 文件。

（2）来回拖曳时间滑块，观察动画的效果。

在默认的 100 帧动画中，摄影机正好沿着路径运行一圈。当按每秒 25 帧的速度回放动画的时候，100 帧正好 4s。如果希望运动的速度稍微慢一点，可以将动画时间调整得稍微长一些。

（3）在时间控制区域按钮单击"时间配置"（Time Configuration）按钮。

（4）在弹出的"时间配置"（Time Configuration）对话框中的"动画"（Animation）选项区域中，将"长度"（Length）设置为 1500，如图 8.44 所示。

图 8.44

（5）单击"确定"（OK）按钮，关闭"时间配置"（Time Configuration）对话框。

（6）来回拖曳时间滑块，观察动画的效果。

摄影机的运动范围仍然是 100 帧。下面将第 100 帧处的关键帧移动到第 1500 帧。

（7）在透视视口中选择摄影机。

（8）在将光标移动到轨迹栏上第 100 帧处的关键帧上，然后将这个关键帧移动到第 1500 帧处。

（9）单击时间控制按钮区域的"播放动画"（Play Animation）按钮 ▶ 。

现在摄影机的运动范围是 1500 帧。用户可能已经注意到，摄影机在整个路径上的运动速度是不一样的。

（10）单击时间控制按钮区域的"停止动画"（Stop Animation）按钮 ⏹ ，停止播放。

下面来调整摄影机的运动速度。

（11）确定选择了摄影机，在"运动"（Motion）命令面板的"路径选项"（Path Options）选项区域中选择"恒定速度"（Constant Velocity）复选框。

（12）单击时间控制按钮区域的"播放动画"（Play Animation）按钮 ▶ ，此时摄影机在路径上匀速运动。

（13）单击时间控制按钮区域的"停止动画"（Stop Animation）按钮 ⏹ ，停止播放。

当制作摄影机漫游的动画时，经常需要摄影机走一走，停一停。下面就来制作摄影机暂停的动画。

【实例 8.6】制作摄影机暂停的动画。

（1）启动或者重置 3ds Max 2010，单击"打开文件"（Open File）按钮，然后选择"第 8 章"→Samples-08-10.max 文件。该文件包含一组建筑、一个摄影机和一条样条线，摄影机沿着样条线运动，总长度为 1500 帧。

（2）将时间滑块移动到第 200 帧。

下面从这一帧开始将动画暂停 100 帧。

（3）在透视视口中选择摄影机。

（4）在透视视口中右击，然后在弹出的快捷菜单中选择"曲线编辑器"（Curve Editor）命令。

这样就为摄影机打开了一个"轨迹视图-曲线编辑器"（Track View-Curve Editor）窗口。在该窗口的编辑区域显示一条垂直的线，指明当前编辑的时间。

（5）在层级列表区域选择百分比（Percent）轨迹，如图 8.45 所示。

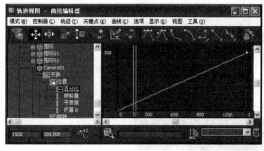

图 8.45

（6）在轨迹视图（Track View）的工具栏上单击"添加关键点"（Add Keys）按钮 。

（7）在轨迹视图（Track View）编辑区域中百分比轨迹的当前帧处单击，添加一个关键帧，如图 8.46 所示。

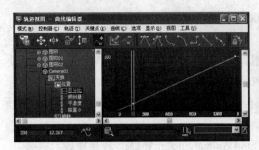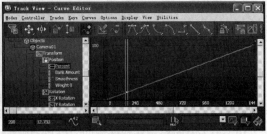

图 8.46

（8）在轨迹视图（Track View）的编辑区域中右击，结束添加关键点（Add Keys）操作。

（9）在编辑区域选择刚刚添加的关键帧。

（10）如果添加的关键帧不是在第 200 帧，那么可以在轨迹视图（Track View）的时间区域输入 200，如图 8.47 所示。

（11）在编辑区域的第 200 帧处右击，展开 Camera01 对象，选择"位置"（Position）选项中的"百分比"（Percent）选项，如图 8.47 所示。

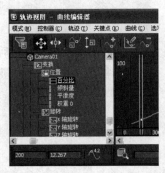

图 8.47

（12）如果关键帧的数值不是 20.0，那么在 Camera01\Percent 对话框的 Value 区域输入 20。

这意味着摄影机用了 200 帧完成了总运动的 20%，由于希望摄影机在这里暂停 100 帧，因此需要将第 300 帧处关键帧的值也设置为 20。

（13）单击 ✕ 按钮，关闭该对话框。

（14）单击轨迹视图（Track View）工具栏中的"移动关键点"（Move Keys）按钮 ✦，然后按住【Shift】键，在轨迹视图（Track View）的编辑区域将第 200 帧处的关键帧拖曳到第 300 帧，使关键帧在复制时保持水平移动。

这样就将第 200 帧处的关键帧复制到了第 300 帧，效果图 8.48 所示。

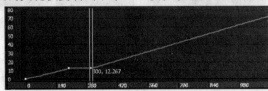

图 8.48

（15）单击时间控制按钮区域的"播放动画"（Play Animation）按钮 ▶，播放动画。

现在摄影机在第 200～300 帧之间没有运动。

（16）单击时间控制按钮区域的"停止动画"（Stop Animation）按钮，停止播放。

说明：如果第 300 帧处的关键帧数值不是 20，可以将其设置为 20。

8.5　"注视约束"（Look At Constraint）控制器

该控制器可以使对象的某个轴一直朝向另外一个对象。

【实例 8.7】使用"注视约束"（LookAt Constraint）控制器。

（1）启动 3ds Max 2010，单击"打开文件"（Open File）按钮，然后选择"第 8 章"→Samples-08-11.max 文件。该场景中有一朵花、一只蝴蝶和一条样条线，如图 8.49 所示。蝴蝶已经被指定为"路径约束"（Path Constraint）控制器。

（2）来回拖曳时间滑块，观察动画的效果，可以看到蝴蝶沿着路径运动。

（3）在透视视口中选择花瓣下面的花托。在"运动"（Motion）命令面板中，展开"指定控制器"（Assign Controller）卷展栏，选择"旋转：Euler XYZ"（Rotation：Euler XYZ）选项，如图 8.50 所示。

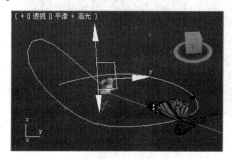

图 8.49

图 8.50

（4）单击"指定控制器"（Assign Controller）卷展栏中的"指定控制器"（Assign Controller）按钮。

（5）在弹出的"指定旋转控制器"（Assign Rotation Controller）对话框中，选择"注视约束"（LookAt Constraint）选项，如图 8.51 所示，然后单击"确定"（OK）按钮。

（6）在"运动"（Motion）命令面板中展开"注视约束"（LookAt Constraint）卷展栏，单击"添加注视目标"（Add LookAt Target）按钮，如图 8.52 所示。

图 8.51

图 8.52

（7）在透视视口中选择蝴蝶身体对象。

（8）单击时间控制按钮区域的"播放动画"（Play Animation）按钮 ▶，播放动画。此时可以看到花朵一直指向飞舞的蝴蝶。

8.6 "链接约束"（Link Constraint）控制器

"链接约束"（Link Constraint）控制器可以变换一个对象到另一个对象的层级链接的。有了这个控制器，3ds Max 2010 的位置链接不再是固定的了。

下面就使用"链接约束"（Link Constraint）控制器制作传接小球的动画，图 8.53 所示是其中的一帧。

【实例8.8】使用"链接约束"（Link Constraint）控制器。

（1）启动或者重置 3ds Max 2010，单击"打开文件"（Open File）按钮，然后选择"第 8 章"→Samples-08-12.max 文件。该场景中有 4 根长方条，如图 8.54 所示。

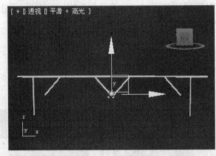
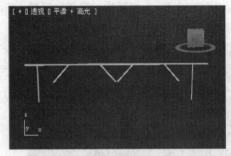

图 8.53　　　　　　　　　　　　　　图 8.54

（2）来回拖拽时间滑块，观察动画的效果，可以看到 4 根方条来回交接。

（3）下面创建小球。在"创建"（Create）命令面板中，单击"球体"（Sphere）按钮，在前视口中创建一个"半径"为 30 个单位的小球，将小球与 Box01 对齐，如图 8.55 所示。

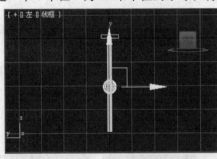
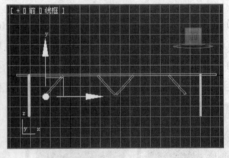

图 8.55

（4）下面制作小球的动画。选择小球，到"运动"（Motion）命令面板中，单击"参数"（Parameter）按钮，展开"指定控制器"（Assign Controller）卷展栏。选取"变换：位置|旋转|缩放"（Transform）选项，如图 8.56 所示。

（5）单击"指定控制器"（Assign Controller）🔲 按

图 8.56

钮,弹出"指定变换控制器"(Assign Transform Controller)对话框,选择"链接约束"(Link Constraint)选项,单击"确定"(OK)按钮,如图 8.57 所示。

(6)展开 Link Params 卷展栏,单击"添加链接"(Add Link)按钮,将时间滑块调整到第 0 帧,选取 Box01;将时间滑块调整到第 20 帧,选取 Box02;将时间滑块调整到第 40 帧,选取 Box03(右数第二个);将时间滑块调整到第 60 帧,选取 Box04;将时间滑块调整到第 100 帧,选取 Box03;将时间滑块调整到第 120 帧,选取 Box02;将时间滑块调整到第 120 帧,选取 Box01。

(7)这时的 Link Params 卷展栏如图 8.58 所示。

图 8.57

图 8.58

(8)观看动画,然后停止播放。

该例子的最后效果保存在"第 8 章"→Samples-08-12f.max 文件中。

小　　结

本章介绍了摄影机的基本用法,调整摄影机参数的方法,以及设置动画的方法等。摄影机动画是建筑漫游中常用的动画技巧,用户一定要认真学习。

用户不但可以调整摄影机的参数,而且可以使用摄影机导航控制按钮直接可视化地调整摄影机。要设置摄影机漫游的动画,最好使用"路径约束"(Path Constraint)控制器,使摄影机沿着某条路径运动。当调整摄影机的运动时,最好使用轨迹视图(Track View)的"曲线编辑模式"。

练习与思考

一、判断题

1. 摄影机的位置变化不能设置动画。

2. 摄影机的视野变化不能设置动画。

3. 自由摄影机常用于设置摄影机沿着路径运动的动画。

4. 切换到摄影机视口的快捷键是【C】。

5. 摄影机与视图匹配的快捷键是【Ctrl+C】。

6. 在 3ds Max 2010 中,一般使用自由摄影机制作漫游动画。

二、选择题

1. 3ds Max 2010 中的摄影机有（　　）种类型。

　　A. 4　　　　　　　B. 2　　　　　　　C. 3　　　　　　　D. 5

2. 在轨迹视图（Track View）图表中有（　　）种时间值域外的曲线循环模式。

　　A. 6　　　　　　　B. 5　　　　　　　C. 8　　　　　　　D. 4

3. "链接约束"（Link Constraint）控制器可以在（　　）控制器层级上变更。

　　A. 变换　　　　　B. 位置　　　　　C. 旋转　　　　　D. 缩放

4. 球体落地和起跳的关键帧应使用（　　）曲线模式。

　　A. 出入线方向均为加速曲线

　　B. 出入线方向均为减速曲线

　　C. 入线方向为加速曲线，出线方向为减速曲线

　　D. 出线方向为加速曲线，入线方向为减速曲线

5. 优化动画曲线上的关键帧应使用（　　）命令。

　　A. 变换　　　　　B. 位置　　　　　C. 旋转　　　　　D. 缩放

6. 美国与日本的电视帧速率为（　　）。

　　A. 24　　　　　　B. 25　　　　　　C. 30　　　　　　D. 35

7. 3ds Max 2010 中最小的时间单位是（　　）。

　　A. tick　　　　　B. 帧　　　　　　C. 秒　　　　　　D. 1/2400 秒

8. 用鼠标拖动来改变时间标尺长度的方法是（　　）。

　　A. Alt+鼠标中键　　　　　　　　　B. Alt+鼠标左键

　　C. 鼠标右键　　　　　　　　　　　D. Ctrl+Alt+鼠标右键

三、思考题

1. 摄影机的镜头和视野之间有什么关系？

2. 简述"路径约束"（Path Constraint）控制器的主要参数。

3. 如何使用景深和聚焦效果？两者是否可以同时使用？

4. 如何制作一个对象沿着某条曲线运动的动画？

5. 3ds Max 2010 的位置和旋转的默认控制器是什么？

6. 裁减平面的效果是否可以设置为动画？

7. 3ds Max 2010 中测量视野的方法有几种？

8. 一般摄影机和正交摄影机有什么区别？

9. 请仿照"第 8 章"→Samples-08-钱币.avi 制作动画。

10. 尝试制作一个摄影机漫游的动画。

第 9 章 材质编辑器

材质编辑器是 3ds Max 2010 工具栏中非常有用的工具。本章将介绍 3ds Max 2010 材质编辑器的界面和主要功能。用户将学习材质中的基本组件，如何利用基本的材质，如何取出和应用材质，以及如何创建和使用材质库。

通过本章的学习，用户能够掌握如下内容：

- 描述材质编辑器的布局
- 根据需要调整材质编辑器的设置
- 给场景对象应用材质
- 创建基本的材质，并将它应用于场景中的对象
- 从场景材质中创建材质库
- 从材质库中取出材质
- 从场景中获取材质并调整
- 在"材质/贴图浏览器"（Material/Map Browser）窗口中浏览复杂的材质

9.1 材质编辑器基础

使用材质编辑器，能够给场景中的对象添加各种颜色和纹理表面属性。在材质编辑器中，有很多工具和设置可供选择使用。

用户可以根据自己的喜好来选择材质，可以选择简单的纯色，也可以选择相当复杂的多图像纹理。例如，对于一堵墙的材质来讲，可以是单色的，也可以是有复杂纹理的砖墙，如图 9.1 所示。材质编辑器给用户提供了很多设置材质的选项。

图 9.1

9.1.1 材质编辑器的布局

使用 3ds Max 2010 时，使用材质编辑器会花费很多时间，因此材质编辑器的布局是非常重要的。

进入材质编辑器有以下 3 种方法。

- 从主工具栏中单击"材质编辑器"（Material Editor）按钮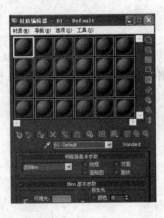。
- 在菜单栏上选择"渲染"→"材质编辑器"（Rendering→Material Editor）命令。
- 使用快捷键【M】。

"材质编辑器"窗口由 5 部分组成，包括菜单栏、材质样本窗、材质编辑器工具栏、材质类型和名称区、材质参数区，如图 9.2 所示。

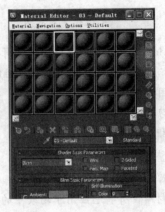

图 9.2

9.1.2　材质样本窗

在将材质应用给对象之前，可以在材质样本窗区域看到该材质的效果。在默认情况下，工作区中显示 24 个样本窗中的 6 个。有 3 种方法可以查看其他样本窗。

- 平推样本窗工作区。
- 使用样本窗侧面和底部的滑动块。
- 增加可见窗口的个数。

1．平推样本窗工作区和使用样本窗滚动条

观察其他材质样本窗的一种方法是在样本窗区域平推。

（1）启动 3ds Max 2010。

（2）在主工具栏中，单击"材质编辑器"（Material Editor）按钮。

（3）在材质编辑器的样本窗区域，将光标移动到两个窗口的分隔线上。

（4）在样本窗区域单击并拖动鼠标，便可以看到更多的样本窗。

（5）在样本窗的侧面和底部使用滚动栏，也可以看到更多的样本窗。

2．显示多个材质窗口

如果需要的不仅仅是标准的 6 个材质窗口，可以使用两种"行/列"（Column/Row）设置，它们是 5×3 或 6×4。用户可以使用下列两种方法进行设置。

- 快捷菜单。
- 选项对话框。

在激活的样本窗区域右击，将弹出快捷菜单，如图 9.3 所示。从快捷菜单中选择样本窗的显示选项，如图 9.4 所示。图 9.4 所示是 5×3 及 3×2 设置的样本窗。

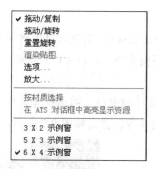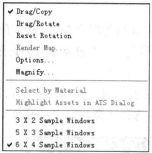

图 9.3

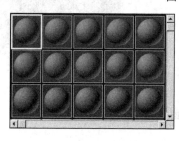

图 9.4

　　用户也可以通过单击工具栏侧面的"选项"（Options）按钮 🔧 或者选择"选项"（Options）菜单中的"选项"（Options）命令来控制样本窗的设置。单击 🔧 按钮，弹出材质编辑器的"材质编辑器选项"（Material Editor Options）对话框，可以从"示例窗数目"（Slots）选项区域进行设置，如图 9.5 所示。

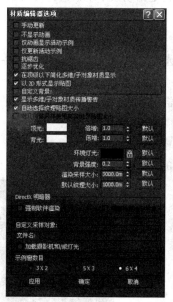

图 9.5

图 9.6 所示是 6×4 设置的样本窗。

在图 9.6 中激活的材质窗用白色边界标识，表示这是当前使用的材质。

3．放大样本视窗

虽然 3×2 设置的样本窗为用户提供了较大的显示区域，但仍然可以将一个样本窗设成更大的尺寸。3ds Max 2010 允许将某一个样本窗放大到任何大小。用户可以双击激活的样本窗将其放大，也可以使用快捷菜单将其放大。

（1）继续前面的练习，在材质编辑器中右击选择的窗口，弹出快捷菜单。

（2）在快捷菜单中选择"放大"（Magnify）命令后，弹出如图 9.7 所示的对话框。

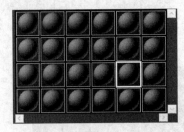 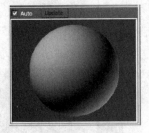

图 9.6　　　　　　　　　　　　　　　图 9.7

用户可以通过拖曳对话框的一角来调整样本窗的大小。

9.1.3　样本窗指示器

样本窗可以使用材质的可视化表示，来表明材质编辑器中每一种材质的状态。场景越复杂，这些指示器就越重要。当给场景中的对象指定材质后，样本窗的 4 个角会显示白色或灰色的三角形。这些三角形表示该材质被当前场景使用。如果三角形是白色的，表明材质被指定给场景中当前选择的对象；如果三角是灰色的，表明材质被指定给场景中未被选择的对象。

下面对指示器进行介绍。

【实例 9.1】使用样本指示器。

（1）单击"打开文件"（Open File）按钮，选择"第 9 章"→Samples-09-01.max 文件，如图 9.8 所示。

（2）按【M】键打开材质编辑器。材质编辑器中有些样本窗的角上有灰色的三角形，如图 9.9 所示。

（3）选择材质编辑器中第 1 行第 3 列的样本窗。

该样本窗的边界变成白色，表示现在为激活的材质。

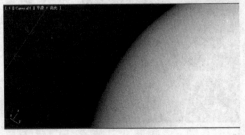 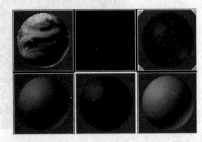

图 9.8　　　　　　　　　　　　　　　图 9.9

（4）在材质名称区找到名称为 Earth 的材质。

样本窗角上有灰色的三角形表示该材质已被指定给场景中的一个对象。

（5）在摄影机视口中选择 Earth 对象。

Earth 材质的三角形变成白色，表示此样本窗的材质已经被应用于场景中选择的对象上，如图 9.10 所示。

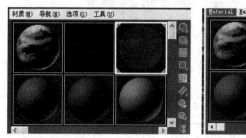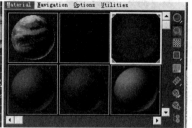

图 9.10

（6）在材质编辑器中，选择名称为 B-Earth 的材质。

材质的角上没有三角形，表明此材质没有指定给场景中的任何对象。

9.1.4　为对象应用材质

材质编辑器除了创建材质外，它的一个最基本的功能是将材质应用于各种各样的场景对象上。3ds Max 2010 提供了将材质应用于场景对象的几种不同方法。用户可以单击工具栏底部的 "将材质指定给选定对象"（Assign Material to Selection）按钮，也可以简单地将材质拖放至当前场景中的单个对象或多个对象上。

1. 将材质指定给选择的对象

先选择一个或多个对象，然后给对象指定材质。

【实例 9.2】将材质指定给选择对象。

（1）启动 3ds Max 2010，单击 "打开文件"（Open File）按钮，选择 "第 9 章"→Samples-09-02.max 文件。打开后的场景如图 9.11 所示。

图 9.11

（2）按【M】键打开材质编辑器，在材质编辑器中选择名称为 Ping 的材质（第 1 行第 3 列的样本视窗），如图 9.12 所示。

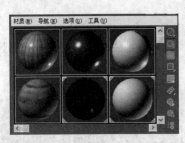

图 9.12

（3）在场景中选择所有 ping 对象（ping01 ~ Ping10）。

 技巧

单击的同时按住【Ctrl】键，可以将选择对象添加到选择集，如图 9.13 所示。

（4）在材质编辑器中单击"将材质指定给选定对象"（Assign Material to Selection）按钮 。

这样就将材质指定到场景中了，如图 9.14 所示。此时样本窗的角变成了白色，表示材质被应用于选择的场景对象上了。

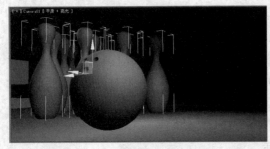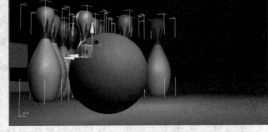

图 9.13　　　　　　　　　　　　　　　　图 9.14

2. 拖曳

使用拖曳的方法也能对场景中的一个或多个对象应用材质。如果对象被隐藏在后面或其他对象的内部，就很难恰当地指定材质。

（1）继续前面的练习，在材质编辑器中选择名为 plan 的材质（第 1 行第 1 列的样本视窗），如图 9.15 所示。

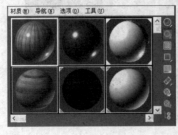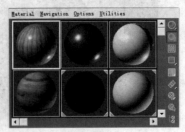

图 9.15

（2）将该材质拖曳到 Camera01 视口的 plan 对象上。

释放鼠标，材质即可被应用于 plan 上，如图 9.16 所示。

图 9.16

9.2 定制材质编辑器

当创建材质时，经常需要调整默认的材质编辑器的设置。用户可以改变样本窗对象的形状、打开和关闭背光、显示样本窗的背景以及设置重复次数等。

所有定制的设置都可以从样本窗区域右边的工具栏访问。右边的工具栏包括下列工具，如表 9.1 所示。

表 9.1

图 标	名 称	内 容
	样本类型（Sample Type flyout）	允许改变样本窗中样本材质形式，有球形、圆柱和盒子 3 种选项
	背光（Backlight）	显示材质受背光照射的样子
	背景（Background）	允许打开样本窗的背景，对透明材质特别有用
	采样 UV 平铺（Sample UV Tiling flyout）	允许改变编辑器中材质的重复次数，但不影响应用于对象的重复次数
	视频颜色检查（Video Color Check）	检查无效的视频颜色
	生成预览（Make Preview）	制作动画材质的预览效果
	选项（Options）	在"材质编辑器选项"（Material Editor Options）对话框中设置场景中的对象
	材质/贴图导航器（Material/Map Navigator）	允许查看组织好的层级中的材质的层次

1. 样本窗中的对象形状

默认情况下，样本窗中的对象是一个球体。当给场景创建材质时，多数情况下需要使用的形状不是球。如果给平坦的表面创建材质（比如墙或地板），就需要改变样本窗的显示。在材质编辑器中有 3 个默认的显示形式，分别是球体、圆柱体和盒子。当然，用户也可以指定自定义形状。

2. 材质编辑器的灯光设置

材质的外观效果与灯光关系十分密切。3ds Max 2010 是一个数字摄影工作室。如果知道如何在材质编辑器中调整灯光，就会有效地创建材质。在材质编辑器中有 3 种可用的灯光设置，分别为顶部光、背光和环境光。

说明：灯光设置的改变是全局变化，会影响所有的样本窗。

在多数情况下，3ds Max 2010 提供的默认灯光设置就可以很好地满足要求。如果已经调整了设置，可能又要调整为默认设置。下面就来介绍如何调整为默认设置。

在材质编辑器中只有一种改变亮度的方法，就是使用倍增器，它的值为 0～1。设置为 1 时，是 100% 的亮度。

一旦材质编辑器灯光设置好后，用户可以从侧面的工具栏关闭背光。

9.2.1 设置贴图重复次数

使用图像贴图创建材质时，有时需要使其看起来像平铺的图像，创建地板砖材质就是这样的情况。

（1）继续前面的练习或选择"第 9 章"→Samples-09-03.max 文件。

（2）按【M】键打开材质编辑器，激活第一个样本窗，其材质的名称是 plan。

（3）在侧面的工具栏上，按住"采样 UV 平铺"（Sample UV Tiling）弹出按钮不放，会弹出"采样 UV 平铺"（Sample UV Tiling）按钮选项▢⊞▦▦。

根据视觉的需要，有 4 个重复值可供选择，1×1、2×2、3×3 以及 4×4。

（4）从"采样 UV 平铺"（Sample UV Tiling）弹出按钮中单击 3×3 按钮▦，效果如图 9.17 所示。

图 9.17

说明：重复次数只能用于材质编辑器的预览，不会影响场景材质。

9.2.2 材质编辑器的其他选项

"材质编辑器选项"（Material Editor Options）对话框中提供了许多定制材质编辑器设置的方法。有一些选项会直接影响样本窗，而其他选项则是为了提高设计效率。

1. 调整渲染采样大小

用户可能经常需要改变"渲染采样大小"（Render Sample Size）的设定值，这个值决定样本对象与场景中对象的比例关系。该选项允许用户在渲染场景前，以场景对象的大小为基础，预览 3D 程序贴图的比例。如果场景对象为 15 个单位的大小，那么最好将"渲染采样大小"（Render Sample Size）设置为 15。

程序贴图是使用数学公式创建的。"噪波"（Noise）、"大理石"（Perlin Marble）和"斑点"（Speckle）是 3 种 3D 程序贴图的例子。通过调整它们可以获得满意的效果。

【实例 9.3】使用程序贴图。

（1）继续前面的练习，或者选择"第 9 章"→Samples-09-04.max 文件。

（2）按【M】键打开材质编辑器。

（3）在材质编辑器中，选择 qiu 材质（在第 1 行第 2 个）。

（4）在材质编辑器（Material Editor）的侧面工具栏中单击"选项"（Options）按钮🔧。

（5）在"材质编辑器选项"（Material Editor Options）对话框中，单击"渲染采样大小"（Render Sample Size）值右边的"默认"（Default）按钮。

说明：默认的"渲染采样大小"（Render Sample Size）设置为 100，这表示对象在场景内的大小为 100 单位。

（6）单击"材质编辑器选项"（Material Editor Options）对话框中的"应用"（Apply）按钮。此时的效果如图 9.18 所示。

说明：仔细地观察球表面的外观。当缩放值设置为 100 时，球看起来是光滑的。要使球表面比较好地表现出来，可以将缩放值设置得小一点。

（7）在""渲染采样大小"（Render Sample Size）的文本框中输入 2。

（8）单击对话框中的"应用"（Apply）按钮，此时球呈现出粗糙不平的效果，如图 9.19 所示。

（9）单击"确定"（OK）按钮，关闭对话框。

图 9.18

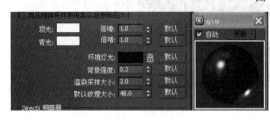

图 9.19

2．提高工作效率的选项

随着场景和贴图越来越复杂，材质编辑器开始变慢，尤其在有许多动画材质的情况更是如此。在"材质编辑器选项"（Material Editor Options）对话框中，有 4 个选项能提高效率，如图 9.20 所示。

图 9.20

- 手动更新（Manual Update）：使自动更新材质无效，必须通过单击样本窗来更新材质。当选择"手动更新"（Manual Update）复选框后，对材质所做的调整并不能实时地反映出来，只有在更新样本窗时，才能看到这些变化。

- 不显示动画（Don't Animate）：与 3ds Max 2010 中的其他功能一样，当播放动画时，动画材质会实时地更新。这不仅会使材质编辑器变慢，也会使视口的播放变慢。选择"不显示动画"（Don't Animate）复选框后，材质编辑器内和视口中所有材质的动画都会停止播放，这会极大地提高效率。
- 仅动画显示活动示例（Animate Active Only）：和"不显示动画"（Don't Animate）操作类似，但是它只允许活动示例窗被设置为。
- 仅更新活动示例（Update Active Only）：与"手动更新"（Manual Update）类似，但它只允许激活的样本窗实时更新。

9.3　使用材质

本节将进一步介绍材质编辑器的定制和材质的创建。现实世界充满了各种各样的材质，有一些外观很简单，有一些则呈现相当复杂的外表。不管是简单还是复杂，它们都有一个共同的特点，就是影响从表面反射的光。当构建材质时，必须考虑到光和材质的相互作用。

3ds Max 2010 提供了多种材质类型，如图 9.21 所示，每一种材质类型都有独特的用途。

图 9.21

有两种选择材质类型的方法：一种是单击材质名称文本框右边的 Standard 按钮，另一种是单击材质编辑器工具栏中的"获取材质"（Get Material）按钮 。不论使用哪种方法，都会弹出"材质/贴图浏览器"（Material/ Map Browser）对话框。用户可以从该对话框中选择新的材质类型。3ds Max 2010 用蓝色的球体表示材质类型，绿色的平行四边形表示贴图类型。

9.3.1　标准材质明暗器的基本参数

标准材质的类型非常丰富，用户可以使用它创建无数的材质。材质最重要的部分是明暗，光对表面的影响是由数学公式计算的。在标准材质中可以在"明暗器基本参数"（Shader Basic Parameters）卷展栏中选择明暗方式。每一个明暗器的参数是不完全一样的。

用户可以在"明暗器基本参数"（Shader Basic Parameters）卷展栏中指定明暗器的类型，如图 9.22 所示。

图 9.22

在明暗器类型旁边有 4 个选项，它们分别是"线框"（Wire）、"双面"（2-Sided）、"面贴图"（Face Map）和"面状"（Faceted）。下面简单介绍一下这几个选项。

- 线框（Wire）：将对象作为线框对象进行渲染。用户可以用"线框"（Wire）渲染制作线框效果，比如栅栏的防护网。
- 双面（2-Sided）：选择该复选框后，3ds Max 2010 既渲染对象的前面，也渲染对象的后面。"双面"（2-Sided）材质可用于模拟透明的塑料瓶、渔网或网球拍细线。
- 面贴图（Face Map）：该选项将材质的贴图坐标设定在对象的每个面上。与下一章将要介绍的"UVW 贴图"（UVW Map）编辑修改器中的"面贴图"（Face Map）作用类似。
- 面状（Faceted）：该选项可以使对象产生不光滑的明暗效果。"面状"（Faceted）可用于制作加工过的钻石、其他宝石等任何带有硬边的表面。

3ds Max 2010 默认的是 Blinn 明暗器，可以通过明暗器列表来选择其他明暗器，如图 9.23 所示。不同的明暗器有一些共同的选项，例如"环境"（Ambient）、"漫反射"（Diffuse）、"自发光"（Self-Illumination）、"透明度"（Opacity）及"高光"（Specular Highlights）等。每一个明暗器也都有各自的一套参数。

- 各向异性（Anisotropic）：在该明暗器的"明暗器基本参数"卷展栏中可以设置参数，它创建的表面有非圆形高光。

"各向异性"（Anisotropic）明暗器可用来模拟光亮的金属表面。

某些参数可以用颜色或数量描述，"自发光"（Self-Illumination）选项就是这样的例子。当取消选择复选框后，就可以输入数值，如图 9.24 所示。如果选择该复选框，就可以使用颜色或贴图替代数值。

図 9.23　　　　　　　　　　　　　　　　図 9.24

- Blinn：是一种带有圆形高光的明暗器，其基本参数卷展栏如图 9.25 所示。

Blinn 明暗器应用范围很广，是默认的明暗器。

- 金属（Metal）："金属"（Metal）明暗器常用来模拟金属表面，其基本参数卷展栏如图 9.26 所示。

図 9.25　　　　　　　　　　　　　　　　図 9.26

- 多层（Multi-Layer）："多层"（Multi-Layer）明暗器包含两个各向异性的高光，两者彼此独立，可以分别对其进行设置，从而制作出有趣的效果，其基本参数卷展栏如图 9.27 所示。

用户可以使用"多层"（Multi-Layer）明暗器创建复杂的表面，例如缎纹、丝绸和光芒四射的油漆等。

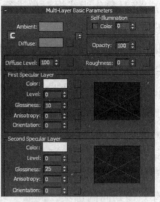

图 9.27

- Oren-Nayar-Blinn（ONB）：该明暗器具有 Blinn 风格的高光，但它更柔和，其基本参数卷展栏如图 9.28 所示。

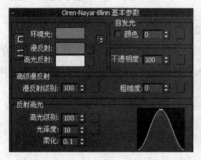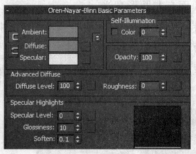

图 9.28

ONB 通常用于模拟布、土坯和人的皮肤等效果。

- Phong：该明暗器是从 3ds Max 的最早版本保留下来的，它的功能类似于 Blinn。不足之处是，Phong 的高光有些松散，不像 Blinn 那么圆，其基本参数卷展栏如图 9.29 所示。Phong 是非常灵活的明暗器，可用于模拟硬的或软的表面。

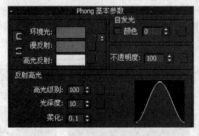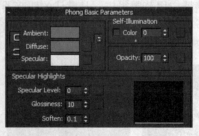

图 9.29

- Strauss：该明暗器用于快速创建金属或者非金属表面（例如光泽的油漆、光亮的金属和铬合金等）。它的参数很少，基本参数卷展栏如图 9.30 所示。

图 9.30

- 半透明明暗器（Translucent Shader）：该明暗器用于创建轻薄物体的材质（例如窗帘、投影屏幕等），来模拟光穿透的效果，其基本参数卷展栏如图 9.31 所示。

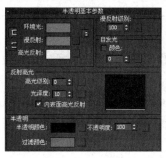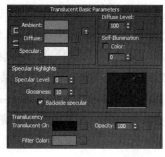

图 9.31

9.3.2 "光线跟踪"（Raytrace）材质类型

与标准材质类型一样，"光线跟踪"（Raytrace）材质也可以使用 Phong、Blinn、"金属"（Metal）明暗器及"对比度"（Constant）明暗器。"光线跟踪"（Raytrace）材质的用途上与"标准"（Standard）材质不同。"光线跟踪"（Raytrace）材质试图从物理上模仿表面的光线效果。正因为如此，"光线跟踪"（Raytrace）材质要花费更长的渲染时间。

光线跟踪是渲染的一种形式，它可以计算从屏幕到场景灯光的光线。"光线跟踪"（Raytrace）材质允许添加一些其他特性，如发光度、额外的光、半透明和荧光。它也支持高级透明参数，像雾和颜色密度，如图 9.32 所示。

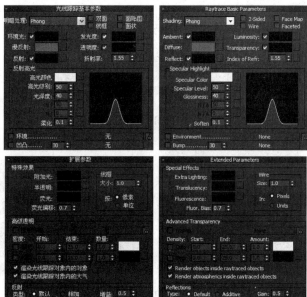

图 9.32

1. "光线跟踪基本参数"（Raytrace Basic Parameters）卷展栏中的主要参数

- 发光度（Luminosity）：类似于"自发光"（Self-Illumination）选项。
- 透明度（Transparency）：设置过滤器的值，遮住选取的颜色。
- 反射（Reflect）：设置反射值的级别和颜色，可以设置成没有反射，也可以设置成镜像表面反射。

2. "扩展参数"（Extended Parameters）卷展栏中的主要参数

- 附加光（Extra Lighting）：这项功能类似于"环境光"，可以模拟从一个对象放射到另一个对象上的光。
- 半透明（Translucency）：该选项可用来制作阴影投在薄对象的表面的效果。当用在厚对象上时，它可以用来制作类似于蜡烛的效果。
- 荧光和荧光偏移（Fluorescence&Fluorescence Bias）："荧光"（Fluorescence）将模拟材质被照亮，就像被白光照亮，而不管场景中光的颜色。"荧光偏移"决定亮度的程度，值为 1 时表示最亮，值为 0 时不起作用。

9.3.3 创建材质

视口提供了直接在对象的纹理上进行绘制的工具。它将活动视口变成二维画布，用户可以在这个画布上进行绘制，然后将结果应用于对象的纹理。

【实例 9.4】给保龄球创建黄铜材质。

下面来给保龄球创建黄铜材质。

（1）启动 3ds Max 2010，选择"第 9 章"→Samples-09-05.max 文件。

（2）按【M】键打开材质编辑器。

（3）在材质编辑器（Material Editor）中选择一个可用的样本窗。

（4）在名称（Name）文本框中输入 tong。

（5）在"明暗器基本参数"（Shader Basic Parameters）卷展栏中，从下拉列表中选择"金属"（Metal）选项，如图 9.33 所示。

（6）在"金属基本参数"（Metal Basic Parameters）卷展栏中，单击"漫反射"（Diffuse）颜色块。

（7）在弹出的"颜色选择器：漫反射颜色"（Color Selector: Diffuse Color）对话框中，设置颜色值为 R：235、G：215 和 B：75，如图 9.34 所示。

图 9.33

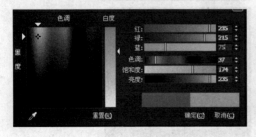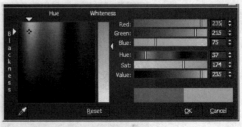

图 9.34

（8）关闭该对话框。

（9）在"金属基本参数"（Metal Basic Parameters）卷展栏中的"反射高光"（Specular Highlights）选择区域，设置"高光级别"（Specular Level）为 60，"光泽度"（Glossiness）为 75，如图 9.35 所示。

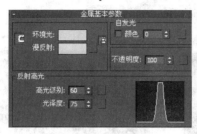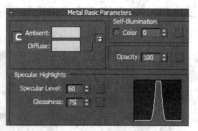

图 9.35

（10）"贴图"（Maps）卷展栏中，将"反射"（Reflection）的"数量"（Amount）设置为 20，单击其后的 None 按钮。

（11）在弹出的"材质/贴图浏览器"（Material/Map Browser）窗口中，选择"光线跟踪"（Raytrace）选项后，单击"确定"（OK）按钮，如图 9.36 所示。

图 9.36

（12）在材质编辑器的工具栏中，单击 按钮，回到主材质设置区域。

说明：有两个按钮可帮助用户浏览简单的材质，它们是"转到父对象"（Go to Parent） 和"转到下一个同级项"（Go to Sibling）按钮 。"转到父对象"（Go to Parent）可以返回到材质的上一层，"转到下一个同级项"（Go to Sibling）可以在材质的同一层切换。

材质样本窗的 tong 材质如图 9.37 所示。为看到刚添加的反射效果，可打开样本窗的背景。

（13）在材质编辑器（Material Editor）的右侧工具栏中单击"背景"（Background）按钮 ，效果如图 9.38 所示。

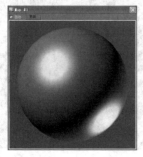

图 9.37　　　　图 9.38

说明：随着反射的加入，材质看起来更像黄铜。

（14）将材质拖曳到场景中的 qiu 对象上，如图 9.39 所示。

（15）在主工具栏中，单击"快速渲染"（Quick Render）按钮。

渲染效果如图 9.40 所示。

图 9.39

图 9.40

（16）关闭渲染窗口。

9.3.4 从材质库中取出材质

3ds Max 2010 材质编辑器的优点之一就是，它能使用用户创建的材质以及储存在材质库中的材质。在这一节，将从材质库中选择一个材质，并将它应用到场景中的对象上。

【实例 9.5】从材质库中取出材质。

（1）启动 3ds Max 2010，单击"打开文件"（Open File）按钮，选择"第 9 章"→Samples-09-06.max 文件，如图 9.41 所示。

（2）按【M】键打开材质编辑器。在材质编辑器中，向左推动样本窗，将显示出更多的样本窗。

（3）选择一个空白的样本窗。

（4）单击"获取材质"（Get Material）按钮。

（5）在弹出的"材质/贴图浏览器"（Material/Map Browser）窗口的"浏览自"（Browse From）选项区域中，选择"材质库"（Mtl library）单选按钮，如图 9.42 所示。

图 9.41

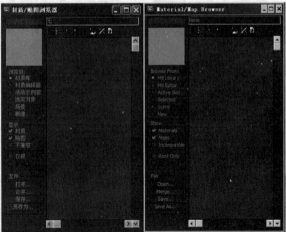
图 9.42

（6）在"文件"（File）选项区域中，单击"打开"（Open）按钮，弹出"打开材质库"（Open Material Library）对话框。

（7）在弹出的窗口中，单击"木材"（Wood）选项，然后单击"打开"按钮，如图 9.43 所示。

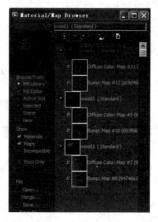

图 9.43

（8）在"材质/贴图浏览器"（Material/Map Browser）窗口的 Wood mat 工具栏中，单击"查看列表+图标"（View List + Icons）按钮。

（9）在"显示"（Show）选择区域中，选择"仅根"（Root Only）复选框。

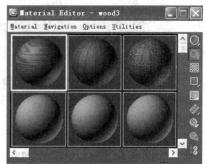

（10）从材质列表中双击 Wood_Ashen。

此时将此材质复制到激活样本窗，如图 9.44 所示。

（11）关闭"材质/贴图浏览器"（Material/Map Browser）窗口。

（12）将这个材质拖放到摄影机视口后边的 b-plan 对象上，效果如图 9.45 所示。

（13）在主工具栏中，单击"快速渲染"（Quick Render）按钮。

图 9.44

渲染后的效果如图 9.46 所示。

图 9.45   图 9.46

（14）关闭渲染窗口。

9.3.5 修改新材质

用户还可以对选取的材质进行修改，以满足要求。下面就对刚刚选取的材质进行修改。

【实例 9.6】修改新材质。

（1）继续前面的练习或者，选择"第 9 章"→Samples-09-07.max 文件。

（2）按【M】键进入材质编辑器。

（3）在材质编辑器中单击 Wood_Ashen 样本视窗。

（4）在"Blinn 基本参数"（Blinn Basic Parameters）卷展栏中，单击"漫反射"（Diffuse）通道。

（5）在"坐标"（Coordinates）卷展栏中，将 U 和 V 的"平铺"（Tiling）参数分别设置为 5 和 2，如图 9.47 所示。

（6）在材质编辑器的工具栏上，单击"转到父对象"（Go to Parent）按钮。

（7）将"贴图"（Maps）卷展栏的"凹凸"（Bump）的"数量"（Amount）设置为 75，这样会增加凹凸的效果。

（8）确定摄影机视口处于激活状态。

（9）在主工具栏中单击"快速渲染"（Quick Render）按钮。

渲染效果如图 9.48 所示。

图 9.47

图 9.48

（10）关闭渲染窗口。

既然已经改变了材质，就需要修改材质的名称。

（11）在材质编辑器中单击 Wood_Ashen 样本窗。

（12）在材质名称文本框中，输入 Wood_TB，并按【Enter】键确定名称的改变。

9.3.6 创建材质库

尽管可以同时编辑 24 种材质，但在场景中经常多于 24 个对象。3ds Max 2010 可以使场景中的材质比材质编辑器样本窗中的材质多。用户可以将样本窗的所有材质保存到材质库，也可以将场景中应用于对象的所有材质保存到材质库。下面将创建一个材质库。

【实例 9.7】创建材质库。

（1）继续前面的练习，或者选择"第 9 章"→Samples-09-08.max 文件。

（2）按【M】键打开材质编辑器。

（3）在材质编辑器工具栏中，单击"获取材质"（Get Material）按钮。

（4）在"材质/贴图浏览器"（Material/Map Browser）窗口中的"浏览自"（Browse From）选

项区域中，选择"场景"（Scene）单选按钮，此时显示区域显示出场景中使用的材质，如图 9.49 所示。

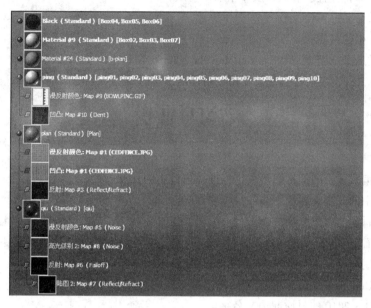

图 9.49

（5）在"材质/贴图浏览器"（Material/Map Browser）窗口的"文件"（File）选项区域中，单击"另存为"（Save As）按钮。

（6）在"保存材质库"（Save Material Library）对话框，将库保存在 materiallibraries 目录下，名称为 BOLING，如图 9.50 所示，单击"保存"按钮。

图 9.50

这样就将场景的材质保存到名为 BOLING.mat 的材质库中了。

小   结

本章介绍了 3ds Max 2010 材质编辑器的基础知识和基本操作。通过本章的学习，用户应该熟练进行如下操作：

- 调整材质编辑器的设置；
- 给场景对象应用材质；

- 创建基本的材质；
- 建立材质库，并且能够从材质库中取出材质；
- 给材质重命名；
- 修改场景中的材质；
- 在"材质/贴图浏览器"（Material/Map Navigator）窗口中浏览复杂的材质。

对于初学者来讲，应该特别注意使用"材质/贴图浏览器"（Material/Map Navigator）窗口。

练习与思考

一、判断题

1. 可以给材质编辑器中的样本类型指定标准几何体中的任意一种。
2. 材质编辑器中的灯光设置也影响场景中的灯光。
3. 在调整透明材质的时候，最好单击材质编辑器工具中的"背景"（Background）按钮。
4. 材质编辑器工具中的"采样 UV 平铺"（Sample UV Tilling）对场景中贴图的重复次数没有影响。
5. 标准材质"明暗器基本参数"（Shader Basic Parameters）卷展栏中的"双面"（2-Sided）复选项与双面（Double Sided）材质类型的作用是一样的。
6. 可以给 3ds Max 2010 的材质起中文名字。
7. 在一般情况下，材质编辑器工具栏中的"将材质放入场景"（Put Material to Scene）按钮和"生成材质副本"（Make Material Copy）按钮，只有一个可以使用。
8. 用户不可以指定材质自发光的颜色。
9. 在 3ds Max 2010 中，明暗器模型的类型有八项。
10. 在 3ds Max 2010 中，不可以直接将材质拖至场景中的对象上。

二、选择题

1. 下列选择项属于模型控制项的是（　　　）。
   A. Blur　　　　　　B. Checker　　　　　C. Glossiness Maps　　　D. Bitmap
2. 在明暗器模型中，设置金属材质的选项为（　　　）。
   A. Translucent Shader　　　　　　　　B. Phone
   C. Blinn　　　　　　　　　　　　　　D. Metal
3. 在明暗器模型中，可以设置金属度的选项为（　　　）。
   A. Strauss　　　　　B. Phone　　　　　C. Blinn　　　　　D. Metal
4. 不属于材质类型的是（　　　）。
   A. Standard　　　　B. Double side　　　C. Morpher　　　　D. Bitmap
5. 下面（　　　）材质类型与面的 ID 号有关。
   A. Standard　　　　B. Top/Bottom　　　C. Blend　　　　　D. Multi-Sub-Object
6. 下面（　　　）材质类型与面的法线有关。
   A. Standard　　　　B. Morpher　　　　C. Blend　　　　　D. Double side
7. 材质编辑器样本窗中的样本类型（Sample Type）最多可以有（　　　）种。
   A. 2　　　　　　　B. 3　　　　　　　C. 4　　　　　　　D. 5

8. 材质编辑器的样本窗最多可以有（　　）个。

    A. 6　　　　　　　　B. 15　　　　　　　　C. 24　　　　　　　　D. 30

9. 在标准（Standard）材质的"Blinn 基本参数"（Blinn Basic Parameters）卷展栏中，（　　）参数影响高光颜色。

    A. Specular　　　　　B. Specular Level　　　C. Glossiness　　　　D. Soften

10. 材质编辑器"明暗器基本参数"（Shader Basic Parameters）卷展栏中的（　　）明暗器模型可以产生十字形高光区域。

    材质编辑器"明暗器基本参数"（Shader Basic Parameters）卷展栏中的（　　）明暗器模型可以产生条形高光区域。

    A. Blinn　　　　　　B. Phone　　　　　　C. Metal　　　　　　D. Multi-Layer

三、思考题

1. 如何从材质库中获取材质？如何从场景中获取材质？

2. 如何设置线框材质？

3. 如何将材质指定给场景中的几何体？

4. 如何使用自定义的对象作为样本窗中的样本类型？

5. 材质编辑器的灯光对场景中的几何对象有何影响？如何改变材质编辑器中的灯光设置？

6. 在材质编辑器中，可以同时编辑多少种材质？

7. 如何建立材质库？

8. 不同明暗模型的用法有何不同？

9. 重复设置材质编辑器中的贴图，对场景中的贴图效果有何影响？

10. 请模仿"第 9 章"→Sample-09-09.avi 制作动画材质。

第10章 创建贴图材质

上一章介绍了通过调整漫反射的值设定材质的颜色，从而创建一些基本材质。一般情况下，基本材质就足够了，但是当对象和场景比较复杂的时候，就要用到贴图材质了。本章就介绍如何创建贴图材质。通过本章的学习，用户能够掌握如下内容：

- 使用各种贴图通道
- 使用位图创建简单的材质
- 使用程序贴图和位图创建复杂贴图
- 在材质编辑器中修改位图
- 使用和修改程序贴图
- 给对象应用 UVW 贴图坐标
- 解决复杂的贴图问题
- 使用动画材质

10.1　位图和程序贴图

3ds Max 2010 材质编辑器包括两类贴图，即位图和程序贴图。这两类贴图看起来相似，但作用原理不一样。

1. 位图

位图是二维图像，由水平和垂直方向的像素组成。图像的像素越多，它就越大。小的或中等大小的位图用在对象上时，不要离摄影机太近。如果摄影机要放大对象，可能需要比较大的位图。图 10.1 所示为摄影机放大位图对象的前后效果，图像的右下角出现了块状像素，这种现象称为像素化。

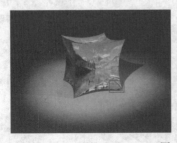

图 10.1

在上面的图像中，使用比较大的位图会减少像素化。但是较大的位图需要更多的内存，因此渲染时会花费更长的时间。

2．程序贴图

与位图不一样，程序贴图是利用简单或复杂的数学方程进行运算形成贴图。程序贴图的优点是，当对它们放大时，不会降低分辨率，能看到更多的细节。

当放大一个对象（比如砖）时，图像的细节变得很明显，如图 10.2 所示。注意砖锯齿状的边和灰泥上的噪波。程序贴图的另一个优点是它们是三维的，可以填充整个 3D 空间，比如用一个大理石纹理填充对象时，就像是实心的，如图 10.3 所示。

图 10.2　　　　　　　　　　　　　　　　　　　图 10.3

3ds Max 2010 提供了多种程序贴图，例如噪波、水、斑点、旋涡、渐变等，贴图的多样性决定了外观的多样性。

3．组合贴图

3ds Max 2010 允许将位图和程序贴图组合在同一贴图里，这样就提供了更大的灵活性。图 10.4 所示是一个带有位图的程序贴图。

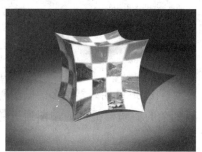

图 10.4

10.2　贴　图　通　道

当创建简单或复杂的贴图材质时，必须使用一个或多个材质编辑器的贴图通道，诸如"漫反射颜色"（Diffuse Color）、"凹凸"（Bump）、"高光颜色"（Specular Color）或其他可使用的贴图通道。这些通道能够使用位图和程序贴图。贴图可单独使用，也可以组合在一起使用。

10.2.1　进入贴图通道

设置贴图时，需要单击基本参数卷展栏中的贴图框■，贴图框在颜色样本和微调器旁边。但是，在基本参数卷展栏中并不能使用所有的贴图通道。

要观看明暗器的所有贴图通道，需要展开"贴图"（Maps）卷展栏，这样就会看到所有的贴图通道。图 10.5 所示是"金属"（Metal）明暗器贴图通道的一部分。

贴图 / **Maps**

数量	贴图类型		Amount	Map
环境光颜色	100	None	Ambient Color 100	None
漫反射颜色	100	None	Diffuse Color 100	None
高光颜色	100	None	Specular Color 100	None
高光级别	100	None	Specular Level 100	None
光泽度	100	None	Glossiness 100	None
自发光	100	None	Self-Illumination 100	None
不透明度	100	None	Opacity 100	None
过滤色	100	None	Filter Color 100	None
凹凸	30	None	Bump 30	None
反射	100	None	Reflection 100	None
折射	100	None	Refraction 100	None
置换	100	None	Displacement 100	None

图 10.5

在"贴图"（Maps）卷展栏中可以设置贴图的"数量"（Amount）参数。"数量"（Amount）可以控制使用贴图的数量。如图 10.6 所示，左边图像的"漫反射颜色"（Diffuse Color）"数量"设置为 100，而右边图像的"漫反射颜色"（Diffuse Color）"数量"设置为 25，其他参数设置相同。

图 10.6

10.2.2　设置贴图通道

有些明暗器提供了其他贴图通道选项。如"多层"（Multi-Layer）、Oren-Nayer-Blinn 和"各向异性"（Anisotropy）明暗器就提供了比 Blinn 明暗器更多的贴图通道。明暗器提供贴图通道的多少取决于明暗器自身的特征，越复杂的明暗器提供的贴图通道越多。图 10.7 所示是"多层"（Multi-Layer）明暗器贴图通道。

贴图 / **Maps**

数量	贴图类型		Amount	Map
环境光颜色	100	None	Ambient Color 100	None
漫反射颜色	100	None	Diffuse Color 100	None
漫反射级别	100	None	Diffuse Level 100	None
漫反射粗糙度	100	None	Diff. Roughness 100	None
高光颜色 1	100	None	Specular Color 1 100	None
高光级别 1	100	None	Specular Level 1 100	None
光泽度 1	100	None	Glossiness 1 100	None
各向异性 1	100	None	Anisotropy 1 100	None
方向 1	100	None	Orientation 1 100	None
高光颜色 2	100	None	Specular Color 2 100	None
高光级别 2	100	None	Specular Level 2 100	None
光泽度 2	100	None	Glossiness 2 100	None
各向异性 2	100	None	Anisotropy 2 100	None
方向 2	100	None	Orientation2 100	None
自发光	100	None	Self-Illumination 100	None
不透明度	100	None	Opacity 100	None
过滤色	100	None	Filter Color 100	None
凹凸	30	None	Bump 30	None
反射	100	None	Reflection 100	None
折射	100	None	Refraction 100	None
置换	100	None	Displacement 100	None

图 10.7

下面对明暗器的贴图通道进行一些简单的介绍。

- "漫反射颜色"（Ambient Color）："漫反射颜色"（Ambient Color）贴图通道可以控制环境光的量和颜色。环境光的量受"环境"（Environment）选项卡中"环境"（Ambient）值的影响，如图 10.8 所示。增加环境中的"环境"（Ambient）值，会使"环境"（Ambient）贴图变亮。

图 10.8

在默认的情况下，该数值与漫反射（Diffuse）值锁定在一起，单击█按钮可将锁定打开。如图 10.9 所示，左边图像是用做环境（Ambient）贴图的灰度级位图，右边图像是将左边的图像应用给环境贴图后的效果。

"漫反射颜色"（Diffuse Color）贴图通道是最有用的贴图通道之一，它决定对象的可见表面的颜色。

如图 10.10 所示，左边的图像是用做漫反射（Diffuse）贴图的彩色位图，右边图像将左边图像贴到"漫反射颜色"（Diffuse Color）通道后的效果。

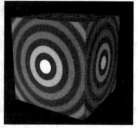

图 10.9　　　　　　　　　　　　　　　　　图 10.10

- "漫反射级别"（Diffuse Level）：该贴图通道基于贴图灰度值，用于设定"漫反射颜色"（Diffuse Color）贴图通道的值。它用来设定"漫反射颜色"（Diffuse Color）贴图亮度值，对模拟灰尘效果很有用。

如图 10.11 所示，左边是贴图的层级结构，右边是贴图的最后效果。

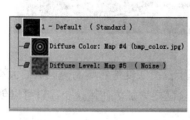

图 10.11

说明：任意一个贴图通道都能用彩色或灰度级图像。某些贴图通道只使用贴图的灰度值而放弃颜色信息，"漫反射级别"（Diffuse Level）就是这样的通道。

- "漫反射粗糙度"（Diff. Roughness）：当给这个通道使用贴图时，较亮的材质部分会显得不光滑。这个贴图通道常用来模拟老化的表面。

如图 10.12 所示，左边是贴图的层级结构，右边是贴图的最后效果。

一般来说，设置"漫反射粗糙度"（Diff. Roughness）值会使材质外表有微妙的变化。

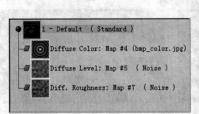

图 10.12

- "高光颜色"（Specular Color）：该通道决定材质高光部分的颜色。它使用贴图改变高光的颜色，从而产生特殊的表面效果。

如图 10.13 所示，左边是贴图的层级结构，右边是贴图的最后效果。

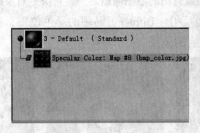

图 10.13

- "高光级别"（Specular Level）：该通道基于贴图灰度值改变贴图的高光亮度。利用这个特性，可以给表面材质加污垢、熏烟及磨损效果。

如图 10.14 所示，左边是贴图的层级结构，右边是贴图的最后效果。

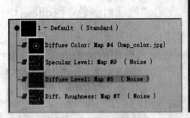

图 10.14

- "光泽度"（Glossiness）：该贴图通道基于位图灰度值影响高光区域的大小。数值越小，区域越大；数值越大，区域越小，但亮度会随之增加。使用这个通道可以创建在同一材质中从无光泽到有光泽的表面类型变化效果。

如图 10.15 所示，左边是贴图的层级结构，右边是贴图的最后效果。注意，对象表面暗圆环和亮圆环之间的暗区域没有高光。

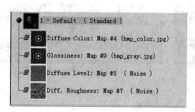

图 10.15

- "各向异性"（Anisotropy）：该贴图通道基于贴图的灰度值决定高光的宽度。它可以用于制作光滑的金属、绸和缎等效果。

如图 10.16 所示，左边是贴图的层级结构，右边是贴图的最后效果。

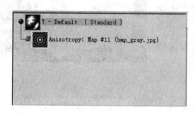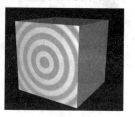

图 10.16

- "方向"（Orientation）：该贴图通道用来处理"各向异性"（Anisotropy）高光的旋转。它基于贴图的灰度数值设置"各向异性"（Anisotropy）高光的旋转，从而给材质的高光部分增加复杂性。

如图 10.17 所示，左边是贴图的层级结构，右边是贴图的最后效果。

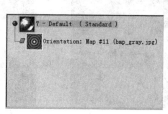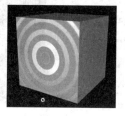

图 10.17

- "自发光"（Self-Illumination）：该贴图通道有两个选项，可以使用贴图灰度数值确定自发光的值，也可以使贴图作为自发光的颜色。

图 10.18 所示是使用贴图灰度数值确定自发光的值的情况，左边是贴图的层级结构，右边是贴图的最后效果。基本参数卷展栏中的"颜色"（Color）复选框没有被选择，如图 10.19 所示。

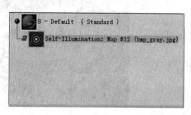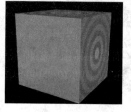

图 10.18

图 10.19

图 10.20 所示是使用贴图作为自发光颜色的情况，左边是贴图的层级结构，右边是贴图的最后效果。这时基本参数卷展栏中的"颜色"（Color）复选框被选择。

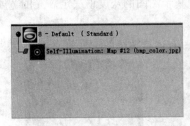

图 10.20

- "不透明度"（Opacity）：该贴图通道根据贴图的灰度数值决定材质的不透明度。白色为不透明，黑色为透明。不透明度也有几个其他选项，如"过滤"（Filter）、"相加"（Additive）以及"相减"（Subtractive）。

图 10.21 所示是材质的层级结构。图 10.22 所示是取消选择"双面"（2-Sided）的效果；图 10.23 所示是选择"双面"（2-Sided）复选框的效果。

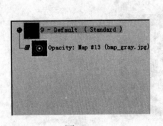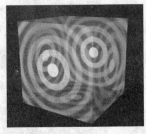

图 10.21　　　　　　　　　　图 10.22　　　　　　　　　　图 10.23

选择"相减"（Subtractive）单选按钮后，可以将材质的透明部分从颜色中减去，使背景变暗，效果如图 10.24 所示。选择"相加"（Additive）单选按钮后，可以将材质的透明部分加入到颜色中，使背景变亮，效果如图 10.25 所示。

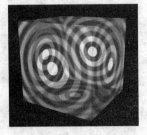

图 10.24　　　　　　　　　　图 10.25

- "过滤色"（Filter Color）：当创建透明材质时，有时需要给材质的不同区域加颜色，该贴图通道可以产生这样的效果，例如可以创建彩色玻璃的效果。

如图 10.26 所示，左边是贴图的层级结构，右边是贴图的最后效果。

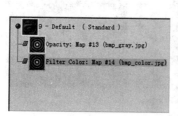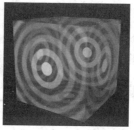

图 10.26

- "凹凸"（Bump）：该贴图通道可以使几何对象产生突起的效果。该贴图通道的"数量"（Amount）文本框中的数值可以是正的，也可以是负的。利用这个贴图通道可以方便地模拟岩石表面的凹凸效果。

如图 10.27 所示，左边是贴图的层级结构，右边是贴图的最后效果。

图 10.27

- "反射"（Reflection）：使用该贴图通道可创建诸如镜子、铬合金、发亮的塑料等反射材质。如图 10.28 所示，左边是贴图的层级结构，右边是贴图的最后效果。"反射"（Reflection）贴图通道有许多贴图类型选项，下面介绍几个主要的选项。

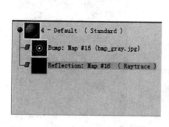

图 10.28

1. 反射/折射（Reflect/Refract）

创建相对真实反射效果的第二种方法是使用"反射/折射"（Reflect/Refract）贴图。尽管这种方法产生的反射效果没有"光线跟踪"（Raytrace）贴图产生的真实，但是它渲染得比较快，并且可满足大部分需要。

如图 10.29 所示，左边是贴图的层级结构，右边是贴图的最后效果。

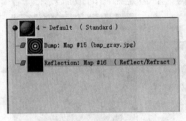

图 10.29

2. 位图（Bitmap）

当不需要自动进行反射，只希望反射某个位图时，可以使用该选项。图 10.30 所示是反射的位图。如图 10.31 所示，左边是贴图的层级结构，右边是贴图的最后效果。

图 10.30

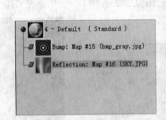

图 10.31

3. 平面镜（Flat Mirror）

"平面镜"（Flat Mirror）贴图特别适合于创建平面或平坦的对象，如镜子、地板等任何平坦的表面。它提供高质量的反射，而且渲染速度很快。

如图 10.32 所示，左边是贴图的层级结构，右边是贴图的最后效果。

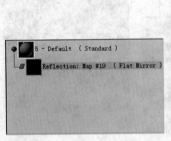

图 10.32

- "折射"（Refraction）：可使用"折射"（Refraction）贴图通道创建玻璃、水晶等包含折射的透明对象。在使用"折射"的时候，需要考虑"高级透明"（Advanced Transparency）选项区域的"折射率"（Index of Refraction（IOR））选项，如图 10.33 所示。当光线穿过对象的时候产生弯曲，光线弯曲的量取决于光通过的材质类型。例如，钻石弯曲光的量与水不同，弯曲的量由"折射率"（Index of Refraction（IOR））来控制。

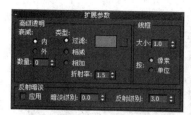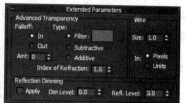

图 10.33

与"反射"贴图通道类似,"折射"(Refraction)贴图通道也有很多选项,下面介绍几个主要的选项。

4. 光线跟踪(Raytrace)

在"折射"(Refraction)贴图通道中使用"光线跟踪"(Raytrace)会产生真实的效果。从光线跟踪的原理可以知道,在模拟折射效果的时候,最好使用光线跟踪,尽管使用"光线跟踪"(Raytrace)在渲染时要花费相当长的时间。

如图 10.34 所示,左边是贴图的层级结构,右边是贴图的最后效果。

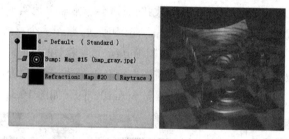

图 10.34

5. 薄墙折射(Thin Wall Refraction)

用户可以使用"薄壁折射"(Thin Wall Refraction)作折射贴图,但不是准确的折射,会产生一些偏移。

如图 10.35 所示,左边是贴图的层级结构,右边是贴图的最后效果。

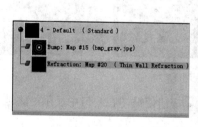

图 10.35

- "置换"(Displacement):该贴图通道有一个独特的功能,即它可改变指定对象的形状,与"凹凸"(Bump)贴图视觉效果类似,但是"置换"(Displacement)贴图将创建一个新的几何体,并且根据使用贴图的灰度值推动或拉动几何体的节点。"置换"(Displacement)贴图可创建诸如地形、信用卡上突起的塑料字母等效果。使用该贴图,必须给对象添加"置换近似"(Displace Approx)编辑修改器。该贴图通道会根据"置换近似"(Displace Approx)编辑修改器的值,产生附加的几何体。

注意，不要将这些值设置得太高，否则会明显增加渲染时间。

如图 10.36 所示，左边是贴图的层级结构，右边是贴图的最后效果。

图 10.36

贴图是给场景中的几何体创建高质量材质的重要因素。用户可以使用 3ds Max 2010 在所有的贴图通道中提供的不同的贴图类型。

【实例 10.1】常用贴图通道及材质类型。

下面将应用"不透明度"贴图通道制作一只蝴蝶。如果用可编辑多边形来制作一只蝴蝶并用建模方式表现其花斑纹理是比较复杂的，使用贴图通道会非常简单地实现很好的效果。

（1）打开 3ds Max 2010，创建一个平面（Plane）。选中平面，赋予一个材质球，并命名为 butterfly。在该材质球的"贴图"卷展栏中单击"漫反射"（Diffuse）通道上的 None 按钮，在"材质/贴图浏览器"（Material/Map Browser）窗口中选择"位图"（Bitmap）贴图，在弹出的"选择位图图像文件"（Select Bitmap Image File）对话框中选择素材 butterfly.jpg，如图 10.37 所示。

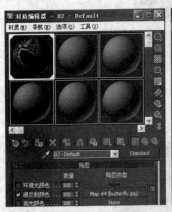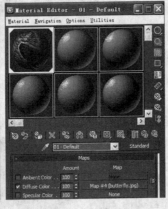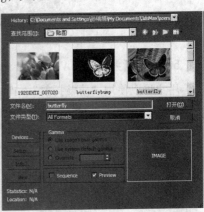

图 10.37

（2）单击 按钮将贴图赋予平面，单击 按钮使贴图在视口中显示。此时，平面上显示整幅图片，如图 10.38 所示。

（3）此时需要蝴蝶以外的图像都为不可见，通过"不透明度"（Opacity）贴图通道来实现部分遮盖效果。单击"不透明度"（Opacity）贴图通道上的 None 按钮，在"材质/贴图浏览器"（Material/Map Browser）窗口中选择"位图"（Bitmap）贴图，在弹出的"选择位图图像文件"（Select Bitmap Image File）对话框中选择素材 butterfly.tga。TGA 是一种包含通道的图像格式，如图 10.39 所示。

图 10.38

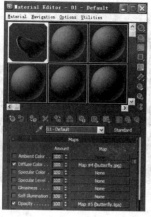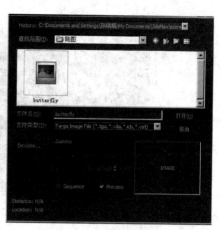

图 10.39

（4）黑色部分的图片将被遮盖，变为透明，如图 10.40
所示。

此时还需要使蝴蝶翅膀上的纹理有立体效果，通过"凹凸"
（Bump）贴图通道实现凹凸模拟。单击"凹凸"（Bump）贴图
通道上的 None 按钮，在"材质/贴图浏览器"（Material/Map
Browser）窗口中选择"位图"（Bitmap）贴图，在弹出的"选择
位图图像文件"（Select Bitmap Image File）对话框中选择素材
butterflybump.jpg，如图 10.41 所示。

图 10.40

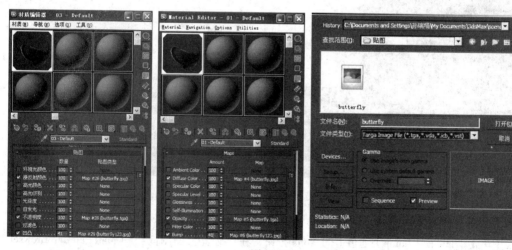

图 10.41

此时可看出翅膀上的花纹褶皱呈现立体凹凸的效果，如图 10.42 所示。

（5）按【Alt+B】组合键为视口添加花朵背景；按【F9】键查看渲染结果。渲染效果如图 10.43
所示。

图 10.42 　　　　　　　　　　　　　　图 10.43

6. 噪波（Noise）

"噪波"（Noise）是一种常用于两种色彩混合以及"凹凸"贴图通道的材质，用它来制作水果的材质。

打开 3ds Max 2010，创建一个球体（Sphere），使用任意方法（转化为可编辑多边形、FFD 均可）将其调整成橘子外形。

选中球体并赋予一个材质球，然后命名为 orange。

橘子的外皮一般是橙色和青绿色的混合色，该混合色通过使用"噪波"（noise）来模拟。在该材质球的"贴图"卷展栏中单击"漫反射颜色"（Diffuse Color）通道上的 None 按钮，在"材质/贴图浏览器"（Material/Map Browser）窗口中选择"噪波"（Noise）贴图，如图 10.44 所示。

图 10.44

橘子外皮布满针状小坑，用户可以通过"凹凸"（Dump）贴图通道来模拟。在该材质球的"贴图"卷展栏中单击"凹凸"（Bump）通道上的 None 按钮，在"材质/贴图浏览器"（Material/Map Browser）窗口中选择"噪波"（Noise）贴图，颜色默认，数值可根据需要自行调整，如图 10.45 所示。

图 10.45

　　适当给些高光，双击材质球查看材质放大效果，单击按钮 将贴图赋予变形后的球体，单击按钮 使贴图在视口中显示。按【F9】键查看渲染效果，效果如图 10.46 所示。

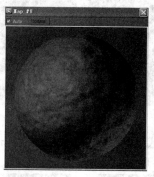 

图 10.46

10.3　UVW 贴图

　　当给集合对象应用 2D 贴图时，经常需要设置对象的贴图信息。这些信息告诉 3ds Max 2010 如何在对象上设计 2D 贴图。

　　许多对象有默认的贴图坐标，放样对象和 NURBS 对象也有贴图坐标，但是这些坐标的作用有限。如果进行了 Boolean 操作或给材质使用 2D 贴图之前，对象已经塌陷成可编辑的网格，那么就可能丢失了默认的贴图坐标。

　　在 3ds Max 2010 中，经常使用如下几个编辑修改器来给几何体设置贴图信息。

- UVW 贴图（UVW Map）；
- 贴图缩放器（Map Scaler）；
- UVW 展开（Unwarp UVW）；
- 曲面贴图（Surface Mapper）。

本节介绍最为常用的"UVW 贴图"（UVW Map）。

　　"UVW 贴图"（UVW Map）编辑修改器用来控制对象的 UVW 贴图坐标，其"参数"（Parameters）卷展栏如图 10.47 所示。

　　"UVW 贴图"编辑修改器提供了用于调整贴图坐标类型、贴图大小、贴图的重复次数、贴图通道设置和贴图的对齐设置等选项。

　　贴图坐标类型用来确定如何给对象应用 UVW 坐标，共有 7 个选项。

　　"平面"（Planar）：该贴图类型以平面投影方式给对象应用贴图。它适合于平面的表面，如纸、墙等。图 10.48 所示是采用"平面"投影的效果及"参数"卷展栏。

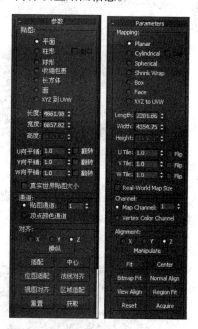

图 10.47

图 10.48

"柱形"（Cylindrical）：该贴图类型使用圆柱投影方式给对象应用贴图。螺钉、钢笔、电话筒和药瓶都适于使用"柱形"贴图。图 10.49 所示是采用"柱形"投影的效果及"参数"卷展栏。

图 10.49

说明：选择"封口"（Cap）复选框，圆柱的顶面和底面应用的是平面贴图投影，效果及"参数"卷展栏如图 10.50 所示。

图 10.50

"球形"（Spherical）：该类型围绕对象以球形投影方式贴图，会产生接缝。在接缝处，贴图的边汇合在一起，顶面也有两个接点，效果及"参数"卷展栏如图 10.51 所示。

图 10.51

"收缩包裹"（Shrink Wrap）：像"球形"（Spherical）贴图一样，它使用球形方式向对象投影贴图。"收缩包裹"（Shrink Wrap）可以将贴图所有的角拉到一个点，消除了接缝，只产生一个奇异点，效果及"参数"卷展栏如图 10.52 所示。

图 10.52

"长方体"（Box）：该类型以 6 个面的方式向对象投影。每个面是一个"平面"（Planar）贴图。面法线决定不规则表面上贴图的偏移，效果及"参数"卷展栏如图 10.53 所示。

图 10.53

"面"（Face）：该类型对对象的每一个面应用一个"平面"（Planar）贴图，其贴图效果与几何体面的多少有很大关系，效果及"参数"卷展栏如图 10.54 所示。

图 10.54

"XYZ 到 UVW"（XYZ to UVW）：此类贴图设计用于 3D 贴图。它将 3D 贴图应用在对象的表面上，效果及"参数"卷展栏如图 10.55 所示。

图 10.55

一旦了解和掌握了贴图的使用方法，就可以创建纹理丰富的材质了。

10.4 创 建 材 质

在这一节中，将以旧街道场景为例介绍如何设计和使用较为复杂的材质。

【实例 10.2】旧街道场景材质的创建，旧街道场景如图 10.56 所示。

图 10.56

这是一个曾经繁华的街道，随着社会的不断发展，它不再繁华，而是被人们渐渐地遗忘……

风蚀破损的墙、脏旧的地面、锈迹斑斑的金属等赋予了街道独特的历史景观，本例中主要介绍标准的位图材质、混合材质、凹凸材质、金属、玻璃、UVW 贴图的应用。

10.4.1 为旧街道场景创建摄影机

（1）选择"第 10 章"→Samples-10-01→Samples-10-01.max 文件，如图 10.57 所示。

图 10.57

（2）创建摄影机，为画面确定最终的构图。本例需要制作某个视角的效果图，如图 10.58 所示。

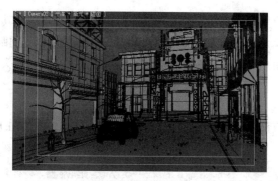

图 10.58

（3）选择"创建"→"摄影机"→"目标摄影机"（Creat→Camera→Target）命令，在顶视口中创建目标摄像机。在"参数"（Parameters）卷展栏的"备用镜头"（Stock Lenses）选项区域中单击 28mm 按钮。调节摄影机的位置，使之符合人的视角。图 10.59 所示为在顶视口中创建并调整摄影机以及"参数"卷展栏。

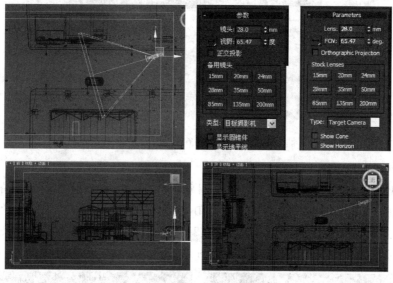

图 10.59

（4）按【C】键切换到摄影机视口，按【Shift+Q】组合键对场景渲染，最终视觉效果，如图 10.60 所示。

图 10.60

（5）在顶视口中创建摄影机时，摄影机的位置默认在坐标原点处，其高度自动为 0。由于这里要创建的是符合人的视角，普通人的高度约为 170～180cm，所以人的眼睛高度大约在 160cm，这个高度不是固定的。用户可以根据具体需要，确定摄影机的高度和镜头大小。

10.4.2 设定材质

在创建材质之前，应该对场景里的材质进行简单的分析，如图 10.61 所示。

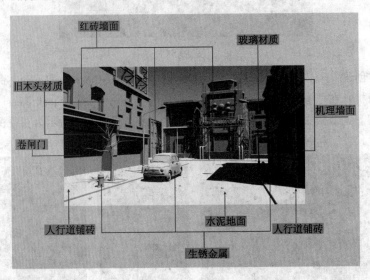

图 10.61

1. 旧金属材质

（1）按【M】键打开材质编辑器，选择一个材质样本。单击"漫反射颜色"后面的 None 按钮，在弹出的"材质/贴图浏览器"对话框中选择"2D 贴图"单选按钮，然后双击"位图"贴图，弹出"选择位图图像文件"对话框，在"位图参数"（bitmap）卷展栏单击 None 按钮，找到贴图，双击即可。部分"材质/贴图浏览器"窗口，如图 10.62 所示。

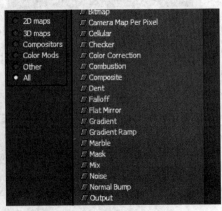

图 10.62

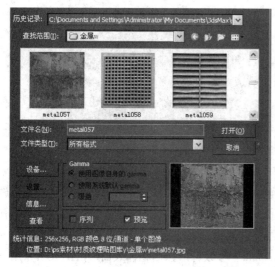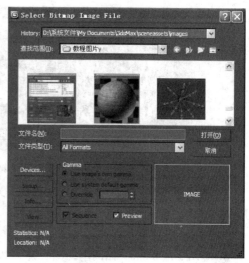

图 10.62（续）

（2）单击"转到父对象"（Go To Parent）按钮，在"反射高光"（Specular Highlights）选项区域将"高光级别"（Specular Level）为 16，将"光泽度"（Glossiness）设置为 31。它们分别控制物体表面的高光大小和表面光泽程度。金属表面一般都具有一定的反射，所有需要给金属添加反射效果。

（3）展开"贴图"（Bitmap）卷展栏，单击"反射"（Reflection）右边的 None 按钮，弹出"材质/贴图浏览器"对话框，双击"光线跟踪"（Raytrace）贴图。单击"转到父对象"（Go To Parent）按钮，将反射"数量"（Amount）设置为 10。不同的金属材质参数不同，用户可以参考现实世界的金属来调整，没有固定的参数值。详细的参数设置如图 10.63 所示。

图 10.63

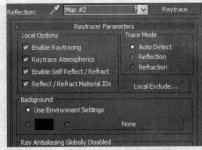

图 10.63（续）

（4）由于锈迹的脱落，金属表面变得很不光滑，接下来就要制作材质的凹凸效果，先把金属材质贴图去色。在"贴图"（Bitmap）卷展栏中找到"凹凸"（Bump）贴图，单击 None 按钮，弹出"材质/贴图浏览器"对话框，从中找到"位图"并双击，添加刚才制作的去色后的金属。

（5）"凹凸"（Bump）贴图里的"数量"（Amount）参数可以控制物体表面凹凸的大小，用户可以根据需要设置数值。详细设置如图 10.64 所示。

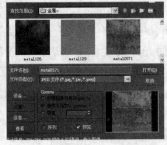

图 10.64

（6）将做好的材质赋予到对应模型上。先选中模型，按【M】建，进入材质编辑器。

（7）选择"金属"材质，单击"将材质指定给选定对象"（Assign Material To Selection）按钮，单击"在视口中显示标准贴图"（Show Standard Map In Maps）按钮。此时一个比较真实的旧金属物体就制作完毕了，参数及效果如图 10.65 所示。

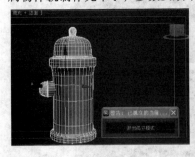

图 10.65

2．木头材质

（1）按【M】键打开材质编辑器，选择一个材质样本。单击"漫反射颜色"后的 None 按钮，在弹出的"材质/贴图浏览器"对话框中，选择"2D 贴图"单选按钮，然后双击"位图"弹出"选择位图图像文件"对话框。在"位图参数"（Bitmap）卷展栏中单击 None 按钮，找到木头贴图，选中贴图双击即可。

（2）单击"将材质指定给选定对象"（Assign Material To Selection）按钮 ，单击"在视口中显示标准贴图"（Show Standard Map In Maps）按钮 。

（3）为了将材质更好地赋予到模型表面和纹理拉伸，选择模型，在编辑修改器下拉列表中选择"UVW 贴图"编辑修改器，选择"长方体"（Box）单选按钮，设置适合的"长度"、"宽度"及"高度"，详细参数效果如图 10.66 所示。

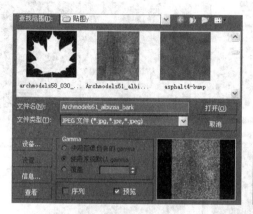

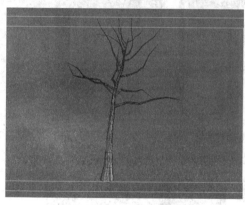

图 10.66

3. 地面材质

（1）按【M】键打开材质编辑器，选择一个材质样本。单击"漫反射颜色"后的 None 按钮，在弹出的"材质/贴图浏览器"对话框中，选择"2D 贴图"单选按钮，然后双击"位图"弹出"选择位图图像文件"对话框。在"位图参数"卷展栏中（Bitmap）单击 None 进按钮，找到地面贴图，选中贴图双击即可。

（2）单击"将材质指定给选定对象"（Assign Material To Selection）按钮 ，单击"在视口中显示标准贴图"（Show Standard Map In Maps）按钮 。给地面添加"UVW 贴图"编辑修改器，选择"平面"的映射方式，调整到合适的纹理大小，如图 10.67 所示。

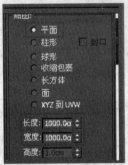

图 10.67

（3）为了地面材质更加真实，可以适当给地面加点凹凸。在"贴图"（Bitmap）卷展栏中右击"漫反射颜色"（Diffuse Color）通道选择复制，然后在"凹凸"（Bump）通道右击选择实例粘贴。完成对地面添加凹凸效果。参数设置及效果如图 10.68 所示。

图 10.68

4. 植物渐变材质

（1）为场景植物添加材质，按【M】键打开材质编辑器，选择一个材质样本。单击"漫反射颜色"后的 None 按钮，在弹出的"材质/贴图浏览器"对话框中双击"渐变"打开渐变参数，参数设置如图 10.69 所示。

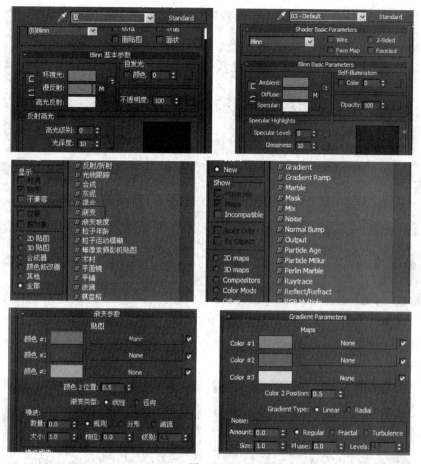

图 10.69

（2）在"渐变参数"（Gradient Parameters）卷展栏中设置合适的颜色，如图 10.70 所示。然后将制作好的材质应用到场景里的杂草上。

图 10.70

5. 玻璃材质

（1）这里主要介绍汽车玻璃材质的制作。首先按【M】键打开材质编辑器，选择一个材质样本。

（2）单击"漫反射"后的颜色块，在弹出的对话框中设置玻璃的颜色，设置"不透明度"（Opacity）为 50，设置"高光级别（Specular Level）"和"光泽度（Glossiness）"分别为 90 和 44，如图 10.71 所示。

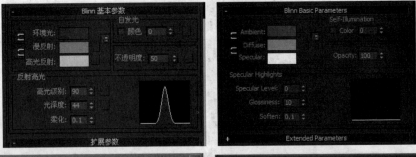

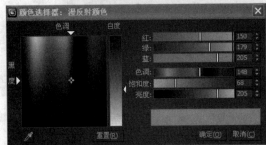

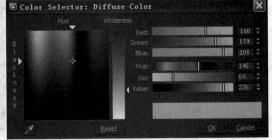

图 10.71

（3）单击"扩展参数"（Extend Parameters）卷展栏"过滤"（Filter）颜色块，修改过滤颜色，如图 10.72 所示。

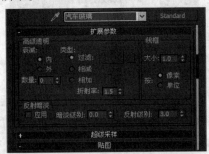

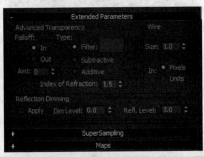

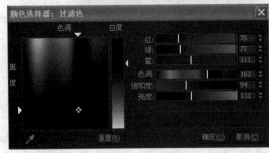

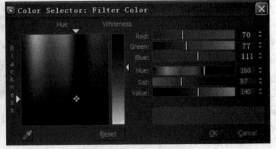

图 10.72

（4）前面将玻璃的固有色和透明度设置完成了，接下来再设置玻璃的反射属性。

展开"贴图"卷展栏，单击"反射"（Reflection）后面的 None 按钮，打开"材质/贴图浏览器"对话框，选择"光线跟踪"贴图，然后单击"转到父对象"按钮，设置反射"数量"为 35，如图 10.73 所示。

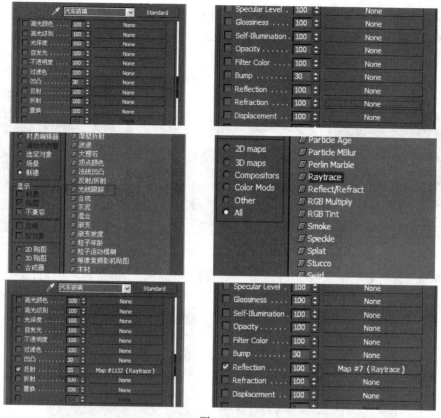

图 10.73

（5）选择汽车玻璃，单击"将材质指定给选定对象"（Assign Material To Selection）按钮 ，
"在视口中显示标准贴图"（Show Standard Map In Maps）按钮 。

6. 墙面混合材质

（1）制作旧红砖墙体的材质相对要困难一些，需要用混合材质来进行制作。在制作之前先准
备好合适的贴图，比如本例，准备了一张红砖贴图、一张带绿色的青苔贴图、一张黑白灰的通道
贴图，如图 10.74 所示。

图 10.74

（2）按【M】键打开材质编辑器，选择一个材质样本。单击"漫反射颜色"后的 None 按钮，
在弹出的"材质/贴图浏览器"对话框中选择"2D 贴图"单选按钮，然后双击"位图"进入位图
通道面板，单击"取消"按钮。

（3）在"位图参数"（Bitmap Parameters）卷展栏中单击 None 按钮，找到红砖贴图，双击贴图即可。

（4）设置"高光级别"和"光泽度"分别为 20 和 19。

（5）展开"贴图"（Bitmap）卷展栏，单击"反射"（Reflection）后面的 None 按钮，弹出"材质/贴图预览器"（Material/Map Browser）对话框，选择"光线跟踪"（Raytrace）贴图，然后单击"转到父对象"（Go To Parent）按钮，设置反射"数量"（Amount）为 10，如图 10.75 所示。

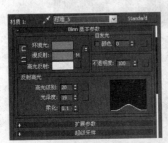
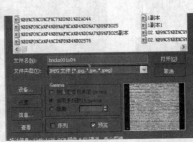

图 10.75

（6）单击"转到父对象"（Go To Parent）按钮，单击 Standard 按钮，选择材质类型为"混合"材质，在弹出的询问框中，选择"将旧材质保存为子材质"单选按钮，如图 10.76 所示。

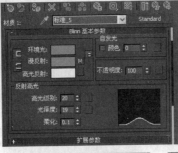

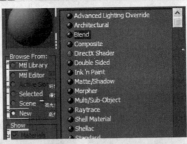

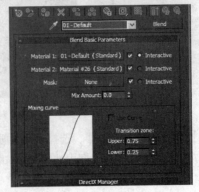

图 10.76

（7）单击"材质 2"（Material2）按钮，单击"漫反射"颜色块后的 None 按钮，在弹出的"材质/贴图浏览器"对话框中选择"2D 贴图"单选按钮，然后双击"位图"贴图，进入位图通道面板，单击"取消"按钮。

（8）在"位图参数"（Bitmap Parameters）卷展栏中单击 None 按钮，找到青苔贴图，双击贴图。

（9）单击"遮罩"（Mask）按钮，单击"漫反射"颜色块后的 None 按钮，在弹出的"材质/贴图浏览器"对话框中选择"2D 贴图"单选按钮，然后双击"位图"贴图，进入位图通道面板，单击"取消"按钮。在"位图参数"（Bitmap Parameters）卷展栏中单击 None 按钮，找到之前准备好的遮罩贴图，双击贴图，参数设置及效果如图 10.77 所示。

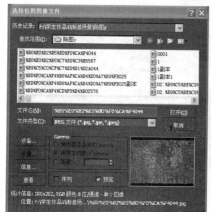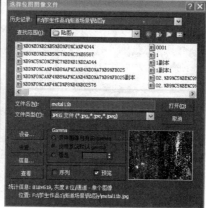

图 10.77

（10）选择房子墙体部分，单击"将材质指定给选定对象"（Assign Material To Selection）按钮，"在视口中显示标准贴图"（Show Standard Map In Maps）按钮。在需要的时候，给墙体添加"UVW 贴图"编辑修改器，选择合适的映射方式。

10.4.3 创建灯光和渲染

（1）创建一个目标平行灯，作为场景的主灯，创建一组目标聚光灯作为全局光。如图 10.78 所示。

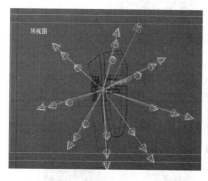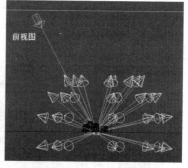

图 10.78

（2）主灯光参数设置如图 10.79 所示。

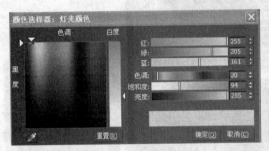
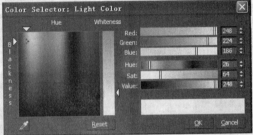

图 10.79

（3）全局光参数设置如图 10.80 所示。

图 10.80

（4）设置天空参数如图 10.81 所示。

图 10.81

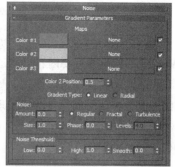

图 10.81（续）

（5）调节渲染器，进行渲染，参数设置如图 10.82 所示。

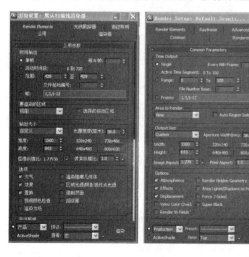

图 10.82

最终效果如图 10.83 所示。

图 10.83

小　结

贴图是 3ds Max 2010 材质的重要内容。通过本章的学习，用户应该熟练掌握以下内容：

- 位图贴图和程序贴图的区别与联系；
- 将材质和贴图混合，从而创建复杂的纹理；
- 修改 UVW 贴图坐标；
- 理解贴图通道的基本用法。

练习与思考

一、判断题

1. 位图（Bitmap）贴图类型的"坐标（Coordinates）"卷展栏中的"平铺"（Tiling）选项和"平铺"（Tile）选项，用来调整贴图的重复次数。

2. 如果不选择"坐标"（Coordinates）卷展栏中的"平铺"（Tile）复选框，那么增大"平铺"（Tiling）的数值只能使贴图沿着中心缩小，并不能增大重复次数。

3. 平面镜贴图（Flat Mirror）不能产生动画效果。

4. 可以根据面的 ID 号应用平面镜效果。

5. 可以给平面镜贴图指定变形效果。

6. 不可以根据材质来选择几何体或者几何体的面。

7. 可以使用贴图来控制混合（Blend）材质的混合情况。

8. 在材质编辑器的"基本参数"卷展栏中，"不透明度"（Opacity）的数值越大，对象就越透明。

9. 可以使用贴图来控制几何体的透明度。

10. 可以使用"噪波"（Noise）卷展栏中的参数，设置贴图变形的动画。

二、选择题

1. Bumo Maps 是（　　　）贴图。

　　A. 高光贴图　　　　B. 反光贴图　　　　C. 不透明贴图　　　　D. 凹凸贴图

2. 纹理坐标系可以用在（　　　）。

　　A. 自发光贴图　　　B. 反射贴图　　　　C. 折射贴图　　　　　D. 环境贴图

3. 环境坐标系统常用在（　　　）类型。

　　A. 凹凸贴图　　　　　　　　　　　　　B. 反射贴图

　　C. 自发光贴图　　　　　　　　　　　　D. 高光贴图

4. （　　　）不是 UVW Map 编辑修改器的贴图形式。

　　A. 平面（planner）　　　　　　　　　B. 盒子（Box）

　　C. 面（Face）　　　　　　　　　　　　D. 茶壶（Teapot）

5. 如果给一个几何体增加的"UVW 贴图"编辑修改器，并将"U 平铺"（U tile）设置为2，同时将该几何体的材质的"坐标"（Coordinates）卷展栏中的"U 平铺"（U tiling）设置为3，那么贴图的实际重复次数是（　　　）次。

　　A. 2　　　　　　　　B. 3　　　　　　　　C. 5　　　　　　　　D. 6

6. 单击视口标签后会弹出一个菜单，从该菜单中选择（　　　）命令可以改进交互视口中贴图的显示效果。

    A. 视口剪切（Viewport Clipping）   B. 纹理校正（Texture Correction）

    C. 禁用视口（Disable View）   D. 现实安全框（Show Safe Frame）

7. 渐变色（Gradient）贴图的类型有（　　　）。

    A. 线性（Linear）   B. 径向（Radial）

    C. 线性和径向（Linear&Radial）   D. 盒子（Box）

8. 在默认情况下，渐变色（Gradient）贴图的颜色有（　　　）。

    A. 1 种   B. 2 种   C. 3 种   D. 4 种

9. 坡度渐变（Gradient Ramp）贴图的颜色可以有（　　　）。

    A. 2 种   B. 3 种   C. 4 种   D. 无数种

10. 可以使几何对象表面的纹理感和立体感增强的贴图类型是（　　　）。

    A. 漫反射贴图   B. 凹凸贴图

    C. 反射贴图   D. 不透明贴图

三、思考题

1. 如何为场景中的几何对象设计材质？

2. UVW 坐标的含义是什么？如何调整贴图坐标？

3. 试着给球、长方体和圆柱贴不同的图形，并渲染场景。

4. 如果在贴图中使用 AVI 文件会出现什么效果？

5. 尝试创建如图 10.84 所示场景，并给其中的文字设计材质（"第 10 章"→"习题图"→Samples-10-02.bmp）。

6. 球形贴图方式和收缩包裹贴图的投影方式有什么区别？

7. 在 3ds Max 2010 中，如何使用贴图控制材质的透明效果？

8. 尝试创建水的材质，建议使用与本章介绍方法不同的方法。

图 10.84

第 11 章 灯 光

本章介绍 3ds Max 2010 中的照明知识，通过本章的学习，用户能够掌握基本的照明原理，并能够完成如下工作：

- 理解灯光类型的不同
- 理解各种灯光参数
- 创建和使用灯光
- 掌握高级灯光的应用

11.1 灯光的特性

3ds Max 2010 的灯光有两种类型，分别是标准灯光（Standard Lights）和光度学灯光（Photometric Lights）。所有类型在视口中都显示为灯光对象。它们共享相同的参数，包括阴影生成器。3ds Max 2010 灯光的特性与自然界中灯光的特性不完全相同。

11.1.1 标准灯光（Standard Lights）

标准灯光是基于计算机的模拟灯光对象，例如灯、舞台、电影工作时使用的灯光设备和太阳光本身。不同种类的灯光对象可用不同的方法投射灯光，模拟不同种类的光源。

3ds Max 2010 提供了 5 种标准灯光（Standard Lights）类型的灯光，分别是聚光灯、平行光、泛光灯、天光和区域光。对应了 8 种标准灯光（Standard Lights）对象，它们是目标聚光灯、自由聚光灯、目标平行灯光、自由平行灯光、泛光灯、天光、mr 区域泛光灯、mr 区域聚光灯。下面首先介绍聚光灯。

1. 聚光灯（Spotlight）

聚光灯（Spotlight）是最为常用的灯光类型，它的光线来自一点，沿着锥形延伸。光锥有两个设置参数，它们是聚光区（Hotspot）和衰减区（Falloff），如图 11.1 所示。聚光区（Hotspot）决定光锥中心区域最亮的地方，衰减区（Falloff）决定从亮衰减到黑的区域。

聚光灯光锥的角度决定场景中的照明区域。较大的锥角产生较大的照明区域，通常用来照亮整个场景，效果如图 11.2 所示。较小的锥角照亮较小的区域，可以产生戏剧性的效果，效果如图 11.3 所示。

图 11.1

图 11.2

3ds Max 2010 允许不均匀缩放圆形光锥,形成一个椭圆形光锥,效果如图 11.4 所示。

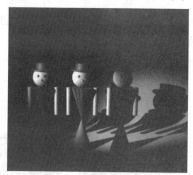

图 11.3

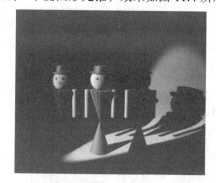

图 11.4

聚光灯光锥的形状不一定是圆形的,可以将它改变成矩形的。如果使用矩形聚光灯,用户不需要使用缩放功能来改变它的形状,可以使用"纵横比"(Aspect)参数改变聚光灯的形状。

如图 11.5 所示,Aspect=1.0 时将产生一个正方形光锥;Aspect=0.5 时将产生一个高的光锥;Aspect=2.0 时将产生一个宽光锥。

图 11.5

2. 平行光(Direct)

有向光源在许多方面不同于聚光灯和泛光灯,其投射的光线是平行的,因此阴影没有变形,效果如图 11.6 所示。有向光源没有光锥,因此常用来模拟太阳光。

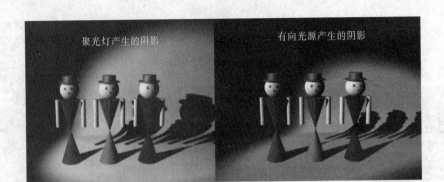

图 11.6

3. 泛光灯（Omni）

泛光灯（Omni）是一个点光源，它全方位发射光线。通过在场景中单击就可以创建泛光灯，泛光灯常用来模拟室内灯光效果，例如吊灯，效果如图 11.7 所示。

4. 天光（Skylight）

天光（Skylight）用来模拟日光效果。用户可以通过设置天空的颜色或为其指定贴图，来建立天空的模型。其参数卷展栏如图 11.8 所示。

图 11.7

图 11.8

5. 区域光（Area Light）

区域光（Area Light）是专门为 Mental Ray 的渲染器设计的，支持全局光照、聚光等功能。这种灯光不是从点光源发光，而是从光源周围的一个较宽阔区域发光，并生成边缘柔和的阴影。区域光的渲染时间比点光源的渲染时间要长。

11.1.2 自由灯光和目标灯光

在 3ds Max 2010 中创建的灯光有两种形式，即自由灯光和目标灯光。聚光灯和有向光源都有这两种形式。

1. 自由灯光

与泛光灯类似，通过简单地单击就可以在场景中添加，不需要指定灯光的目标点。当创建自由灯光时，它面向所在的视口。一旦创建后就可以将它移动到任何地方。这种灯光常用来模拟吊灯和汽车车灯的效果，也可以作为动画灯光，例如模拟运动汽车的车灯，效果如图 11.9 所示。

2．目标灯光

目标灯光的创建方式与自由灯光不同。必须首先指定灯光的初始位置，然后再指定灯光的目标点，如图 11.10 所示。目标灯光适用于模拟舞台灯光，可以方便地指明照射位置。创建一个目标灯光需要创建两个对象：光源和目标点。两个对象可以分别运动，但是光源总是照向目标点。

图 11.9

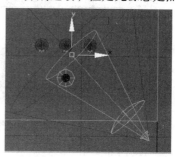

图 11.10

11.1.3　光度学灯光（IES Lights）

光度学灯光对光线的传播提供基于真实世界的物理模拟。在 3ds Max 2010 中通过使用光度学（光能）值可以更精确地定义灯光的各种参数，就像在真实世界一样。光度学灯光可以设置分布、强度、色温和真实世界灯光的其他特性，也可以导入照明制造商的特定光度学文件，以便设计基于商用灯光的照明。这样不仅实现了非常逼真的渲染效果，也准确测量了场景中的光线分布。

在使用光度学灯光的时候，常常将光度学灯光与光能传递解决方案结合起来，从而生成精确的渲染或执行照明分析。

3ds Max 2010 中提供了 3 种光度学灯光对象，分别是目标灯光、自由灯光及 mrsky 门户。

这 3 种不同类型的光度学灯光支持的灯光分布也不相同，通常一种光度学灯光只支持两种或 3 种不同的灯光分布选项。其中，点光源（目标和自由）支持以下分布。

1．等向（Isotropic）

等向（Isotropic）灯光是在各个方向上均等分布的灯光。光线传播如图 11.11 所示。

2．聚光灯（Spotlight）

聚光灯（Spotlight）的分布类似于剧院中使用的聚光效果。聚光灯分布投射集中的光束，随着灯光光束角度强度衰减到 50%，其区域角度强度衰减到零，如图 11.12 所示。

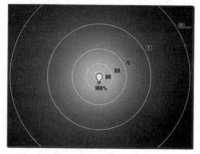

图 11.11

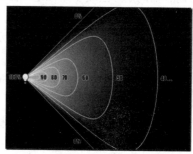

图 11.12

3. Web

Web 分布使用光域网定义分布灯光。光域网是光源的灯光强度分布的 3D 表示。Web 定义存储在文件中。许多照明制造商可以提供为其产品建模 Web 文件，这些文件通常在 Internet 上可用，如图 11.13 所示。

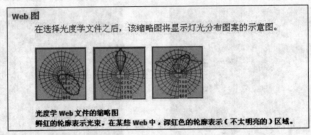

图 11.13

线性和区域光源（目标和自由）支持以下分布。

4. 漫反射（Diffuse）

漫反射（Diffuse）分布从曲面发射灯光，以正确角度保持在曲面上的灯光强度最大。随着倾斜角度的增加，发射灯光的强度逐渐减弱。

在 3ds Max 2009 之前，从阴影的灯光图形来看，存在多种类型的光度学灯光。但是现在，光度学灯光仅有目标灯光和自由灯光两种类型，并且无需根据灯光类型来选择阴影投射的图形。

当打开在 3ds Max 早期版本中创建的场景时，该场景的光度学灯光会转换为新版本中各自相对应的灯光。例如，采用等距分布的目标线性灯光会转换为采用线性阴影和统一球形分布的目标灯光。这样不会丢失任何信息，并且灯光的表现形式与以前版本中的相同。

5. 用于生成阴影的灯光图形

如果所选分布影响灯光在场景中的扩散方式时，灯光图形会影响对象投影阴影的方式，此设置需单独进行。通常较大区域的投影，阴影较柔和，其提供的 6 个选项如下。

点（Spot）

对象投影时，如同几何点（如裸灯泡）在发射灯光一样。

线形（Line）

对象投影时，如同线形（如荧光灯）在发射灯光一样。

矩形（Rectangle）

对象投影时，如同矩形区域（如天光）在发射灯光一样。

圆形（Circle）

对象投影时，如同圆形（如圆形舷窗）在发射灯光一样。

球体（Sphere）

对象投影时，如同球体（如球形照明器材）在发射灯光一样。

圆柱体（Cylinder）

对象投影时，如同圆柱体（如管形照明器材）在发射灯光一样。

用户可以在"图形/区域阴影"（Shape/Area Shadows）卷展栏中选择灯光图形。

11.2 布光的基本知识

随着演播室照明技术的快速发展，诞生了一个全新的艺术形式，这种形式称为灯光设计。无论为什么样的环境设计灯光，一些基本的概念是一致的。首先为不同的目标和布置使用不同的灯光，其次是使用颜色增加场景。

11.2.1 布光的基本原则

一般情况下从布置 3 个灯光开始，这 3 个灯光是主光（Key）、辅光（Fill）和背光（Back）。为了方便设置，最好都采用聚光灯，如图 11.14 所示。尽管 3 点布光是很好的照明方法，但是有时还需要使用其他方法来照明对象。其中一种方法就是给背景增加一个 Wall Wash 光，从而给场景中的对象增加一个 Eye 光。

1．主光

这个光是 3 个光中最亮的，是场景中的主要照明光源，也是产生阴影的主要光源。图 11.15 所示就是主光照明的效果。

图 11.14

图 11.15

2．辅光

这个灯光用来补充主光产生的阴影区域的照明，显示出阴影区域的细节，而又不影响主光的照明效果。辅光通常被放置在较低的位置，亮度也是主光的 1/2～2/3。这个灯光产生的阴影很弱。图 11.16 所示是主光和辅光的照明效果。

3．背光

这个光的目的是照亮对象的背面，从而将对象从背景中区分开来。这个灯光通常放在对象的后上方，亮度是主光的 1/3～1/2。这个灯光产生的阴影最不清晰。图 11.17 所示是主光、辅光和背光的照明效果。

图 11.16

图 11.17

4. Wall Wash 光

这个灯光并不增加整个场景的亮度，但是它却可以平衡场景的照明，并从背景中区分出更多的细节。这个灯光可以用来模拟从窗户中进来的灯光，也可以用来强调某个区域。图 11.18 所示是使用投影光作为 Wall Wash 光的效果。

5. Eye 光

在许多电影中都使用了 Eye 光，这个光只照射对象的一个小区域。这个照明效果可以用来给对象增加神奇的效果，也可以使观察者更注意某个区域。图 11.19 所示就是使用 Eye 光后的效果。

图 11.18　　　　　　　　　　　　　　图 11.19

11.2.2　室外照明

前面介绍了如何进行室内照明，下面来介绍如何照明室外场景。室外照明的灯光布置与室内的完全不同，需要考虑时间、天气情况和所处的位置等诸多因素。如果要模拟太阳的光线就必须使用有向光源，这是因为地球离太阳非常远，只占据太阳照明区域的一小部分。太阳光在地球上产生的所有阴影都是平行的。

要使用 Standard 灯光照明室外场景，一般都使用有向光源，并根据一天的时间来设置光源的颜色。此外，尽管使用 Shadow Mapped 类型的阴影可以得到好的效果，但是要得到真实的太阳阴影，需要使用 Raytrace Shadows。这将会增加渲染时间，但是是值得的。最好将有向光的 Overshoot 选项选中（下一节详细介绍相关参数），以便灯光能够照亮整个场景，且只在 Falloff 区域中产生阴影。

除了有向光源之外，还可以增加一个泛光灯来模拟散射光，如图 11.20 所示。这个泛光灯不产生阴影，也不影响表面的高光区域。图 11.21 所示是图 11.20 场景的渲染效果图。使用 3ds Max 2010 新增的 IES Sky 和 IES Sun，可以方便地调整出如图 11.21 所示的室外效果。

图 11.20　　　　　　　　　图 11.21

关于这些灯光的应用，将在高级教程中详细介绍。

11.3 灯光的参数

前面两节分别介绍了灯光的特性和布光的基本知识，下面就来详细地介绍灯光的一系列参数。

11.3.1 共有参数

标准灯光和光度学灯光共有一些设置参数，主要集中在4个参数卷展栏中，分别是"名称和颜色"卷展栏、"常规参数"卷展栏、"阴影参数"卷展栏和"高级效果"卷展栏。

1. "名称和颜色"（Name and Color）卷展栏

在该参数卷展栏中可以更改灯光的名称和灯光几何体的颜色，如图11.22所示。但是要注意更改灯光几何体颜色不会对灯光本身颜色产生影响。

2. "常规参数"（General Parameters）卷展栏

"常规参数"卷展栏如图11.23所示。

图 11.22

图 11.23

（1）灯光类型选项组：

启用（On）：用于启用和禁用灯光。该复选框被选择后，可以使用灯光着色和渲染以照亮场景。

灯光类型列表：更改灯光的类型。如果选中标准灯光类型，可以将灯光更改为泛光灯、聚光灯或平行光；如果选中光度学灯光，可以将灯光更改为点光源、线光源或区域灯光。

目标（Target）：选择该复选框后，灯光将成为目标。灯光与其目标之间的距离显示在复选框的右侧。对于自由灯光，可以设置该值。对于目标灯光，可以通过取消选择该复选框、移动灯光或灯光的目标对象对其进行更改。

（2）"阴影"选项组：

启用（On）：决定当前灯光是否投射阴影，默认启用为选中状态。

阴影方法下拉列表：决定渲染器是否使用"阴影贴图"、"光线跟踪阴影"、"高级光线跟踪"、"区域阴影"或"Mental Rag阴影贴图"生成该灯光的阴影。每种阴影方式都有对应的参数卷展栏，从而进行高级设置。

使用全局设置（Use Global Settings）：选择该复选框，可以使用该灯光投射阴影的全局设置。

排除（Exclude）：单击该按钮可以将选定对象排除于灯光效果之外。

3. "阴影参数"（Shadow Parameters）卷展栏

阴影参数卷展栏如图11.24所示。

（1）"对象阴影"选项组：

颜色（Color）：设置阴影的颜色，默认设置为黑色。

密度（Dens）：设置阴影的密度。

贴图（Map）：将贴图指定给阴影。

灯光影响阴影颜色（Light Affects Shadow Color）：选择此复选框后，可以将灯光颜色与阴影颜色混合起来。

（2）"大气阴影"选项组：

启用（On）：选择此复选框后，大气效果投射阴影。

不透明度（Opacity）：设置阴影不透明度的百分比。默认设置为 100.0。

颜色量（Color Amount）：调整大气颜色与阴影颜色混合的百分比。

4．"高级效果"（Advanced Effects）卷展栏

"高级效果"卷展栏如图 11.25 所示。

图 11.24 图 11.25

（1）"影响曲面"选项组：

对比度（Contrast）：设置曲面的漫反射区域和环境光区域之间的对比度。

柔化漫反射边（Soften Diff Edge）：通过设置该值可以柔化曲面漫反射部分与环境光部分之间的边缘。

漫反射（Diffuse）：选择此复选框后，灯光将影响对象曲面的漫反射属性。

高光反射（Specular）：选择此复选框后，灯光将影响对象曲面的高光属性。

仅环境光（Ambient Only）：选择此复选框后，灯光仅影响照明的环境光组件。

（2）"投影贴图"（Shadow Map）选项组：

贴图（Map）：选择该复选框，可以通过贴图按钮投射选定的贴图。

无（None）：单击该按钮，可以从材质库中指定用作投影的贴图，也可以从其他贴图按钮上拖动复制贴图。

11.3.2　标准灯光的特有参数

标准灯光类型共用大多数标准灯光参数，除了上面讲过的与光度学灯光共有的一些参数外，标准灯光内部还有一些共有的常用参数卷展栏。

最常用的参数卷展栏是"强度/颜色/衰减"（Intensity/Color/Attenuation）卷展栏，如图 11.26 所示。

倍增（Multiplier）：为灯光的功率设置一个正或负的量，默认设置为 1。

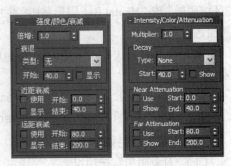

图 11.26

颜色块：从中可以设置灯光的颜色。

（1）"衰退"选项组：

类型（Type）：选择要使用的衰退类型，其中有 3 种类型可选择。

无（None）：默认设置，不应用衰退。从光源到无穷远，灯光始终保持全部强度。

反向（Inverse）：应用反向衰退。在不使用衰减的情况下，公式为 R0 /R，其中 R0 是灯光的径向源或近距结束值。R 是与 R0 照明曲面的径向距离。

平方反比（Inverse Square）：应用平方反比衰退。该公式为（R0 /R）^{2}。实际上这是灯光的"真实"衰退，但在计算机图形中可能很难查找。

（2）"近距衰减"选项组：

开始（Start）：设置灯光开始淡入的距离。

结束（End）：设置灯光达到其全值的距离。

使用（Use）：启用灯光的近距衰减。

显示（Show）：在视口中显示近距衰减范围设置。默认情况下，近距开始显示为深蓝色，近距结束显示为浅蓝色。

（3）"远距衰减"选项组：

开始（Start）：设置灯光开始淡出的距离。

结束（End）：设置灯光减为 0 的距离。

使用（Use）：启用灯光的远距衰减。

显示（Show）：在视口中显示远距衰减范围设置。默认情况下，远距开始显示为浅棕色，远距结束显示为深棕色。

在 3ds Max 2010 的标准灯光设置中，根据常规参数面板中阴影设置的不同，灯光对象所对应的参数卷展栏也不同。每种灯光阴影类型都有特定的设置参数卷展栏。

对应于高级光线追踪选项的"高级光线跟踪参数"（Adv.Ray Traced Params）卷展栏，如图 11.27 所示。

（4）"基本选项"选项组：

模式下拉列表：选择生成阴影的光线跟踪类型，其中共有 3 种类型。

简单（Simple）：向曲面投射单个光线，不使用抗锯齿功能。

单过程抗锯齿（Antialias 1-Pass）：投射光线束。从每一个照亮的曲面中投射的光线数量都相同。

双过程抗锯齿（Antialias 2-Pass）：投射两个光线束。第一批光线确定是否完全照亮出现问题的点、是否向其投射阴影或是否位于阴影的半影（柔化区域）中。如果点在半影中，则第二批光线将被投射，以便进一步细化边缘。使用第 1 周期质量微调器指定初始光线数；使用第 2 周期质量微调器指定二级光线数。

双面阴影（2-Said Shadows）：选择此复选框后，计算阴影时背面将不被忽略。从内部看到的对象不被外部的灯光照亮，这样将花费更多渲染时间。取消选择该复选框后，将忽略背面，此时渲染速度更快，但外部灯光将照亮对象的内部。

（5）"抗锯齿选项"选项组：

阴影完整性（Shadow Integrity）：设置从照亮的曲面中投射的光线数。

阴影质量（Shadow Quality）：设置从照亮的曲面中投射的二级光线数量。

阴影扩散（Shadow Spread）：以像素为单位模糊抗锯齿边缘的半径。

阴影偏移（Shadow Bias）：对象必须在着色点的最小距离内投射阴影，这样将使模糊的阴影避免影响不应影响的曲面。

抖动量（Jitter Amount）：用于向光线的位置添加随机性的波动。

对应于区域阴影选项的"区域阴影"卷展栏，如图11.28所示。

 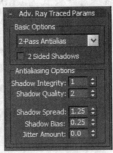  

图11.27　　　　　　　　　　　　　　图11.28

该卷展栏中特有的参数为。

灯光模式下拉列表：选择生成区域阴影的方式，主要有5种方式，分别为简单（Simple）、长方形灯光（Rectangle Light）、圆形灯光（Disc Light）、长方体形灯光（Box Light）和球形灯光（Sphere Light）。

采样扩散（Sample Spread）：以像素为单位模糊抗锯齿边缘的半径。值越大，模糊质量越高。

长度（Length）和宽度（Width）：设置区域阴影的长度和宽度。

对应于mental ray阴影贴图选项的"mental ray阴影贴图"卷展栏，如图11.29所示。

贴图尺寸（Map Size）：设置阴影贴图的分辨率。贴图大小是此值的平方。分辨率越高处理的时间越长，但会生成更精确的阴影。默认设置为512。

采样范围（Sample Range）：当采样范围大于零时，会生成柔和边缘的阴影。

采样（Sample）：设置采样数。

（6）"透明阴影"选项组：

启用（Enable）：选择此复选框后，阴影贴图与多个Z层一起保存，且有透明度。

颜色（Color）：选择此复选框后，曲面颜色将影响阴影的颜色。

采样/像素（Sample/Pixel）：在阴影贴图中用于生成像素的采样数。

对应于光线追踪阴影贴图选项的"光线追踪阴影参数"卷展栏，如图11.30所示。

图11.29　　　　　　　　　　　　　　图11.30

光线偏移（Ray Bias）：设置光线投射对象阴影的偏移程度。

最大四元树深度（Max Quadtree Depth）：使用光线跟踪器调整四元树的深度。增大四元树深度值，可以缩短光线跟踪时间，但却以占用内存为代价。默认设置为 7。

对应于阴影贴图选项的"阴影贴图参数"卷展栏，如图 11.31 所示。

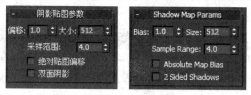

图 11.31

偏移（Bias）：位图投射靠近或远离对象的距离。

大小（Size）：设置用于计算灯光的阴影贴图的大小（以像素平方为单位）。

采样范围（Sample Range）：设置阴影内分布的区域大小，这将影响柔和阴影边缘的程度。范围为 0.01～50。

绝对贴图偏移（Absolute Map Bias）：选择此复选框后，阴影贴图的偏移未标准化，主要用于动画出现阴影闪烁的时候。

11.3.3 光度学灯光的特有参数

光度学灯光类型共用大多数光度学灯光参数，最常用的参数卷展栏是"强度/颜色/衰减"（Intensity/Color/Attenuation）卷展栏，如图 11.32 所示。

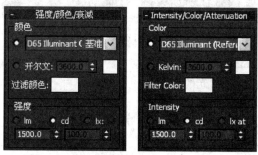

图 11.32

分布（Distribution）：描述光源发射灯光的方向分布，可选择的类型有：等向（Isotropic）、聚光灯（Spotlight）、漫反射（Diffuse）和 Web 这 4 种。

（1）"颜色"（Color）选项组：

- 灯光颜色下拉列表：选择公用的关于灯光设置的规则，以近似灯光的光谱特征。
- 开尔文（Kelvin）：通过调整色温微调器来设置灯光的颜色。色温以开尔文度数显示，相应的颜色在温度微调器旁边的色样中可见。
- 过滤颜色（Filter Color）：使用颜色过滤器模拟置于光源上的过滤色的效果。默认设置为白色（RGB=255，255，255；HSV=0，0，255）。

（2）"强度"（Intensity）选项组：

这些参数可以在物理数量的基础上指定光度学灯光的强度或亮度。

设置光源强度的单位有以下几种。

- lm（流明）：测量整个灯光（光通量）的输出功率。100W 的通用灯泡约有 1750lm 的光通量。
- cd （坎迪拉）：测量灯光的最大发光强度，通常是沿着目标方向进行测量。100 W 的通用灯泡约有 139cd 的光通量。
- lx（lux）：测量由灯光引起的照度，该灯光以一定距离照射在曲面上，并面向光源的方向。勒克斯是国际照度单位，等于 1 流明/平方米。照度的美国标准单位是尺烛光（fc），等于 1 流明/平方英尺。要将尺烛光转化为勒克斯，应该乘以 10.76。例如指定照度为 35fc，设置照度为 376.6 lx。线光源参数卷展栏，如图 11.33 所示。

图 11.33

- 长度（Length）：设置线性光的长度。
- 区域光源参数卷展栏如图 11.34 所示。

图 11.34

- 长度（Length）：设置区域灯光的长度。
- 宽度（Width）：设置区域灯光的宽度。

11.4　灯光的应用

本节介绍灯光的具体使用。

1．灯光的基本使用

【实例 11.1】创建自由聚光灯。

在这个练习中，将在古建筑场景中增加一个自由聚光灯，来模拟灯光的效果。

（1）启动 3ds Max 2010，选择 "第 11 章" →Samples–11–01.max 文件。

（2）在 "创建" 命令面板中单击 ⬙ 按钮并选择面板中的 "标准"（Standard）选项。

（3）在顶视口房间的中间创建自由聚光灯，如图 11.35 所示。

（4）单击主工具栏的 "选择并移动"（Select and Move）按钮 ✛ 。

（5）将灯光进行移动，这时的摄影机视口如图 11.36 所示。

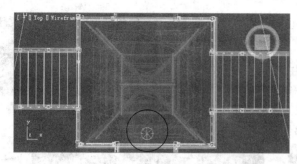
图 11.35

图 11.36

此时创建了一个自由聚光灯，调整聚光灯的参数，使其更加真实，最终实例文件保存在"第 11 章"→Samples-11-01f 文件中。

2．灯光的环境

【实例 11.2】灯光的动画以及雾的效果。

（1）启动 3ds Max 2010，选择"第 11 章"→Samples-11-02.max 文件。打开文件后的场景如图 11.37 所示。为了帮助实现效果文件，该场景中已包含了数盏灯光。

图 11.37

（2）在场景中创建两盏聚光灯（前面课程已介绍过如何创建）。

（3）创建灯光的位置如图 11.38 所示。

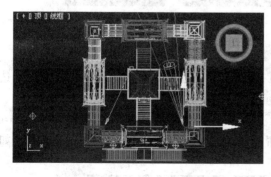
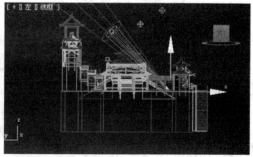
图 11.38

（4）将命令面板中的"聚光灯参数"（Spotlight Parameters）卷展栏中的"聚光灯/光束"（Hotspot/Beam）参数设置为 9，将"衰减区/区域"（Falloff/Field）参数设置为 16，如图 11.39 所示。

此时摄影机视口的渲染效果如图 11.40 所示。

（5）按【N】键，打开"自动关键点"（Auto Key）按钮，将时间滑块移动到第 50 帧。单击主工具栏中的"选择并移动"（Select and Move）按钮 ✛，在前视口选择聚光灯的目标点，然后将它向左移动到如图 11.41 所示的位置。然后将第 0 帧关键帧复制到第 100 帧，将时间滑块移动到第 0 帧。

图 11.39

图 11.40

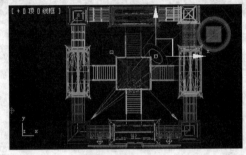

图 11.41

（6）到命令面板，展开"大气和效果"（Atmosphere & Effect）卷展栏，单击"添加"（Add）按钮，从弹出的添加"大气或效果"（Add Atmosphere or Effect）对话框中选择"体积光"（Volume Light）选项，然后单击"确定"（OK）按钮。

此时该聚光灯已经被设置了体积光效果，渲染效果如图 11.42 所示。

（7）在"常规参数"（General Parameters）卷展栏中选择"启用"复选框，阴影类型就使用默认的"阴影贴图"选项（Shadow Map），如图 11.43 所示。

图 11.42

图 11.43

下面给体积光中增加一些噪波效果。

（8）在"大气和效果"（Atmosphere & Effect）卷展栏中，选择"体积光"（Volume Light）选项，然后单击"设置"（Setup）按钮，弹出"环境"（Environment）对话框。

（9）在"环境"（Environment）对话框的"噪波"（Noise）选项区域，选择"启用噪波"（Noise On）复选框，将"数量"（Amount）的数值设置为 0.6，选择"分形"（Fractal）单选按钮，如图 11.44 所示。

图 11.44

（10）将时间滑块移动到第 50 帧。

这时摄影机视口的渲染效果如图 11.45 所示。

用户还可以在"环境"（Environment）对话框中改变体积光的颜色等效果。文件中包含的其他灯光，用户可以尝试更改效果或者变换位置，从而观察灯光对场景效果的影响。

【实例 11.3】 火球的实现。

（1）启动 3ds Max 2010，选择"第 11 章"→Samples–11–03.max 文件。该场景中只有两盏泛光灯，如图 11.46 所示。渲染透视视口，渲染结果是预先设置的背景星空，如图 11.47 所示。

图 11.45

图 11.46

图 11.47

下面就通过设置体积光来产生燃烧星球的效果。

（2）按【H】键，打开"从场景选择对象"（Select From Scene）对话框，在对话框中选择 Omni01 选项，然后单击"确定"（OK）按钮。

（3）在"修改"（Modify）命令面板中查看 Omni01 的参数，将灯光的颜色设置为黄色。

使用了泛光灯的"远距衰减"选项，衰减参数设置如图 11.48 所示。该参数的大小不是不可改变的，究竟多大合适完全与场景有关。

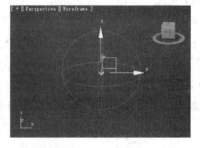

图 11.48

下面给泛光灯设置体积光效果。

（4）展开"大气和效果"（Atmosphere & Effect）卷展栏，单击"添加"（Add）按钮，从弹出的"添加大气和效果"（Add Atmosphere or Effect）对话框中，选择"体积光"（Volume Light）选项，然后单击"确定"（OK）按钮。

该泛光灯已经被设置了体积光效果，这时透视视口的渲染效果如图 11.49 所示。

该体积光的效果类似于一个球体。下面设置体积光的参数，使其看起来像燃烧的效果。

（5）在"大气和效果"（Atmosphere & Effect）卷展栏中，选择"体积光"（Volume Light）选项，然后单击"设置"（Setup）按钮，弹出"环境"（Environment）对话框。

（6）在"环境"（Environment）对话框的"体积光"（Volume）区域，将"密度"（Density）的数值设置为30。在"噪波"（Noise）选项区域中选择"启用噪波"（Noise On）复选框，将"数量"（Amount）的数值设置为0.5，选择"分形"（Fractal）单选按钮。

此时透视视口的渲染效果如图11.50所示。该体积光的效果类似于一个燃烧球体的效果。下面给外圈增加一些效果。

图11.49   图11.50

（7）按【H】键，打开"从场景选择"（Select From Scene）对话框。在对话框中选择Omni02选项，然后单击"确定"（OK）按钮。

（8）在"修改"（Modify）命令面板中，查看Omni02的参数，将灯光的颜色设置为黄色。

使用了反光灯的"远距衰减"选项，衰减参数设置如图11.51所示。该参数的大小不是不可改变的，究竟多大合适，完全与场景有关。

（9）展开"大气和效果"（Atmosphere & Effect）卷展栏，单击"添加"（Add）按钮，从弹出的"添加大气或效果"（Add Atmosphere or Effect）对话框中选择"体积光"（Volume Light）选项，然后单击"确定"（OK）按钮。

（10）选取"体积光"（Volume Light）选项，然后单击"设置"（Setup）按钮，弹出"环境"（Environment）对话框。

（11）在"环境"（Environment）对话框的"体积"（Volume）选项区域，将"密度"（Density）的数值设置为30。在"噪波"（Noise）选项区域，选择"启用噪波"（Noise On）复选框，将"数量"（Amount）的数值设置为0.90。

此时渲染透视视口会得到的效果，如图11.52所示。

图11.51   图11.52

3．高级灯光的应用

【**实例 11.4**】多种灯光的综合应用。

（1）选择"第 11 章"→Samples–11–04.max 文件。该场景是一个古建筑场景，下面加入灯管，以实现夜晚的效果。快速渲染场景，如图 11.53 所示。前面例子所应用的场景文件中的夜晚效果，可以作为这个例子的参照。

（2）在"创建"命令面板中，单击 按钮并选择"标准"（Standard Lights）选项，如图 11.54 所示。

图 11.53   图 11.54

（3）首先创建主光源，在顶视口中创建一盏泛光灯（Omni），单击主工具栏的"选择并移动"（Select and Move）按钮 ，移动到以下位置，如图 11.55 所示。

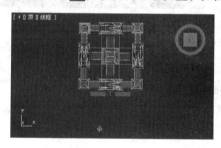 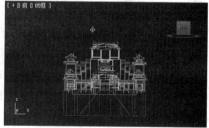

图 11.55

（4）下面继续添加辅助光源和背光源，同样是添加泛光灯（Omni）。添加位置如图 11.56 所示。

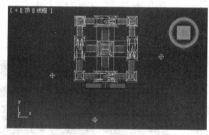 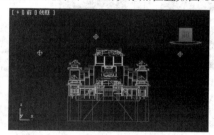

图 11.56

（5）下面调整 3 盏泛光灯参数，以实现夜晚的效果，顶视口中选择之前创建的作为主光源的泛光灯。在"常规参数"卷展栏中启用阴影，在"强度/颜色/衰减"卷展栏中将"倍增"参数设置为 0.6，并改变其颜色，如图 11.57 所示。

（6）顶视口中选择右侧背光源泛光灯，在"常规参数"卷展栏中取消启用阴影并在"强度/颜色/衰减"卷展栏并将"倍增"值减小为 0.3，然后改变其颜色，如图 11.58 所示。

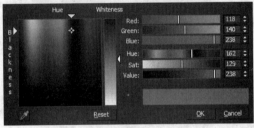
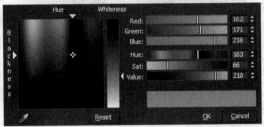

图 11.57   图 11.58

（7）最后调整左侧辅助光源，在顶视口中选择辅助光源泛光灯，在"常规参数"卷展栏中启用阴影并在"强度/颜色/衰减"卷展栏中将"倍增"值设置为 0.5，然后改变其颜色，如图 11.59 所示。

说明：添加的两个泛光灯用于提供附加灯光并使阴影不那么明显。

（8）在透视视口中单击"渲染迭代"按钮，按【F9】键或者按【Shift+Q】组合键来实现渲染，如图 11.60 所示。

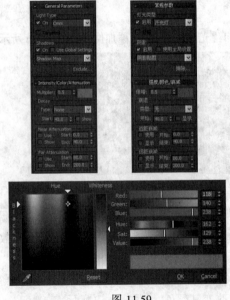
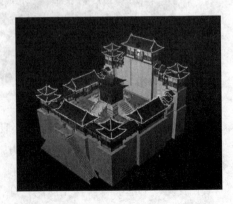

图 11.59   图 11.60

说明：这时场景看起来已有夜晚的效果，下面进一步模拟房间灯光。

（9）在"创建"命令面板中，单击 按钮并选择"标准"（Standard Lights）选项，单击"对象类型"卷展栏中的"自由聚光灯"（Free Spot）按钮创建一盏聚光灯，单击"选择并移动"（Select and Move）按钮 ，在顶视口和前视中移动到如图 11.61 所示的位置。

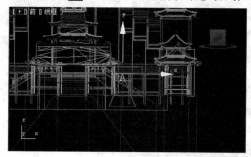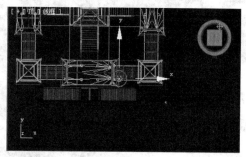

图 11.61

（10）在"常规参数"卷展栏中启用阴影并在"强度/颜色/衰减"卷展栏中将"倍增"值设置为 0.8，改变其颜色，如图 11.62 所示。

（11）在"常规参数"卷展栏中启用阴影并在"强度/颜色/衰减"卷展栏中开启远距衰减并调整"开始"数值为 200，"结束"数值为 450，如图 11.63 所示。

图 11.62　　　　　　　　　　　　　　　　　图 11.63

（12）在"聚光灯参数"卷展栏中，设置"聚光区/光束"为 26，"衰减区/区域"为 45，如图 11.64 所示。

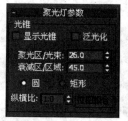

图 11.64

（13）按【H】键从弹出的对话框中选择 Fspot01 选项，在顶视口中按住【Shift】键沿 X 轴拖动复制聚光灯，在弹出的"克隆选项"（Clone Options）对话框中，选择"实例"（Instance）单选按钮，将"副本数"设置为 2，如图 11.65、图 11.66 所示。

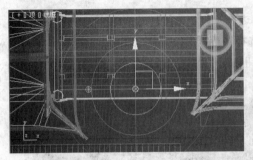

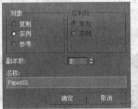

图 11.65　　　　　　　　　　　　　　　　图 11.66

（14）在透视视口中单击"快速渲染"按钮，也可以按【F9】键或者按【Shift+Q】组合键来实现渲染，如图 11.67 所示。

图 11.67

（15）因为贴图坐标会丢失，在渲染的时候会提示，这里直接选择不再提示，继续就可以了，如图 11.68 所示。

（16）使用同样方法为走廊、门窗加上灯光，如图 11.69 所示。

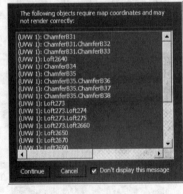
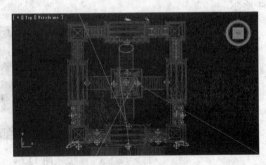

图 11.68　　　　　　　　　　　　　　　图 11.69

（17）为场景添加灯光位置，如图 11.70 所示。此时添加了 3 盏自由聚光灯。

（18）设置参数如图 11.71 所示。

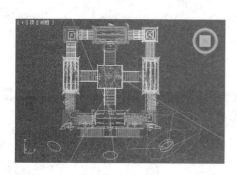

图 11.70　　　　　　　　　　　　　　　　图 11.71

（19）基本灯光应用可以归类为此，此种添加灯光方法的优点在于可灵活控制最终形成的光照效果，而且渲染速度较快，但要求有一定的艺术感觉。用户可以根据下面的正侧 3 幅图来练习灯光的变化和应用，如图 11.72 所示。

图 11.72

（20）添加需要用户对色彩和环境的理解，用户可以将最终完成效果实例文件 Samples-11-04f.max 作为参考，不断练习。

小　　结

这一章介绍了一些基本的光照理论，介绍了不同的灯光类型以及如何创建和修改灯光等。在本章的基本概念中，还详细介绍了灯光的参数以及灯光阴影的相关知识。如何针对不同的场景正确布光也是本章的重要内容。如果要很好地掌握这些内容，创建出好的灯光效果，需要反复地尝试，长时间地积累。

此外，3ds Max 2010 除了增强标准灯光的功能外，还增加了 Photometric（光度控制），改进光线跟踪的效果，增加了光能传递等新功能，极大地改进了 3ds Max 2010 的光照效果。但是这些功能对计算机资源的要求要高一些。

练习与思考

一、判断题

1. 在 3ds Max 2010 中只要给灯光设置了产生阴影的参数，就一定能够产生阴影。

2. 使用灯光阴影设置中的"阴影贴图"（Shadow Map），肯定不能产生透明的阴影效果。

3. 使用灯光中阴影设置中的"光线跟踪阴影"（Ray Traced Shadows），能够产生透明的阴影效果。

4. 灯光也可以投影动画文件。

5. 灯光类型之间不能相互转换。

6. 一个对象要产生阴影就一定要被灯光照亮。

7. 灯光的位置变化不能设置动画。

8. 要使体积光不穿透对象，需要将阴影类型设置为"光线跟踪阴影"（Ray Traced Shadows）。

9. 灯光的排除（Exclude）选项可以排除对象的照明和阴影。

10. 灯光的参数变化不能设置动画。

二、选择题

1. Omni 是（　　）灯光。
   A. 聚光灯　　　　　B. 目标聚光灯　　　　　C. 泛光灯　　　　　D. 目标平行灯

2. 3ds Max 2010 的标准灯光有（　　）种。
   A. 2　　　　　　　B. 4　　　　　　　　　C. 6　　　　　　　　D. 8

3. 使用下面（　　）命令可以同时改变一组灯光的参数。
   A. "工具"→"灯光列表"（Tools→Light Lister）
   B. "工具"→"镜像"（Tools→Mirror）
   C. "创建"→"灯光"→"标准灯光"→"泛光灯"（Create→Lights→Standard Lights→Omni Light）
   D. "创建"→"灯光"→"标准灯光"→"天光"（Create→Lights→Standard Lights→Sunlight System）

4. 3ds Max 2010 中标准灯光的阴影有（　　）类型。
   A. 2种　　　　　　B. 3种　　　　　　　　C. 4种　　　　　　　D. 5种

5. 灯光的衰减（Decay）类型有（　　）。
   A. 2种　　　　　　B. 3种　　　　　　　　C. 4种　　　　　　　D. 5种

三、思考题

1. 3ds Max 2010 中有哪几种类型的灯光？

2. 如何设置阴影的偏移效果？

3. 聚光灯的 Hotspot 和 Falloff 是什么含义？怎样调整它们的范围？

4. 布光的基本原则是什么？

5. 在 3ds Max 2010 中产生的阴影有 4 种类型：Adv. Ray Traced、Area Shadows、Shadow Map 和 Ray Traced shadows。这些阴影类型有什么区别和联系？

6. 如何产生透明的彩色阴影？

7. Shadow Map 卷展栏的主要参数的含义是什么？

8. 灯光的哪些参数可以设置动画？

9. 如何设置灯光的衰减效果？

10. 灯光是否可以投影动画文件（例如 AVI、MOV、FLC 和 IFL 等）？

第 12 章 渲 染

在三维世界中，摄影机就像人的眼睛一样，用来观察场景中的对象。本章重点介绍 3ds Max 2010 的渲染。通过本章的学习，用户能够掌握如下内容：

- 使用交互视口渲染
- 理解和编辑渲染参数
- 渲染静态图像和动画
- 使用 mental ray 渲染场景

12.1 渲 染

渲染是生成图像的过程。3ds Max 2010 使用扫描线、光线跟踪和光能传递相结合的渲染器。扫描线渲染的反射和折射效果不是十分理想，而光线跟踪和光能传递可以提供真实的反射和折射效果。由于 3ds Max 2010 是一个混合的渲染器，因此可以给指定的对象应用光线跟踪方法，而给另外的对象应用扫描线方法，这样可以在保证渲染效果的情况下，得到较快的渲染速度。

12.1.1 渲染动画

设置完动画，就需要渲染动画。渲染完动画，就可以真实地、质感地播放动画了。为了更好地渲染整个动画，需要考虑如下几个问题。

1. 图像文件格式

用户可以采用不同的方法渲染动画。第一种方法是直接渲染某种格式的动画文件，例如 AVI、MOV 或者 FLC。当渲染完成后就可以播放渲染的动画。播放的速度与文件大小及播放速率有关。第二种方法是渲染诸如 TGA、BMP、TGA 或者 TIF 一类的独立静态位图文件，然后使用非线性编辑软件编辑独立的位图文件，最后输出计算机能播放的格式。某些输出选项需要特别的硬件。

此外，高级动态范围图像（HDRI）文件（*.hdr、*.pic）可以在 3ds Max 2010 渲染器中调用或保存，对于实现高度真实效果的制作大有帮助。

在默认情况下，3ds Max 2010 的渲染器可以生成如下格式的文件：AVI、FLC、MOV、CIN、JPG、PNG、RLA、RPF、EPS、RGB、TIF、TGA 等。

2. 渲染的时间

渲染动画可能需要花费很长的时间。如果有一个 45s 的动画需要渲染，播放速率是每秒 15 帧，每帧渲染需要花费 2min，那么总的渲染时间是：

45s×15 帧/s×2min/帧=1350min（或者 22.5h）

既然渲染时间很长，那么就要避免重复渲染。

3．测试渲染

从动画中选择几帧，然后将它渲染成静帧，以检查材质、灯光等效果和摄影机的位置。

4．预览动画

在菜单栏的"渲染"（Rendering）菜单中有一个"全景导出器"选项。该选项可以在较低的图像质量情况下渲染出 AVI 文件，以检查摄影机和对象的运动。

【实例 12.1】渲染动画。

（1）启动 3ds Max 2010，选择"第 12 章"→
Samples-12-01.max 文件。这是一个弹跳球的
动画场景，如图 12.1 所示

（2）在菜单栏上选择"渲染"→"渲染
设置"（Rendering→Render Setup）命令，弹
出"渲染设置"（Render Setup）窗口。

（3）在"渲染设置"（Render Setup）窗
口的"公用"（Common）选项卡中的"公用
参数"（Common Parameters）卷展栏中，选
择"范围"（Range）单选按钮。

（4）在"范围"（Range）选项的第 1 个

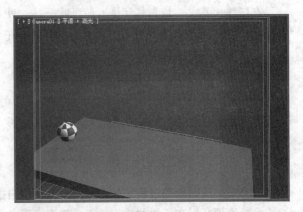

图 12.1

文本框内输入 0，第 2 个文本框内输入 50，如图 12.2 所示。

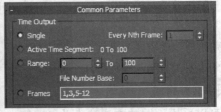

图 12.2

（5）在"公用参数"（Common Parameters）卷展栏的"输出大小"（Output Size）选项区域单击 320×240 按钮，如图 12.3 所示。

图 12.3

"图像纵横比"（Image Aspect）指的是图像的宽高比，320/240=1.33。

（6）在"渲染输出"（Render Output）选项区域单击"文件"（Files）按钮。

（7）在弹出的"渲染输出文件"（Render Output File）对话框的"文件名"区域指定一个文件名，例如 Samples-12-01。

（8）在"保存类型"的下拉列表中选择"AVI.文件（*.avi）"格式，如图 12.4 所示。

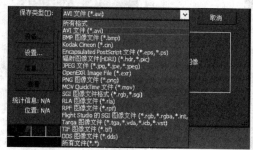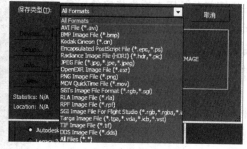

图 12.4

（9）在"渲染输出文件"（Render Output File）对话框中，单击"保存"（Save）按钮。

（10）在弹出的"AVI 文件压缩设置"（AVI File Compression Setup）对话框中，单击"确定"按钮，如图 12.5 所示。

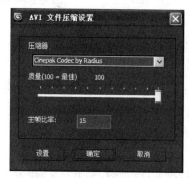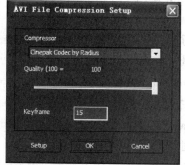

图 12.5

说明：压缩质量的数值越大，图像质量就越高，文件也越大。

（11）单击"渲染"按钮，弹出渲染（Render）进程对话框。

（12）完成了动画渲染后，关闭"渲染场景"（Render Scene）对话框。

（13）在保存的目录下打开保存的 AVI 文件，观察效果，图 12.6 所示是其中的一帧。

图 12.6

12.1.2　ActiveShade 渲染器

除了提供最后的渲染效果外，3ds Max 2010 还提供了一个"交互渲染器"（ActiveShade），以方便产生快速低质量的渲染效果，并且这些效果是随着场景的更新而不断更新的。这样就可以在一个完全的渲染视口预览用户的场景。交互渲染器是一个浮动的对话框，也可以被放置在一个视口中。

使用交互渲染器得到的渲染质量比直接在视口中生成的渲染质量高。当交互渲染器

（ActiveShade）被激活后，诸如灯光等调整的效果就可以交互地显示在视口中。交互渲染器（ActiveShade）有它自己的快捷菜单，用来渲染指定的对象和指定的区域。渲染时可以直接将材质编辑器的材质拖曳到交互渲染器中的对象上。

激活交互渲染（ActiveShade）有两种方法。一种方法是在视口左上角的视口标签上单击，选择 ActiveShade 命令，则视口变为动态着色视口，如图 12.7 所示。另一种方法是单击主工具栏中的 ActiveShade 按钮，弹出 ActiveShade 窗口，如图 12.8 所示。

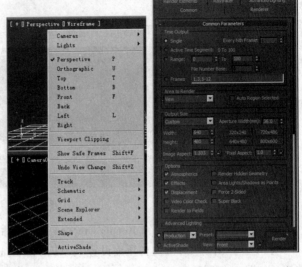

图 12.7　　　　　　图 12.8

【实例 12.2】使用交互渲染器（ActiveShade）。

在这个练习中，将打开一个动态着色浮动框（ActiveShade Floater）窗口，然后使用拖曳材质的方法取代场景中的材质。

（1）启动 3ds Max 2010，选择"第 12 章"→Samples–12–02→Samples–12–02.max 文件。

（2）按住主工具栏中的"渲染产品"（Render Production）按钮不放，然后在弹出的按钮组中单击 ActiveShade 按钮，此时将打开一个 ActiveShade 窗口，如图 12.9 所示。打开时可能需要一定的初始化时间。

（3）单击主工具栏中的"材质编辑器"（Material Editor）按钮，打开材质编辑器窗口，如图 12.10 所示。

图 12.9

图 12.10

（4）在材质编辑器中选择 metal 材质球，然后将材质拖曳到 ActiveShade 窗口中左前方的茶壶上。

这样将使用新的铁皮材质取代之前的灰色材质，实现了动态着色的功能，效果如图 12.11 所示。

图 12.11

12.1.3 "渲染设置"（Render Setup）窗口

一旦完成了动画或者渲染测试帧的时候，就需要使用"渲染设置"（Render Setup）窗口。该窗口包含了 5 个用来设置渲染效果的选项卡，它们是"公用"（Common）、Render Elements、"光线跟踪器"（Raytracer）、"高级照明"（Advanced Lighting）和"渲染器"（Renderer）。下面将分别介绍。

1."公用"（Common）选项卡

"公用"（Common）面板有 4 个卷展栏，如图 12.12 所示。

（1）"公用参数"（Common parameters）卷展栏，该卷展栏有 5 个不同区域。

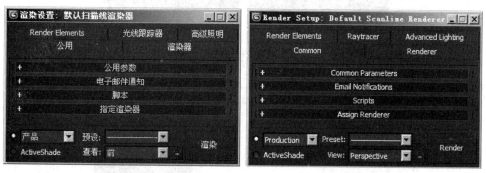

图 12.12

① 输出时间（Time Output）：该选项区域的参数主要用来设置渲染的时间。

- 单帧（Single）：渲染当前帧。
- 活动时间段（Active Time Segment）：渲染轨迹栏中指定的帧范围。
- 范围（Range）：指定渲染的起始帧和结束帧。
- 帧（Frames）：指定渲染一些不连续的帧，帧与帧之间用逗号隔开。
- 每 N 帧（Every Nth Frame）：使渲染器按设定的间隔渲染帧，如果"每 N 帧"（Every Nth frame）被设置为 3，那么每 3 帧渲染 1 帧。

② 输出大小（Output Size）：该选项区域可以使用户控制最后渲染图像的大小和比例。用户

可以在下拉列表中直接选取预先设置的工业标准，如图 12.13 所示，也可以直接指定图像的宽度和高度。

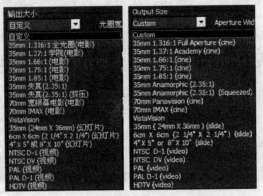

图 12.13

- 宽度（Width）和高度（Height）：这两个参数定制渲染图像的高度和宽度，单位是像素。如果锁定了"图像纵横比"（Image Aspect），那么改变其中的一个数值将影响另外一个数值。
- 预设的分辨率：单击该按钮可以把渲染图像的尺寸改变成按钮指定的大小。在按钮上右击，可以在弹出的"配置预设"（Configure Preset）对话框中进行设置，如图 12.14 所示。

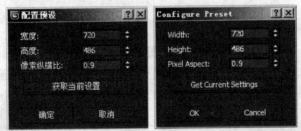

图 12.14

- 图像纵横比（Image Aspect）：这个参数决定渲染图像的长宽比。不同"图像纵横比"的效果如图 12.15 所示。

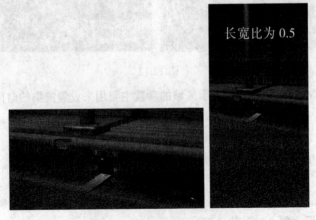

图 12.15

- 像素纵横比（Pixel Aspect）：该项设置决定图像像素本身的长宽比。如果渲染的图像在非正方形像素的设备上显示，那么就需要设置这个选项。例如标准的 NTSC 电视机的像素长宽比是 0.9，而不是 1。如果锁定了"像素纵横比"（Pixel Aspect）选项，那么将不能够改变该数值。图 12.16 所示是采用不同的"像素长宽比"渲染的图像。当该参数值为 0.5 的时候，图像在垂直方向被压缩；当该参数值为 2 的时候，图像在水平方向被压缩。

长宽比为 0.5

图 12.16

③ 选项（Options）：这个区域包含的 9 个复选框用来激活不同的渲染选项。

- 视频颜色检查（Video Color Check）：这个选项可以扫描渲染图像，寻找视频颜色之外的颜色。
- 强制双面（Force 2-Sided）：这个选项将强制渲染 3ds Max 2010 场景中所有面的背面，这对法线有问题的模型非常有用。
- 大气（Atmospherics）：如果取消选择这个复选框，那么 3ds Max 2010 将不渲染雾和体积光等大气效果，此时可以加速渲染过程。
- 效果（Effects）：如果取消选择这个复选框，那么 3ds Max 2010 将不渲染辉光等特效，这样可以加速渲染过程。
- 超级黑（Super Black）：如果要合成渲染的图像，那么该选项非常有用。如果选择这个复选框，那么将使背景图像变成纯黑色，即 R、G、B 数值都为 0。
- 置换（Displacement）：当这个选项被取消选择后，3ds Max 2010 将不渲染置换贴图，这样可以加速测试渲染的过程。
- 渲染隐藏的几何体（Render Hidden）：选择这个复选框后将渲染场景中隐藏的对象。如果场景比较复杂，在建模时经常需要隐藏对象，而渲染的时候又需要这些对象显示，此时该选项非常有用。
- 渲染为场（Render to Fields）：该选项可以使 3ds Max 2010 渲染到视频场，而不是视频帧。在为视频渲染图像的时候，经常需要使用这个选项。一帧图像中的奇数行和偶数行分别构成两场图像，也就是一帧图像是由两场构成的。
- 区域光源/阴影视作点光源（Area Lights/Shadow as Points）：将所有区域的光或影都当作发光点来渲染，这样可以加速渲染过程。

④ 高级光照（Advanced Lighting）：该选项区域中的两个复选框来设定是否渲染高级光照效果，以及什么时候计算高级光照效果。

⑤ 位图代理（Bitmap Proxies）：显示 3ds Max 2010 是使用高分辨率贴图还是位图代理进行渲染。要设置此选择，可以单击"设置"按钮。

⑥ 渲染输出（Render Output）：用来设置渲染输出文件的位置，有如下选项。

- 保存文件（Save File）和"文件"（Files）按钮。当选择"保存文件"（Save File）复选框后，渲染的图像就被保存在硬盘上。"文件"（Files）按钮用来指定保存文件的位置。
- 使用设备（Use Device）：除非选择了支持的视频设备，否则该复选框不能使用。使用该选项可以直接渲染到视频设备上，而不生成静态图像。
- 渲染帧窗口（Rendered）：这个选项可以在渲染帧窗口中显示渲染的图像。
- 网络渲染（Net Render）：当开始使用网络渲染后，就会弹出网络渲染配置对话框，这样可以同时在多台机器上渲染动画。
- 跳过现有图像（Skip Existing Images）：该选项可以使 3ds Max 2010 不渲染保存文件的文件夹中已经存在的帧。

电子邮件通知（Email Notification）卷展栏

当渲染过程中出现问题（例如异常中断、渲染结束等）时，使用该卷展栏中的参数可以给用户发 E-mail 提示，这对需要长时间渲染的动画来讲非常重要。

"脚本"（Scripts）卷展栏

"脚本"（Scripts）卷展栏允许用户指定渲染之前或者渲染之后要进行的脚本。要执行的脚本有 4 种，分别为 MAXScript 文件（MS）、宏脚本（MCR）、批处理文件（BAT）和可执行文件（EXE）。渲染之前，执行预渲染脚本。完成渲染之后，执行后期渲染。用户也可以单击"立即执行"按钮来"手动"运行脚本。

（2）"指定渲染器"（Assign Renderer）卷展栏："指定渲染器"（Assign Renderer）卷展栏显示了"产品级"和 ActiveShade 渲染引擎以及材质编辑器样本球当前使用的渲染器，用户可以单击 ⋯ 按钮改变当前的渲染器设置。默认情况下有 3 种渲染器可以使用：默认扫描线渲染器、mental ray 渲染器和 VUE 文件渲染器。图 12.17 所示为"指定渲染器"卷展栏。

 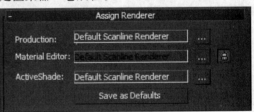

图 12.17

- ⊡：默认情况下，材质编辑器使用与产品级渲染引擎相同的渲染器。单击此按钮可以为材质编辑器的样本球指定一个不同的渲染器。
- 保存为默认设置（Save as Defaults）：单击此按钮，将把当前指定的渲染器设置为下次启动 3ds Max 2010 时的默认渲染器。

2．Render Elements 选项卡

当合成动画层的时候，Render Elements 选项卡中的参数非常有用。用户可以将每个元素想象成一个层，然后将高光、漫射、阴影和反射元素结合成图像。使用 Render Elements 可以灵活地控制合成的各个方面。例如可以单独渲染阴影，然后再将它们合成在一起。图 12.18 所示为 Render Elements 选项卡。

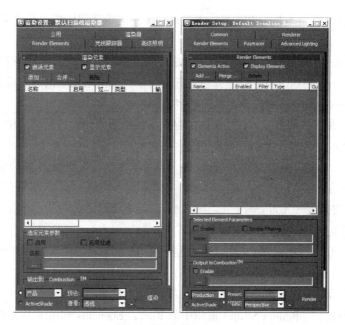

图 12.18

下面介绍该选项卡中的主要内容。

（1）卷展栏上部的按钮和复选框如下：

- 添加（Add）：单击该按钮用来增加渲染元素，单击该按钮后会弹出如图 12.19 所示的"渲染元素"（Render Elements）对话框。用户可以在这个对话框增加渲染元素。

图 12.19

- 合并（Merge）：单击该按钮可以从其他 MAX 文件中合并文件。
- 删除（Delete）：可以删除选择的元素。
- 激活元素：当取消选择这个复选框后，将不渲染相应的渲染元素。
- 显示元素：当选择该复选框后，可以在屏幕上显示每个渲染的元素。

（2）"选定元素参数"（Selected Element Parameters）：这个选项区域用来设置单个的渲染元素，有如下选项。

- 启用（Enable）：选择该复选框可以激活选择的元素，未激活的元素将不被渲染。
- 启用过滤（Enable Filtering）：选择该复选框可以打开渲染元素的当前反走样过滤器。
- 名称（Name）：用来改变选择元素的名字。
- Files 按钮：在默认的情况下，元素被保存在与渲染图像相同的文件夹中，但是可以通过单击这个按钮改变保存元素的文件夹和文件名。

（3）输出到-combustion（Output to combustion）：启用这个区域可以提供 3ds Max 2010 与 Discreet 的 combustion 之间的连接。

【实例 12.3】渲染大气元素。

（1）启动或者复位 3ds Max 2010。

（2）单击"打开文件"（Open File）按钮，然后选择"第 12 章"→Samples-12-03→Samples-12-03.max 文件。图 12.20 所示是打开文件后的场景。

（3）单击主工具栏中的"渲染设置"（Render Setup）按钮 。

（4）在"渲染设置"（Render Setup）窗口中的 Render Elements 选项卡中，单击"添加"（Add）按钮。

（5）在弹出的"渲染元素"（Render Elements）对话框中，选择"大气"（Atmosphere）选项，然后单击"确定"（OK）按钮，如图 12.21 所示。

图 12.20　　　　　　　　　　　　　　　　图 12.21

（6）确定"公用参数"（Common Parameters）卷展栏中的"时间输出"（Time Output）选项区域被设置为"单帧"（Single）选项。

（7）在"公用参数"（Common Parameters）卷展栏中单击"渲染输出"（Render Output）选项区域中的"文件"（Files）按钮。

（8）在弹出的"渲染输出文件"（Render Output File）对话框的"保存类型"下拉列表中选择"TIF 图像文件（*.tif）"格式。

（9）在"渲染输出文件"（Render Output File）对话框中，指定保存的文件夹。

（10）指定渲染的文件名，然后单击"保存"（Save）按钮。

（11）在弹出的"TIF 图像控制"（TIF Image Control）对话框中单击"确定"（OK）按钮。

（12）在"渲染设置"（Render Setup）窗口的"查看"（View）区域中，确定激活的是 Camera01。

（13）单击"渲染"（Render）按钮开始渲染。

渲染效果如图 12.22 所示，左边的是最后的渲染图像，右边的是大气的效果。

图 12.22

3. 渲染器（Renderer）选项卡

渲染器（Renderer）选项卡只包含一个卷展栏，即"默认扫描线渲染器"（Default Scanline Renderer）卷展栏，如图 12.23 所示。在这里可对默认扫描线渲染器的参数进行设置。

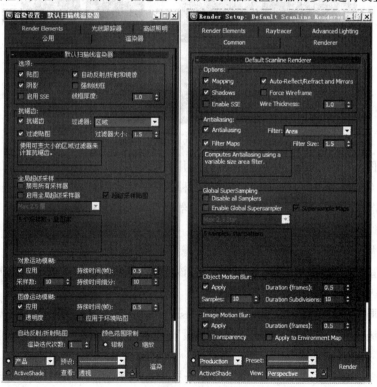

图 12.23

（1）选项（Options）：该选项区域提供了 5 个复选框，分别为"贴图"（Mapping）、"阴影"（Shadows）、"自动反射/折射和镜像"（Auto-Reflect/Refract and Mirrors）、"启用 SSE"（Enable SSE）和"强制线框"（Force Wireframe）渲染。"线框厚度"（Wire Thickness）的数值用来控制线框对象的渲染厚度。在测试渲染的时候常使用这些选项来节省渲染时间。

- 贴图（Mapping）：如果取消选择这个复选框，那么渲染的时候将不渲染场景中的贴图。
- 阴影（Shadows）：如果取消选择这个复选框，那么渲染的时候将不渲染场景中的阴影。
- 自动反射/折射和镜像（Auto-Reflect/Refract and Mirrors）：如果取消选择这个复选框，那么渲染的时候将不渲染场景中的"自动反射/折射和镜像"（Auto-Reflect/Refract and Mirrors）贴图。
- 强制线框（Force Wireframe）：如果选择这个复选框，那么场景中的所有对象将按线框方式渲染。
- 启用 SSE（Enable SSE）：选择该复选框将开启 SSE 方式，若系统的 CPU 支持此项技术，渲染时间将会缩短。
- 线框厚度（Wire Thickness）：控制线框对象的渲染厚度。如图 12.24 所示的线框粗细为 4。

（2）抗锯齿（Antialiasing）：该选项区域用于控制反走样设置和反走样贴图过滤器。

- 抗锯齿（Antialiasing）：选择该复选框可以控制最后的渲染图像是否进行反走样，反走样可以使渲染对象的边界变得光滑一些。如图 12.25 所示右边的图像使用了反走样，左边的图像没有使用反走样。

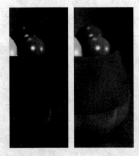

图 12.24　　　　　　　　　图 12.25

- 过滤贴图（Filter Maps）：选择该复选框用来打开或者关闭材质贴图中的过滤器选项。
- 过滤器（Filter）：3ds Max 2010 提供了各种各样的反走样过滤器，使用的过滤器不同，最后的反走样效果也不同。许多反走样过滤器都有可以调整的参数，通过调整这些参数，可以得到独特的反走样效果。
- 过滤器大小（Filter Size）：设置为一幅图像应用模糊的程度。

（3）全局超级采样（Global SuperSampling）：该选项区域将不渲染场景中的超级样本设置，从而加速测试渲染的速度。

- 启用全局超级采样器（Enable Global Supersampler）：选择该复选框可以对所有材质应用同样的超级采样。若取消选择此复选框，设置了全局参数的材质将受渲染对话框中设置的控制。
- 超级采样贴图（Supersampler Maps）：用于打开或关闭应用了贴图材质的超级采样。
- 采样（Sampler）下拉列表：选择采样方式。

（4）对象运动模糊（Object Motion Blur）：该选项区域的选项用来全局地控制对象的运动模糊。在默认的状态下，对象没有运动模糊。要添加运动模糊，必须在"对象属性"（Object Properties）对话框中设置"运动模糊"（Motion Blur）选项。

- 应用（Apply）：用于打开或者关闭对象的运动模糊。

- 持续时间（Duration (frames)）：设置摄影机快门打开的时间。
- 采样（Sample）：设置持续时间细分之内渲染对象显示次数。
- 持续时间细分（Duration Subdivisions）：设置持续时间内对象被渲染的次数。

如图 12.26 所示，左边图像的"采样数"和"持续时间细分"被设置为 1，右边图像的"采样数"被设置为 3，因此有点颗粒状效果。

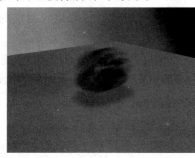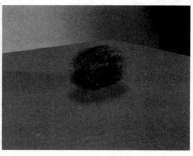

图 12.26

（5）图像运动模糊（Image Motion Blur）：与"对象运动模糊"（Object Motion Blur）类似，"图像运动模糊"也根据持续时间来模糊对象。"图像运动模糊"作用于最后的渲染图像，而不是作用于对象层次。这种运动模糊的优点之一是考虑摄影机的运动。用户必须在"对象属性"（Object Properties）对话框中设置"运动模糊"（Motion Blur）。

- 应用（Apply）：用于打开或者关闭对象的运动模糊。
- 持续时间（帧）Duration（frames）：设置摄影机快门打开的时间。
- 透明度（Transparency）：如果选择这个复选框，即使将对象设置为透明，也要渲染其运动模糊效果。
- 应用于环境贴图（Apply to Environment Maps）：激活这个选项后将模糊环境贴图。

（6）自动反射/折射贴图（Auto Reflect/Refract Maps）：这个区域的唯一参数是"渲染迭代次数"（Rendering Iterations），这个参数用来设置在"自动反射/折射贴图"（Auto Reflect/ Refract Map）中使用"自动关键点"（Auto Key）模式后，在表面上能够看到的表面数量。数值越大，反射效果越好，但是渲染时间也越长。

（7）颜色范围限制（Color Range Limiting）：这个选项区域的选项提供了两种方法来处理超出最大亮度和最小亮度范围的颜色。

- "钳制"（Clamp）：该选项将颜色数值大于 1 的部分设置为 1，将颜色数值小于 0 的部分设置为 0。
- "缩放"（Scale）：该选项可以缩放颜色数值，以便所有颜色的数值在 0～1 之间。

（8）内存管理（Memory Management）：这个选项区域的"节省内存"（Conserve Memory）选项可以使扫描线渲染器执行一些没有被放入内存的计算。这个功能不但节约内存，而且也不明显降低渲染速度。

"渲染设置"（Render Setup）对话框的底部有几个选项，如图 12.27 所示，可以用来改变渲染视口，进行渲染等工作。

图 12.27

左边的两个单选按钮用来选择渲染级别。3ds Max 2010 提供了两种渲染级别：产品级和 ActiveShade 级别。

"预设"（Preset）选项可以选择以前保存的渲染参数设置，也可以将当前的渲染设置保存下来。

"查看"下拉列表用来改变渲染的视口，锁定按钮 ■ 用来锁定渲染的视口，以避免意外改变。单击"渲染"（Render）按钮就开始渲染；单击"关闭"（Close）按钮可以关闭"渲染设置"（Render Setup）对话框，同时保留渲染参数的设置。

4. "光线追踪器"（Raytracer）选项卡

"光线追踪器"（Raytracer）选项卡中只包含一个"光线跟踪器全局参数"（Raytracer Global Parameters）卷展栏，如图 12.28 所示，可用来对光线跟踪器进行全局参数设置，会影响场景中所有的光线跟踪类型的材质。

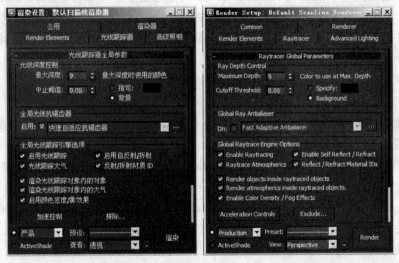

图 12.28

5. 高级照明（Advanced Lighting）选项卡

该选项卡中只包含"选择高级照明"（Select Advanced Lighting）卷展栏，如图 12.29 所示。该卷展栏下拉列表中的不同选项对应不同的参数，主要用于高级光照的设置。

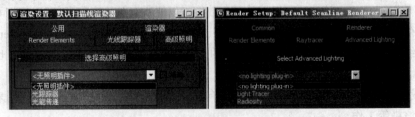

图 12.29

下面举例介绍如何通过渲染序列帧的方法来渲染场景。

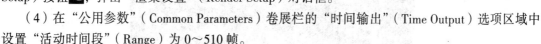

图 12.30

【实例 12.4】渲染场景。

（1）启动或者复位 3ds Max 2010。

（2）单击"打开文件"（Open File）按钮，然后选择"第 12 章"→Samples–12–04→Samples–12–04.max 文件。打开文件后的场景如图 12.30 所示。

（3）单击主工具栏中的"渲染设置"（Render Setup）按钮 ，弹出"渲染设置"（Render Setup）对话框。

（4）在"公用参数"（Common Parameters）卷展栏的"时间输出"（Time Output）选项区域中设置"活动时间段"（Range）为 0～510 帧。

（5）在"输出大小"（Output Size）选项区域中设置"像素纵横比"为 1.067，并锁定，把图片的大小设置为 720×404（宽×高），最后锁定"图像纵横比"选项，如图 12.31 所示。

图 12.31

（6）在"渲染输出"（Render Output）选项区域中单击"文件"（Files）按钮。

（7）在"渲染输出文件"（Render Output File）对话框中选择保存文件的位置，并将文件类型设置为 TGA。

（8）在文件名文本框内输入"镜头 c02.tga"，然后单击"保存"（Save）按钮，最后在弹出如图 12.32 所示的"Targa 图像控制"对话框中选择 32 位带透明通道的选项，单击"确定"（OK）按钮。

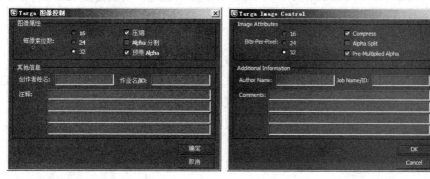

图 12.32

（9）注意选择"对象运动模糊"（Object Motion Blur）选项区域和"图像运动模糊"（Image Motion Blur）选项区域中的"应用"（Apply）复选框，如图 12.33 所示。

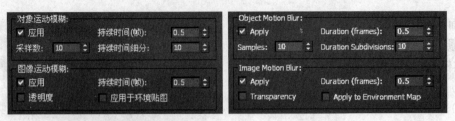

图 12.33

（10）在"渲染设置"（Render Setup）对话框中单击"渲染"（Render）按钮，这样就开始了渲染。图 12.34 所示是渲染效果中的一帧。

图 12.34

12.2 mental ray 渲染器

12.2.1 mental ray 简介

mental ray 是一个专业的渲染系统，它可以生成令人难以置信的高质量图像。它具有一流的高性能、真实感光线跟踪和扫描线渲染功能。它在电影领域得到了广泛的应用和认可，被认为是市场上最高级的三维渲染解决方案。在 3ds Max 6 之前，mental ray 仅作为插件来使用，现在可以直接从 3D Studio MAX 中访问 mental ray。与 3D Studio MAX 无缝的集成使使用 3D Studio MAX 的用户几乎不需要学习就可以直接使用。

mental ray 的主要功能有。

- 全局的照明可以模拟场景中光的相互反射
- 通过其他对象的反射和折射，设置将"散焦"（Caustic）渲染灯光投射到对象上的效果
- 柔和的光线跟踪阴影提供由区域灯光生成的准确柔和阴影
- 矢量运动模糊创建基于三维的超级运动模糊
- 景深模拟真实世界的镜头
- 功能强大的明暗生成语言提供了灵活的编程工具，以便于创建明暗器
- 高性能的网络渲染几乎支持任何硬件

12.2.2 mental ray 渲染场景

下面就举例来说明 mental ray 强大的渲染功能。

【实例 12.5】运动模糊效果渲染。

（1）启动或者复位 3ds Max 2010。

（2）单击"打开文件"（Open File）命令，然后选择"第 12 章"→Samples-12-05→Samples-12-05.max 文件。该场景包括一个车轮、几盏灯光和一个摄影机，如图 12.35 所示。

（3）单击"播放动画"（Play Animation）按钮 ▶，可以看到车轮已经设置了动画。在前一部分车轮在原地打转，第 24 帧时车轮开始滚动。

（4）在主工具栏中单击"按名称选择"（Select by Name）按钮，在弹出的"从场景选择"（Select From Scene）窗口中，选择 Lugs、Rim 和 Tire 对象，如图 12.36 所示，单击"确定"（OK）按钮。

图 12.35   图 12.36

（5）在 Camera01 视口中右击，在弹出的四元菜单中选择"对象属性"（Object Properties）命令，如图 12.37 所示，弹出的"对象属性"（Object Information）对话框。在"常规"（General）选项卡的"对象信息"（Object Information）选项区域中，名称文本框中显示的是"选定多个对象"（Multiple Selected）。

（6）在"运动模糊"（Motion Blur）选项区域中，将"运动模糊"（Motion Blur）类型设置为"对象"（Object），如图 12.38 所示。

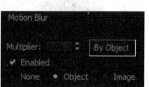

图 12.37   图 12.38

（7）使用 mental ray 渲染产生运动模糊。单击主工具栏中的"渲染设置"（Render Setup）按钮，打开"渲染设置"（Render Setup）窗口。

（8）在"公用"（Common）选项卡中的"指定渲染器"（Assign Renderer）卷展栏中，单击"产品级"（Production）右边的按钮，弹出如图 12.39 所示的"选择渲染器"（Choose Render）对话框，双击"mental ray 渲染器"（mental ray Renderer）选项。

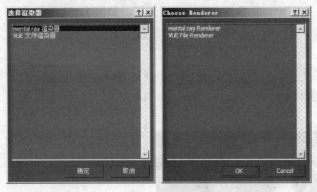

图 12.39

（9）进入"渲染器"（Renderer）选项卡，在"摄影机效果"（Camera Effects）卷展栏中的"运动模糊"（Motion）选项区域中，选择"启用"（Enable）复选框，将"快门持续时间（帧）"（Shutter Duration（frames））的参数值为默认的 1，如图 12.40 所示。

图 12.40

（10）将时间滑块拖动至第 20 帧，渲染场景，效果如图 12.41 所示。在渲染过程中可以看到 mental ray 是按照方形区域一块一块地进行分析渲染。

（11）将"快门持续时间"（Shutter Duration）的参数值设置 0.5，渲染场景，效果如图 12.42 所示。

图 12.41　　　　　　　　　　　　　图 12.42

（12）将"快门持续时间"（Shutter Duration）参数值设置为 5，渲染场景，效果如图 12.43 所示。在 mental ray 中，"快门持续时间"参数值越小，模糊的程度越低。

（13）将"快门持续时间"参数值设置为 1，拖动时间滑块至第 25 帧，车轮已经开始向前滚动，再次渲染场景，效果如图 12.44 所示。

图 12.43　　　　　　　　　　　图 12.44

本实例的最终的动画效果保存在"第 12 章"→Samples–12–05→Samples–12–05f.avi 文件中。

【实例 12.6】创建反射腐蚀实例。

（1）启动或者复位 3ds Max 2010。

（2）单击"打开文件"（Open File）按钮，选择"第 12 章"→Samples–12–06→Samples–12–06.max 文件。该场景包括一个游泳池、墙壁、一个梯子和一个投射于游泳池表面的聚光灯，如图 12.45 所示。

（3）单击"渲染产品"（Render Production）按钮 ，渲染 Camera01 视口。从中可以看出，因为水的材质没有反射贴图，所以看起来不够真实。

（4）添加反射贴图。单击"材质编辑器"（Material Editor）按钮，打开材质编辑器（Material Editor），确定选中 Ground_Water 材质（第 1 行第 1 列样本球），如图 12.46 所示。

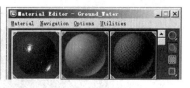

图 12.45　　　　　　　　　　　图 12.46

（5）展开"贴图"（Maps）卷展栏，给"反射"（Reflection）贴图通道指定一个 Raytrace，再次渲染场景，效果如图 12.47 所示。

（6）设置水的焦散效果。在视口中，单击"按名称选择"（Select by Name）按钮 ，选择名称为 Water 的 Box 对象，然后在摄影机视口中右击，在弹出的四元菜单中选择"对象属性"（Object Properties）命令。

（7）在弹出的"对象属性"（Object Properties）对话框中，进入 mental ray 选项卡，选择"生成焦散"（Generate Caustics）复选框，如图 12.48 所示，单击"确定"按钮。

图 12.47

图 12.48

（8）单击"按名称选择"（Select by Name）按钮 🗅，在视口中选择 Spot01 对象。

（9）单击 ✏ 按钮，打开"修改"命令面板，展开"mental ray 间接照明"卷展栏，设置"能量"参数值为 30，如图 12.49 所示。

图 12.49

（10）单击"渲染设置"（Render Setup）按钮 🖺，在"渲染设置"（Render Setup）窗口中，切换到"间接照明"（Indirect Illumination）选项卡。在"焦散和全局照明"（Caustics and Global Illumination）卷展栏中的"焦散"（Caustics）选项区域中，选择"启用"（Enabled）复选框，如图 12.50 所示。

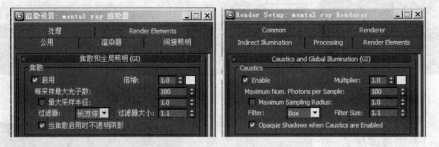

图 12.50

（11）单击"渲染"按钮渲染场景，效果如图 12.51 所示。

图 12.51

（12）此时可以看到水面反射到墙壁上的焦散效果扩散的程度很大。下面来调整光子的半径。在"焦散"（Caustics）选项区域中，选择"最大采样半径"（Maximum Sampling Radius）复选框并且使其值为默认的 1，如图 12.52 所示。

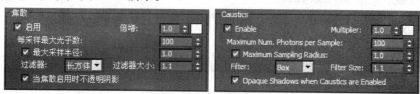

图 12.52

（13）渲染场景，效果如图 12.53 所示。

（14）将"最大采样半径"（Maximum Sampling Radius）参数值设置为 5，再次渲染场景，效果如图 12.54 所示。

图 12.53　　　　　　　　图 12.54

（15）可以看到渲染的效果有些乱。在"焦散"（Caustics）选项区域中，在"过滤器"（filter）下拉列表中选择"圆锥体"（Cone）选项作为过滤类型，如图 12.55 所示，这样可以使焦散看起来更加真实。

图 12.55

（16）渲染场景，效果如图 12.56 所示。

图 12.56

本实例的最终的动画效果保存在"第 12 章"→Samples-12-06→Samples-12-06f.avi 文件中。

【实例 12.7】创建全局照明实例。

（1）启动或者复位 3ds Max 2010。

（2）单击"打开文件"（Open File）按钮，然后选择"第 12 章"→Samples-12-07→Samples-12-07.max 文件。

（3）单击 "渲染产品"（Render Production）按钮，渲染 Camera01 视口。此时可以看出整个场景非常阴暗，如图 12.57 所示。

图 12.57

（4）添加全局照明。单击"渲染设置"（Render Setup）按钮，在"渲染设置"（Render Setup）对话框中切换到"间接照明"（Indirect Illumination）选项卡。在"焦散"（Caustics）和"全局照明"（Global Illumination）选项区域中，分别选择"启用"（Enable）复选框，如图 12.58 所示。

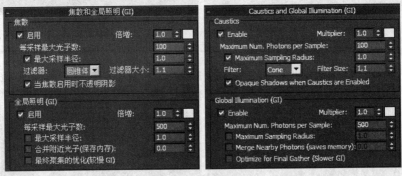

图 12.58

（5）渲染场景，效果如图 12.59 所示。

（6）在"最终聚集"（Final Gather）卷展栏中的"基本"选项区域中，选择"启用最终聚集"（Enable Final Gather）复选框，渲染场景，效果如图 12.60 所示。

图 12.59

图 12.60

（7）回到"全局照明"（Global Illumination）选项区域中，取消选择"启用"（Enable）复选框，关闭全局照明效果，渲染场景，效果如图 12.61 所示。

图 12.61

注 意

"最终聚集"（Final Gather）与"全局照明"（Global Illumination）是相互独立的。若要获得精细的渲染，需将"全局照明"和"最终聚集"一起使用。

（8）在"全局照明"（Global Illumination）选项区域中，再次选择"启用"（Enable）复选框，并把"倍增"设置为 1.5。渲染场景，效果如图 12.62 所示。

图 12.62

最终完成效果存储为 Samples-12-07f.max 文件中。

小 结

本章详细介绍了如何渲染场景及如何设置渲染参数。合理掌握渲染的参数在动画制作中是非常关键的，用户尤其应该注意如何进行快速的测试渲染。最后介绍了 mental ray 渲染的几个实例，mental ray 是 3ds Max 2010 中功能强大的渲染器，渲染真实感强。用户可根据实例自行设置参数，以达到不同的效果。

练习与思考

一、判断题

1. 摄影机的"运动模糊"（Motion Blur）和景深参数（Depth of Field）可以同时使用。

2. 在 3ds Max 2010 中，背景图像不能设置动画。

3. 在默认的状态下，打开"间接照明"（Indirect Illumination）的快捷键是（9）。

4. 一般情况下，对于同一段动画来讲，渲染结果保存成 FLC 文件的信息量要比保存成 AVI 文件的信息量要小。

5. 3ds Max 2010 自带的渲染器只有默认扫描线渲染器和 mental ray 渲染器两种。

二、选择题

1. 3ds Max 2010 能够支持的渲染输出格式是（　　）。

    A. PAL–D   B. HDTV   C. 70mm IMAX   D. 以上都是

2. 在使用扫描线渲染器渲染的时候，想要关闭对材质贴图的渲染，最好采用以下（　　）方法来实现。

    A. 在扫描线渲染器参数中取消选择贴图复选框

    B. 将相关材质删除

    C. 将相关材质中的贴图全部关闭

    D. 使用 mental ray 来渲染

3. 想要将"图像运动模糊"赋予场景中的环境背景，应该（　　）。

    A. 选择"图像运动模糊"参数组中的"赋予环境贴图"复选框

    B. 使用 mental ray 渲染器来渲染

    C. 关闭场景中所有物体的运动模糊

    D. 直接渲染即可

4. 下列（　　）图像格式是具有 Alpha 通道的。

    A. HDR

    B. JPG

    C. TGA

    D. BMP

5. 想要用 mental ray 生成焦散光效果，一定要（　　）。

    A. 使用 DGS 材质

    B. 设置生成焦散光效果的物体来激活其生成焦散的属性

    C. 使用 HDR 图像

    D. 使用玻璃明暗器

三、思考题

1. 裁减平面的效果是否可以设置动画？

2. 如何使用景深和聚焦效果？两者是否可以同时使用？

3. PAL 制、NTSC 制和高清晰度电视画面的水平像素和垂直像素各是多少？

4. 图像的长宽比和像素的长宽比对渲染图像有什么影响？

5. 如何使用元素渲染？请尝试渲染各种元素。

6. 如何更换当前渲染器？

7. "对象运动模糊"和"图像运动模糊"有何异同？

8. 如何使用交互视口渲染？

9. 在 3ds Max 2010 中，渲染器可以生成哪种格式的静态图像文件和哪种格式的动态图像文件？

10. 使用 mental ray "景深"（（mental ray）Depth of Field）渲染出如图 12.63 所示的效果，图 12.64 所示为原图。源文件在"第 12 章"→Samples-12-08 文件夹中。

图 12.63　　　　　　　　　　　　　　　　图 12.64

第13章 综合实例

创建场景需要使用 3ds Max 2010 的许多功能，包括建模、材质、灯光和渲染等。这一章将通过两个综合实例来介绍 3ds Max 2010 创作的基本流程。在完成本章的练习之后，用户能够掌握如下内容：

- 创建简单集合体来模拟场景物品
- 创建并应用材质，使场景变得更美丽
- 创建有效的灯光，使场景具有生命力

13.1 室外场景漫游

本例为综合练习，下面将根据制作建筑漫游动画的常规流程，来制作一个山间院落场景的漫游动画，最终效果如图 13.1 所示。

图 13.1

13.1.1 设置项目文件夹

（1）首先执行以下操作来创建本例的项目文件夹，选择应用程序菜单中的"管理"→"设定项目文件夹"命令，如图 13.2 所示。

（2）在弹出的对话框中选择计算机中的一个盘符，单击"新建文件夹"按钮，创建一个新的文件夹并将其命名为 Samples-13-01，单击"确定"按钮。这时相应的 Samples-13-01 文件夹下就自动生成了本例的一系列工程文件夹，如图 13.3 所示。

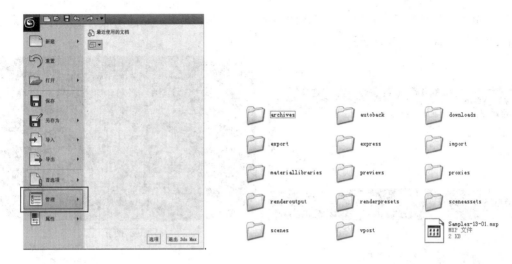

图 13.2　　　　　　　　　　　　　　图 13.3

（3）将本书素材的"第 13 章"文件夹中的所有 MAX 文件复制到 Samples–13–01→scenes 文件夹中，将 Samples–13–01maps 文件夹中的所有图片文件复制到 Samples–13–01→sceneassets→images 文件夹中。这样就便于用户有效地管理本实例的一系列工程文件。

13.1.2　创建场景模型

【实例 13.1】整理建筑主体场景。

（1）打开 scenes 文件夹中的 Samples–13–01.max 文件，如果弹出"缺少外部文件"（Missing External Files）对话框，如图 13.4 所示，需要进行如下操作。

（2）单击"缺少外部文件"（Missing External Files）对话框中的"浏览"（Browse）按钮，会弹出"配置外部文件路径"（Configure External File Paths）对话框，如图 13.5 所示。

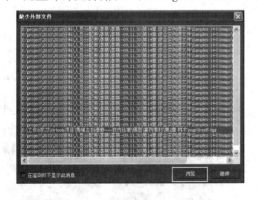

图 13.4　　　　　　　　　　　　　　图 13.5

（3）单击"添加"（Add）按钮，弹出"选择新的外部文件路径"（Choose New External Files Path）对话框，如图 13.6 所示。

（4）在"选择新的外部文件路径"对话框中，执行下列操作之一。

在"路径"区域设置路径。

如果要在此路径中包含子目录，选择"添加子路径"复选框。

（5）单击"使用路径"按钮，此时新的路径立即生效，丢失的贴图文件也重新找了回来。Samples-13-01.max 场景效果如图 13.7 所示。

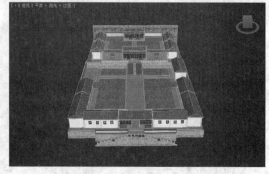

图 13.6 　　　　　　　　　　　　　　　　图 13.7

【实例 13.2】创建地形环境。

（1）在顶视口中的主体建筑位置创建一个平面，将其名称和"参数"卷展栏中的各项参数进行设置，如图 13.8 所示，重新命名便于以后对其进行管理。

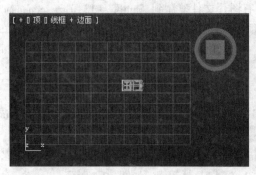

图 13.8

说明：分段数值可以设置得更大，但是会导致面数增多，影响渲染速度。

（2）进入"修改"命令面板，在修改器列表中选择"编辑多边形"（Edit Poly）编辑修改器，然后选择"顶点"（Vertex）次对象层次，在"软选择"（Soft Selection）卷展栏中进行修改，参数如图 13.9 所示。

（3）在透视视口中选择主体建筑周围部分的顶点，沿 Z 轴向上拖曳，此时形成凸起的山体，在此基础上再对相应的顶点进行编辑修改，可根据具体情况设置软选择的"衰减"（Falloff）参数，直至将山体修改或满意的形态，效果如图 13.10 所示。

图 13.9

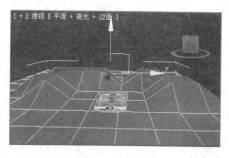

图 13.10

（4）为了使山体更加真实，应该使其平滑一些。在修改器列表里选择"网格平滑"（MeshSmooth）编辑修改器，将"迭代次数"（Iterations）值设置为 2，同时，取消选择"局部控制"卷展栏中的"等值线显示"（Isoline Display）复选框，此时山体便平滑了很多，参数设置及效果如图 13.11 所示。

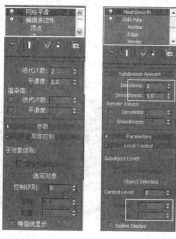

图 13.11

（5）接下来给山体创建材质，使其变成一座郁郁葱葱的苍山。按【M】键进入材质编辑器，选择一个材质球并为其命名为 shan ti，单击材质名称右侧的 Standard 按钮，在弹出的"材质/贴图浏览器"（Material/Map Browser）对话框中选择"顶/底"（Top/Bottom）材质，"顶/底基本参数"卷展栏如图 13.12 所示。

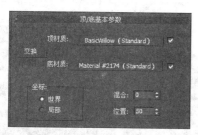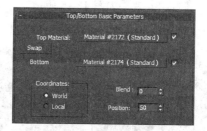

图 13.12

（6）单击"顶材质"（Top Material）后的按钮，进入"贴图"（Map）卷展栏，顶材质默认为标准材质类型。在"贴图"（Map）卷展栏为山体材质添加"漫反射颜色"（Diffuse Color）和"凹凸"（Bump）贴图，分别选择 sceneassets→images 文件夹中的图片 grass.jpg 和 grass-bump.jpg，并将凹凸（Bump）"数量"设置为 80，如图 13.13 所示。

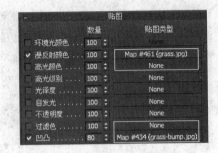
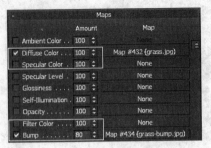

图 13.13

注 意

本例所有的贴图文件都在项目文件夹 sceneassets→images 子文件夹中寻找，下面不再赘述。

（7）返回"顶/底"（Top/Bottom）材质编辑器面板，现在设置底材质，为其添加石头材质的效果。在"贴图"（Map）卷展栏中为山体材质添加"漫反射颜色"（Diffuse Color）贴图，选择 stone.jpg 图片，然后向上回到父层级，并设置"底/顶"（Top/Bottom）材质的"混合"（Blend）和"位置"（Position）参数分别为 80 和 90，同时观看材质球的变化，如图 13.14 所示。

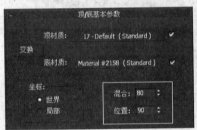
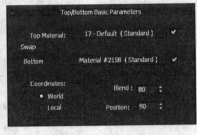
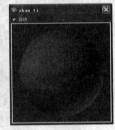

图 13.14

（8）然后，将刚刚设置完成的"顶/底"（Top/Bottom）材质赋予山体模型。确定选择了当前调整好材质的材质球和场景中的山体对象，然后依次单击"将材质指定给选定对象"（Assion Material to Selection）按钮、"显示最终结果"（Show End Result）按钮和"在视口中显示标准贴图"（Show Standard Map in Viewport）按钮。此时，在视口中就可以实时地观察到郁郁葱葱的苍山了，各按钮与效果如图 13.15 所示。

图 13.15

整个山体地形基本上就制作好了，接下来，给整个场景增加天空环境。

【实例 13.3】创建天空环境。

（1）在顶视口的主体建筑和山体位置创建一个"圆柱体"（Cylinder），将其名称更改为 tian kong，各项参数设置如图 13.16 所示。

（2）为了后面更好地设置灯光环境，现在需要将圆柱体的顶面和底面删掉。在刚刚创建好的 tian kong 对象上右击，选择四元菜单中的"转换为"→"转换为可编辑网格"命令，将圆柱体转变为可编辑网格，然后选择"多边形"（Polygon）次对象层次，参数及效果如图 13.17 所示，在透视口中选择顶面和底面将其删掉。

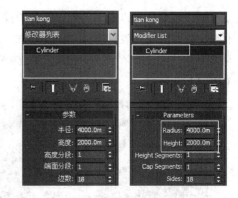

图 13.16

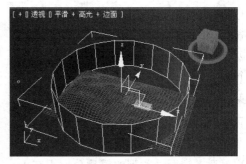

图 13.17

（3）接下来给 tian kong 对象增加贴图，单击主工具栏中的"材质编辑器"（Material Editor）按钮，进入材质编辑器，选择一个材质球为其命名为 tian kong，在"贴图"（Map）卷展栏中为山体材质添加"漫反射颜色"（Diffuse Color）贴图，选择"风景.jpg"贴图，为"不透明度"（Opacity）选择"风景 T.jpg"贴图，然后回到父层级，选择"明暗器基本参数"（Shader Basic Parameters）卷展栏中的"双面"（2-sided）复选框，如图 13.18 所示。将赋予贴图的材质球赋予场景中的 tian kong 对象。

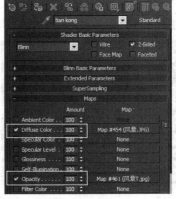

图 13.18

（4）这时，可以看到场景中的贴图被拉伸了，给其增加"UVW贴图"编辑修改器来解决这个问题。在修改器列表里选择"UVW贴图"（UVW Mapping）编辑修改器，选择"参数"（Parameters）卷展栏中的"柱形"（Cylindrical）单选按钮，同时将"U向平铺"（U Tile）选项的数值设置为3，如图13.19所示。

图 13.19

（5）此时天空的贴图便真实了很多，选择一个角度渲染一下，观看其效果，如图13.20所示。

紧接着来为此场景添加绿色植物，以完善、绿化整个场景。

【实例13.4】绿化环境。

场景中可以增加的植物模型分为两种类型：复杂的实体植物模型和简单的面片交叉模拟的植物模型。这两种类型的模型分别用在不同的景别之中，距离视点近的地方使用复杂的植物模型，以增加场景的真实度；距离视点远

图 13.20

的地方使用简单的面片交叉模拟的植物模型，从而减少场景中的片面数量，避免影响到计算机的运算速度。

（1）首先导入复杂的树木模型（一般可从网络上下载或者购买，不必自己制作）。选择应用程序选项中的"导入"→"合并"（Import→Merge）命令，选择项目文件夹中名为Samples-13-01-树木.max的文件，在弹出的"合并"（Merge）对话框中单击"全部"（All）按钮，然后"确定"（OK）按钮，随后在弹出的"重复名称"（Duplicate Name）对话框中选择第一个"合并"（Merge）选项，如图13.21所示。这时几种不同类型的树木模型就全部导入到场景中了。

图 13.21

（2）观察导入到场景中的树木，其大小比例与场景正合适，贴图完全匹配，因此不需要进行

编辑修改。但是数量相对整个场景而言显得过于稀少，因此需要复制出更多的植物来丰富场景。选择场景中的不同类型的树木并将其复制，并且进行适当的缩放、旋转、移动等操作，一般情况下低矮的植物数量应多一些，以便与高大的树木形成对比。经过此番编辑之后，场景显然丰富了很多，与原来的场景形成鲜明的对比，效果如图 13.22 所示。

图 13.22

（3）接下来为场景创建一些简单植物模型。在前视口中创建一个平面（Plan），然后复制一个并将其沿 X 轴旋转 90°，使之形成一个十字交叉的形状，如图 13.23 所示。

（4）现在从图上看起来这个模型跟植物似乎没有任何相似之处，下面的操作就会出现不同了。选择刚刚创建好的十字交叉面片以后，为其增加材质，这里还是使用漫反射类型贴图、不透明类型贴图和凹凸类型贴图，分别将名称为 tree01_C.jpg、tree01_T.jpg 和 tree01_A.jpg 的图片依次赋予以上 3 种类型的贴图，并将凹凸（Bump）的"数值"值设置为 80，如图 13.24 所示。

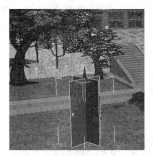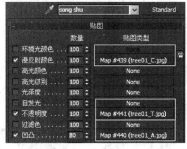

图 13.23　　　　　　　　　　　　　图 13.24

（5）下面将调整好的材质赋予十字交叉面片，最终效果在视口中显示出来，此时从远处看，就像一棵真正的松树了，效果如图 13.25 所示。

到此为止，场景的搭建就先告一段落，尽管看起来还不漂亮。后面还要根据摄影机的运动路径来布置场景，摄影机镜头之内的景色需要好好整理一下，镜头之外的尽量精简，以免过多地耗费时间、精力和场景中的面数，从而降低工作效率。下面开始创建摄影机路径动画。

图 13.25

13.1.3　创建摄影机路径动画

【实例 13.5】创建摄影机路径动画。

（1）在顶视口中创建一个目标摄影机（Target），位置如图 13.26 所示，创建时将摄影机目标点（Camera Target）定位在场景中主体建筑的中心。

（2）到前视口中将摄影机和目标点向上提高至 1.8m 的高度，这个高度大体上相当于人的视线高度，然后将摄影机的目标点再向上提高一点，因为人在看远处时通常是仰视的，然后在透视视口中按【C】键进入摄影机视图（Camera Viewport），此时看到的效果如图 13.27 所示。

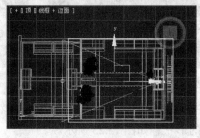

<table>
<tr><td>图 13.26</td><td>图 13.27</td></tr>
</table>

（3）看到的静止摄影机视口内的画面不错，接下来就让摄影机动起来，让人体会到犹如自己在如此漂亮的场景中游览一般的感觉。单击"时间配置"（Time Configuration）按钮 将动画时间长度增加到第 510 帧，然后单击"自动关键点"（AutoKey）按钮，将时间滑块拖动到第 200 帧，在顶视口中移动摄影机的位置，如图 13.28 所示。这一段距离比较远，此时第 0 帧和第 200 帧的自动关键点就自动生成了，该关键帧的间隔比较大。

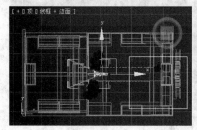

图 13.28

（4）将时间滑块拖动到第 300 帧，然后在顶视口以及透视视口中移动并旋转摄影机和目标点的位置，直至满意，此时第 300 帧的自动关键点也生成了，在顶视口以及摄影机视口中看到的效果如图 13.29 所示。

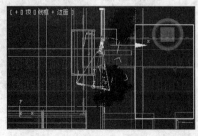

图 13.29

（5）第 4 个自动关键点设置在场景正房左侧的小门附近，将时间滑块拖动到第 400 帧，遵循上面的步骤，调整摄影机和目标点的位置至如图 13.30（左）所示处，然后观察摄影机视口中的效果，如图 13.30（右）所示。

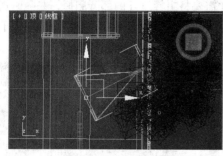

图 13.30

（6）最后将时间滑块拖动到第 500 帧，然后调整摄影机和目标点的位置，如图 13.31（左）所示，再观察相应的摄影机视口效果，如图 13.31（右）所示。

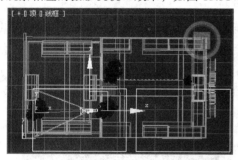

图 13.31

（7）为了提高渲染时画面的真实性，需要进一步设置摄影机的属性。选择摄影机，进入"修改"命令面板，在"参数"卷展栏的"备用镜头"选项区域单击 24mm 按钮，如图 13.32 所示。

（8）拖动参数面板，进入"多过程效果"（Multi-Pass Effect）选项区域，选择"启用"（Enable）复选框，在下面的多过程效果下拉列表中选择"景深"（Depth of Field）选项，其他参数如图 13.33 所示。这一步骤可以提高画面真实度，不过会大大增加渲染时间。

图 13.32   图 13.33

至此为止，整个摄影机动画就调整完毕，用户可以单击"播放动画"（Play Animation）按钮 ▶来观察动画效果了，如果有不满意的地方，可以随时调整。下面根据摄影机的运动路径来调整并最终确定场景中的所有模型了。

13.1.4 调整场景模型

调整场景中的模型首先从大的对象入手，根据摄影机的运动路线观察一下，整个镜头从始至终出现的山体模型都是高高隆起的山峰部分，因此需要将山峰以外的部分删掉，并随时观察镜头（摄影机视口）中的山体模型，避免删除太多造成某些镜头中山体模型不完整的情况。为了更明显地看出效果，先观察一下进行删减操作前的山体模型，如图13.34所示。

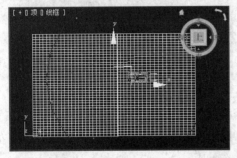

图 13.34

（1）选择场景中的山体模型对象，选择"编辑多边形"（Edit Poly）编辑修改器中的"顶点"（Vertex）次对象层次，在摄影机视口选择高高隆起山峰部分的顶点，如图 13.35 所示。然后按【Ctrl+I】组合键，此时便选择了镜头以外的顶点，按【Delete】键将其删掉，此时观察一下各个视口内的山体模型，发现面片减少很多，并且对于镜头中的效果没有任何影响，如图13.36所示。

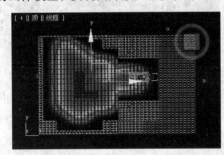

图 13.35

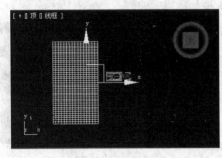

图 13.36

（2）调整完山体模型之后，再根据镜头适当地调整一下天空的模型和贴图，通过使用一系列的移动、旋转、缩放和调整 UVW 贴图等变化方式，直至天空在镜头内完全合适为止，具体操作方法不再进行详细描述。

（3）接着调整场景内的植物模型，路边低矮的蕨类植物过于密集和单一，对其进行适当的调整，为了平衡画面中红绿颜色的比例，再适当地点缀几棵桃树，这样画面内容就丰富了许多，效果如图 13.37 所示。

做室外的漫游动画，就要模拟室外的光线环境。在 3ds Max 2010 场景中，默认的灯光系统能够把整个场景照亮，但是并不自然，现实中的光是有光源的，对于外景来讲太阳是最大的光源，因此应尽量模仿太阳光照，下面就给整个场景添加灯光环境。

图 13.37

13.1.5 设置灯光环境

（1）单击"目标聚光灯"（Target Spot）按钮，在场景中设置一盏主光，主要模拟日间阳光的照射，颜色设定为暖色，如图 13.38 所示。

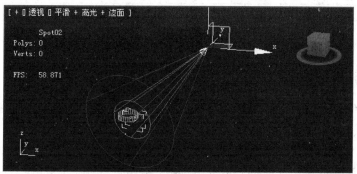

图 13.38

（2）选择刚刚创建的目标聚光灯（Target Spot），在场景中建立并关联复制若干盏辅光，模拟环境光照，颜色设定为浅蓝，分布于场景周围，每盏灯光与被照射场景距离尽量有些变化，从而产生有变化和有层次的环境灯光效果，具体参数设置如图 13.39 所示。

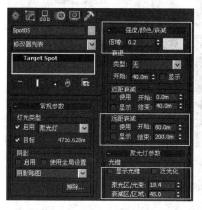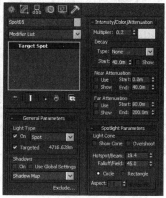

图 13.39

（3）单击"目标聚光灯"按钮，在场景中继续建立和关联复制几盏辅光，主要照亮场景的阴影部分，因为真实场景中的物体阴影面也有来自地面、周边环境物体的反射光照，详细布光方式如图 13.40 所示。

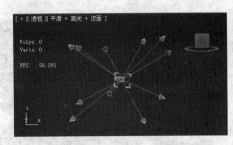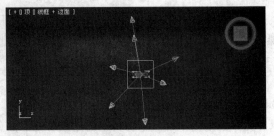

图 13.40

（4）根据渲染效果，耐心调整各组灯光参数，达到理想的效果。

 注 意

此种打光方法的优点在于可灵活控制最终形成的光照效果，并且渲染速度较快，但要求有一定的艺术感觉。建立日光的方法有很多，用户也可以直接建立天光来达到理想的日光效果。

这时，漫游效果就基本做完了，以上参数主要作为参考，用户可根据场景的效果自行设定，最后需要把动画渲染输出。

13.1.6 渲染输出动画

（1）为了避免动画出现差错，在输出最后的视频之前，最好预先渲染一下关键帧。如果各个关键帧都没有问题，整个片子基本上也就不会有大的差错。

（2）单击"渲染设置"（Render Setup）按钮，在弹出的"渲染设置"窗口中将"公用参数"卷展栏中的"时间输出"（Time Output）选项区域中的"范围"（Active Time Segment）选项及"输出大小"（Output Size）选项进行一定的修改，具体参数如图 13.41 所示。

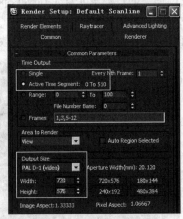

图 13.41

（3）最后在"渲染输出"（Render Output）选项区域中选择"保存文件"（Save File）复选框，并单击其后的"文件"（Files）按钮，在弹出的"渲染输出文件"（Render Output File）对话框中选择要保存该动画的路径和文件名，并将"保存类型"设置为 AVI 文件（*.avi）选项，然后单击"保存"按钮，如图 13.42 所示。此时计算机便自动渲染输出动画了。

图 13.42

此例最终文件保存在"第 13 章"→Samples–13–01f.max 文件中。

13.2　室内场景漫游

（1）选择"第 13 章"→Samples–13–02.max 文件。单击"时间配置"（Time Configuration）按钮，在弹出的"时间配置"对话框中将帧数设置为 800 帧。单击"自动关键点"（Auto Key）按钮，启用动画记录。这时，当前关键帧位于动画栏起始位置，摄影机视口如图 13.43 所示。

（2）将关键帧拖动到第 100 帧位置，在视口导航按钮区域单击"推拉摄影机"（Dolly Camera）按钮，在弹出的可选择按钮中单击"推拉摄影机+目标"（Dolly Camera&Target）按钮，推进镜头到如图 13.44 所示的位置。

图 13.43　　　　　　　　　　　　　　图 13.44

（3）按照上面的方法每隔 100 帧推动一次摄影机，同时还可单击"环游摄影机"（Orbit Camera）按钮来调整摄影机的位置。用户可根据喜好创建动画路径，以下摄影机移动位置仅供参考。

（4）移动至第 200 帧处并再次推拉摄影机和目标，从而正好位于门口，如图 13.45 所示。

（5）将时间滑块移动至第 300 帧处，此时要改变一下摄影机的方向，如图 13.46 所示。

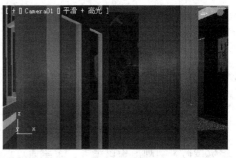

图 13.45

（6）移动至第 400 帧并定位摄影机，使其与如图 13.47 所示中的视图相匹配。

图 13.46　　　　　　　　　　　　　　　　图 13.47

（7）移动至第 550 帧并定位摄影机，使其显示从走廊可看到的钢琴，如图 13.48 所示。

（8）移动至第 650 帧并定位摄影机和目标，以便看到大型落地窗，如图 13.49 所示。

图 13.48　　　　　　　　　　　　　　　　图 13.49

（9）移动至第 700 帧并定位摄影机和目标，以便看到壁炉和书架，如图 13.50 所示。

（10）在第 800 帧处，移动摄影机和目标，以便看到门口和室内大体布局，如图 13.51 所示。

图 13.50　　　　　　　　　　　　　　　　图 13.51

（11）全部关键帧就设定完毕了，单击"自动关键点"（Auto Key）按钮。

最终效果见"第 13 章"→Samples-13-02f.max 文件。

小　结

　　本章为综合练习，通过室外、室内两个建筑漫游的实例，使用一些较为实用的方法，包括地形场景创建，地形材质的设置，天空贴图创建，室外大型灯光系统的搭建，模型的合并，室外摄影机漫游，动画渲染设定等。希望通过这两个例子给用户一种启示，那就是在学习或创作的过程中要勇于实践自己的想法，要勇于尝试各种方法去实现。

练习与思考

一、判断题

1. 如果希望为物体增加可见性轨迹，应当在轨迹编辑器的物体层级上添加。
2. "路径约束"控制器可以制作出一个物体随多条路径运动的动画。
3. 在摄影表模式中观察关键帧的颜色旋转关键帧是蓝色的。
4. AVI 文件类型是可以用于音频控制器的。
5. 如果要制作拿取水杯的动画，水杯的控制器应当是链接约束控制器。

二、选择题

1. 在建筑动画中许多树木是用贴图代替的，当移动摄影机的时候希望树木一直朝向摄影机，这时会使用（　）控制器。
   A. 附加　　　　　　B. 注视约束　　　　C. 链接约束　　　D. 运动捕捉
2. 如果两个物体互相接触，可以随其中一个物体运动而选择另一个物体上的相应网格点的修改器是（　）。
   A. 面片选择　　　　B. 网格选择　　　　C. 体积选择　　　　D. 多边形选择
3. 制作表情动画时应该使用（　）修改器。
   A. 变形修改器　　　　　　　　　B. 面片变形，修改器
   C. 蒙皮修改器　　　　　　　　　D. 蒙皮变形修改器
4. 让物体随着样条曲线发生变形，可以使用（　）修改器。
   A. 倒角　　　　　B. 弯曲　　　　C. 路径变形　　　　D. 扭曲
5. 块控制器属于曲线编辑器层次树的（　）层级。
   A. 对象　　　　　B. 全局轨迹　　　C. 材质编辑器材质　　D. 环境

三、思考题

1. 试着改变 Samples-13-01.max 中的地形材质，从而调节出不同的效果。
2. 采用面片建模，重新制作 Samples-13-01.max 中的建筑。
3. 在 Samples-13-02.max 别墅室内的动画中，试着将关键点动画和路径动画合并出一个动画。
4. 制作 Samples-13-02.max 文件别墅二层楼的漫游动画。
5. 运用所学的全部知识，创建一个想象的 3D 场景空间。

附录 A   3ds Max 2010 新功能简介

在 Autodesk 3ds Max 2010 版本中增加了新的建模工具，可以自由地设计和制作复杂的多边形模型。且新的及时预览功能支持 AO、soft shadows、硬件反锯齿、曝光控制等效果。此版本给予设计者新的创作思维与工具，并提升了与其他软件的结合度，让设计者可以更直观地进行创作，将创意无限发挥。具体新功能如下：

（1）新的默认界面：当开启 3ds Max 2010 时它已经不再是以往灰色的 UI 了，现在改为黑色的 UI，图示也变大了。

3ds Max Design 2010 的 UI 则是和往常一样是灰色的，不过如果使用 Windows Vista 或 Windows 7，图示会因为作业系统的布景主题而变得很漂亮。

（2）界面改为 Autodesk 2010 一贯的界面：类似 Microsoft Office 2007 的操作界面，现在也出现在 3ds Max 2010 中，这样的界面在 Autodesk 公司其他代号 2010 的软件上也会使用，最先开始使用的应该是 AutoCAD 2009。这界面刚开始会感觉很陌生，不过一旦习惯后，会发现操作效率的确会增加，不必像以往一样一直在面版中找按钮。

左上角的大图示，就是以往的 File 菜单，可以更直接更快速地执行指令。将鼠标移至按钮上等待一下，会出现操作提示。

新增 Quick Access Toolbar 快速存取工具栏，让用户可以快速执行指令，亦可以自行增加按钮。

（3）视端口控制功能：以往对视端口左上角的视端口文字右击可以挑选视端口控制功能，现在直接分为三类，分别控制"视端口选项"、"视图选项"、"显示方式选项"，直接选取即可执行，不用右击执行，这样的操作方式更加方便。

（4）新的塑形工具：提供超过 100 种的新塑模工具，可以快速自由地制作复杂的多边形模型，新的面版能更容易找到所需要的工具，也可以自定义按钮，让设计师的创意无限延伸。也因为这样，如果不使用 22 寸宽屏幕就几乎无法看见工具栏全貌了。

（5）ProOptimizer Modifier：ProOptimizer 能更精确地优化模型，在不影响细节的情况下减少高达 75% 的面数，并且可以保持贴图 UV 与 Normal。

（6）ProBoolean Compound Object：ProBoolean 工具新增了 Attach 与 Insert 功能。

（7）Quadify Mesh Modifier：四边形化网面修改器可以快速地为对象生成更干净的四边形面，比起以往的细分指令，使用它会感觉更方便，同时这对于以后模型进行平滑指令有很大的帮助。

（8）Transform Toolbox：新的转换工具箱更容易设定物体轴心，包含位移、旋转和缩放。

（9）xView：新的 xView 网格分析工具，可以检查并修正反转面、重叠面等问题，对于导入模型而产生的问题修正，能够更为有效。

（10）Material Explorer：新的材质资源管理器，可以快速浏览场景中所有的材质，查看材质的相关设定，也能够快速取代材质，有效地管理。

不过很可惜的是，3ds Max 还是没有类似 Maya 的节点式材质编辑器，现行 3ds Max 的材质系统已经沿用超过十年了，相对于其他新进 3D 软件而言有很大的改进空间。

（11）Viewport Canvas：新的视端口画布功能可以用笔刷、填色、橡皮擦、混合模式等工具，直接在模型上绘制贴图。

（12）Render Surface Map：Render Surface Map 可以根据对象的 UVW mapping 自动产生贴图，这些贴图包括密度贴图，旧化贴图，3S 半透明贴图，凹洞贴图。

（13）Edit UVWs Dialog：增强的编辑 Unwrap UVW 工具，能更快地调整贴图。

（14）Multi/Sub-Map Shader (mental ray)：新的 Multi/Sub-Map Shader（mental ray 多维/子对象贴图明暗器），可以让同一材质以"对象编号"、"材质编号"、"平滑群组"、"随机"的四种方式，拥有不同的扩散色，对于大量重复对象却不同材质的情况，现在轻易解决了。

（15）Object Color Shader (mental ray)：新的对象颜色明暗器，能以对象的网线颜色作为材质的贴图或明暗器。

（16）DirectX Shader material：DirectX Shader 材质现在支持由 mental mill 所创造的 MetaSL 格式材质明暗器，无须自行撰写 Shader 语言，也可以使用 Radiance Image（HDR）和 Photoshop（PSD）档案作为贴图。

（17）Rendered Frame Window：渲染窗口新增快速调整工具，可以快速设定后直接再渲染。

（18）Global Tuning Parameters rollout：新增全局协调参数设置卷栏，能够快速设定全局 mental ray 明暗器的"软阴影"、"模糊反射"、"模糊折射"。

（19）Reuse（FG and GI Caching）Rollout（mental ray Renderer）：新的 FG 与 GI 贴图保存工具，让使用者能够更容易保存 FG 与 GI 贴图，至于 FG 部分还可以选择累积 FG 贴图点成为单一档案或是产生动画序列的 FG 贴图档案，因此大大减少动画闪烁的问题。

（20）Project Points from Positions Along Camera Path：新增可选择 FG 点的喷射方式，因此控制动画 FG 闪烁问题。

（21）New operators appear in the Particle Flow：新增了许多 Particle Flow 的运算子，让 Particle Flow 的功能更加强大。

（22）Locked Tracks：Locked Tracks 可以锁定动画图层，避免不必要的操作错误。

（23）Link Constraint：新的 Link Constraint 可以快速设定对象的连接约束，并且在 Trackbar、Dope Sheet 与 Curve Editor 中直接看到连接约束的范围。

（24）ProSound：新的 ProSound 是一个专业的音效工具，能直接在 3ds Max 中添加各式音效、背景音乐、旁白等，支持多达 100 声道混音，并且每个声道可以做个别的音量与时间控制，同时支持 PCM、压缩音轨和 WAV 格式。

（25）Hair：Hair 工具新增了 Spline Deform 功能，可以用 Spline 控制发型与动态效果。

（26）Cloth：加强了布料功能，现在可以模拟气球效果、泄气效果，甚至根据不同设定产生撕裂与破裂特效，让布料的模拟更加逼真。

（27）Character-Animation：Character Studio 增添了新的关节特征。

（28）Exposure-lighting analysis：Exposure-lighting analysis 是 3ds Max Design 2010 才有的照明分析工具，3ds Max 2010 并没有此项工具。该工具可以直接在视口中分析太阳、天空和人工照明，并且以颜色的不同来表示光线的强弱。该项技术已得到加拿大国家研究院认证。

（29）Preview：Peview 功能支持 AO（ambient occlusion）、soft shadows、photometric area lights、硬件反锯齿、曝光控制调整等，只要显示卡支援 SM2.0 与 SM3.0 以上就可以使用该项功能，让设

计者直接在视端口中预览大概的效果，不需要经过反复渲染，因此节省了大量的创作时间。

（30）High Resolution Render Output：3ds Max 2010 可以更有效地管理内存，即使在 32bit 系统也能输出大尺寸的图。

（31）Scene Explorer 场景浏览器可以整合 viewports、Track View、与 Material Explorer.，加强了与其他软件的整合性。

（32）OBJ：增强了 OBJ 输出输入的性能，支持更多 3D 雕塑软件的 OBJ 格式档案。

（33）支持 Flight Studio 格式。

（34）支持新的 OpenFlight format scenes（FLT files）格式。

（35）3ds Max 2010 采用 mental ray 3.7.51.16 版本。

参 考 文 献

[1] Steven Elliott，Phillip Miller．3D Studio MAX 2 技术精粹[M]．黄心渊，胡雪飞，葛建涛，译．北京：清华大学出版社，1999.

[2] 黄心渊. 3ds Max 5 命令参考大全[M]．北京：北京科海电子出版社，2003.